传 热 学

（第二版）

李友荣　吴双应　吴春梅　编

科学出版社

北京

内 容 简 介

本书是为满足高等学校工科大类系列课程改革而编写的教材。全书始终贯穿着"加强基础、拓宽口径、重视能力、趋向前沿"的指导思想,特别注意培养学生分析和解决实际传热问题的能力。全书共 8 章,包括导热、对流传热、辐射传热、传热过程和换热器等,每章都配有一定数量的思考题和习题。

本书按 48～56 学时编写,各部分内容相对独立,可按需要选择。本书可作为能源动力类、机械类、化工类、土建类、航空航天类等各专业的教材或教学参考书,也可供有关技术人员参考。

图书在版编目(CIP)数据

传热学/李友荣,吴双应,吴春梅编. —2 版. —北京:科学出版社,2022.11
ISBN 978-7-03-073913-1

Ⅰ.①传… Ⅱ.①李… ②吴… ③吴… Ⅲ.①传热学-高等学校-教材 Ⅳ.
①TK124

中国版本图书馆 CIP 数据核字(2022)第 221436 号

责任编辑:周 炜 / 责任校对:郑金红
责任印制:师艳茹 / 封面设计:陈 敬

科 学 出 版 社 出版
北京东黄城根北街 16 号
邮政编码:100717
http://www.sciencep.com
天津市新科印刷有限公司印刷
科学出版社发行　各地新华书店经销
*
2012 年 5 月第 一 版　　开本:720×1000 B5
2022 年 11 月第 二 版　　印张:17 1/2
2022 年 11 月第十二次印刷　字数:352 000
定价:98.00 元
(如有印装质量问题,我社负责调换)

第二版前言

传热现象是自然界中最普遍的物理现象之一，传热学是研究热量传递规律的科学。传热学的研究最早包含在物理学和流体力学学科中，大约在 20 世纪 30 年代，传热学成为了一门独立的学科。随着生产和科学技术的发展，传热学在理论、计算和应用等方面都获得了很大的进展，它已经成为工学类相关专业的重要技术基础课程。

本书第一版于 2012 年出版。作者总结近十年的使用效果，在再版时对内容进行了适当取舍，更加注重加强基础理论、培养创新能力。在导热部分，在介绍了傅里叶定律并建立导热微分方程后，主要讨论了各种稳态导热问题和非稳态导热问题的分析求解方法，以及导热问题的数值求解方法；在对流传热部分，首先分析了对流传热的物理机制及其影响因素，然后阐述了内部对流传热和外部对流传热的特点，以及对流传热计算的传热关联式及其工程应用，最后对沸腾和凝结两种相变对流传热进行了讨论；在辐射传热部分，重点阐述了基本概念和基本定律，同时，扼要介绍了简单辐射传热过程的计算；在传热过程和换热器部分，主要介绍了常见传热过程的传热系数和换热器传热温差的计算方法。

在内容的表述上，坚持把对基本概念、基本理论和基本计算的教学作为第一任务，并力求严密准确、重点突出、层次清晰。按课程的基本要求，在紧密联系专业实际的同时，适当扩大知识面，兼顾一些不同专业的需要。书中每章都附有典型例题，对引导解题思路、理解各章内容等能够起到很好的作用。在每一章最后都配备了一定量的思考题和习题，主要用于加强学生对基本概念和定律的理解，并训练学生分析实际传热问题的综合能力。

全书共 8 章，第 1～3 章、第 5 章及附录由李友荣编写，第 4 章由吴春梅编写，第 6～8 章由吴双应编写，全书由李友荣统稿。由于编者知识和水平所限，虽经努力，书中难免存在疏漏与不妥之处，恳请读者批评指正。

第一版前言

传热现象是自然界中最普遍的物理现象之一,传热学是研究热量传递规律的科学。传热学的研究最早是包含在物理学和流体力学学科中,大约在 20 世纪 30 年代,传热学成为了一门独立的学科。随着生产和科学技术的发展,传热学的研究和应用深入到各个工业领域和科研领域,因此,传热学课程成为工学类相关专业的重要技术基础课程。

为了满足我国高等工程教育人才培养模式改革和创新以及社会对人才培养的需求,在我国高等工程教育中的相关工科专业中实行传热学的分层次教学是非常有必要的,即将传热学教学内容分为两个层次:一是基本层次,主要面向相关的工科专业学生讲授传热学的基本原理和基本计算方法;二是专门化层次,主要针对不同的专业方向剖析与专业密切相关的各种传热现象。为此,与之配套的传热学分层次教学教材的建设和发展也亟须加强。

在广泛调研和分析的基础上,结合多年来的教学经验,作者编写了这本适合传热学基本层次教学的教材。在内容的取舍上,十分注重加强基础理论,突出能力培养。在导热部分,在介绍了傅里叶导热定律,并建立起导热微分方程后,主要讨论了各种一维稳态导热问题、非稳态导热的集总参数法,以及求解一维非稳态导热问题的诺谟图;在对流传热部分,首先分析了对流传热的物理机制及其影响因素,然后讨论了内部对流传热和外部对流传热的特点,最后介绍了对流传热计算的传热关联式及其工程应用;在辐射传热部分,重点阐述了基本概念和基本定律,同时,扼要介绍了简单辐射传热过程的计算。

在内容的表述上,力求严密准确、重点突出、层次清晰,既注意数学表达式的推演分析,又注意把数学描述和传热的物理机制有机结合起来。在每一章最后都配备了一定量的思考题和习题,主要用于加强学生对基本概念和定律的理解,并训练学生分析实际传热问题的综合能力。

本书按 32～48 学时的教学要求编写,可作为能源动力类、机械类、化工类、土建类、航空航天类等各专业的教材或教学参考书。

全书共分 7 章,第 1～4 章以及附录由李友荣编写,第 5～7 章由吴双应编写,全书由李友荣统稿。由于编者知识和水平所限,虽经努力,书中难免存在疏漏与不妥之处,恳请读者批评指正。

目　　录

第1章 绪 论

1.1 概 述

1.1.1 基本概念

在自然界和工业生产过程中,由于自然或人为的原因,普遍存在着温度差。热力学第二定律告诉我们,热量总是自发地从高温传向低温,因此,只要有温度差的存在,就会有热量的传递过程。

热量在温度差的作用下从一个物体传递至另一个物体,或者在同一物体内部的各个不同部分进行传递的过程称为传热,传热学就是一门研究由温度差引起的热量传递规律的科学。

热量传递过程的驱动力是温度差,简称温差,用 Δt 表示,其单位为℃或 K。一般而言,温差越大,传递的热量越多,因此,热量传递过程与温度分布紧密联系在一起。

传热量的大小通常用热流量来表示,记为 Φ,单位为 W,它表示单位时间内通过某一给定面积上的热量。

单位面积上通过的热流量称为热流密度,记为 q,其单位为 W/m^2。

传热问题大致可以分为两类:一类着眼于传热过程热流量的大小及其控制,或者增强传热,或者削弱传热。例如,在各类热交换器中,为了提高换热效率、减小换热器体积,使其结构更加紧凑,就必须增强传热,即提高传热过程热流密度;相反,为了使热力管道减小散热损失,就必须采取隔热保温措施,以削弱传热,即减小传热过程热流密度。另一类则着眼于温度分布及其控制。例如,在蒸汽轮机的启动和停车过程中,气缸壁内温度分布及温升(温降)速度的控制、内燃机内气缸活塞中的温度分布等。

1.1.2 传热过程的普遍性

在自然界和工业生产中,传热现象随处可见。特别是在能源动力、航空航天、材料冶金、机械制造、电气电信、交通运输、化工制药、生物工程等领域更是蕴藏着大量的传热问题,并且形成了如相变与多相流传热、微尺度传热、生物传热、超常传热等传热学的多个学科分支。在某些情况下,传热技术及其相关传热设备甚至成为某些行业或系统的关键技术,以下略举几例说明。

(1) 在现代化的大型火力发电站,锅炉和汽轮机组都是在高温高压下工作,其传热性能的好坏和壁面温度的控制将对机组运行的经济性和安全性产生至关重要的影响。例如,在凝汽器内蒸汽凝结向冷却水的传热过程、高压和低压加热器内蒸汽凝结加热循环水的过程等直接影响循环效率的高低;在锅炉炉膛内高温火焰向水冷壁管内水的传热过程和过热器内高温烟气向过热蒸汽的传热过程中,如果壁面温度过高,很容易造成水冷壁和过热器爆管,产生安全事故。另外,大型发电机的转子和定子绕组的冷却技术也涉及大量的对流传热问题。

(2)随着航空航天事业的飞速发展,传热问题显得越来越突出。通常航天飞行器在重返地球时,会以 10~36 倍当地声速的高速度再入大气层,由于摩擦,会在航天器表面发生剧烈的气动加热现象,致使表面气流局部温度高达 3000～11000K,因此,为了保证航天器的飞行安全,必须有效地解决冷却与隔热问题。

(3)随着以计算机芯片为代表的微电子器件的飞速发展,电子器件的高效散热技术也需要不断地改进、提高。在芯片体积迅速微型化、线宽快速下降时,芯片表面的热流密度会迅速增大,目前已超过 10^6 W/m^2,因而电子器件的有效散热方式已成为影响电子器件寿命及工作可靠性的关键技术之一。

(4)随着人体器官及皮肤癌变的热诊断与高温治疗技术的不断进步,激光和超低温外科手术及其他临床康复技术均得到了不同程度的发展,其中涉及大量的传热过程,因此,形成了生物传热学分支。在生物传热研究中,主要的困难在于生物组织结构的复杂性。生物体内有很多血管,要确定因血液灌流导致的热量传递是非常困难的,它涉及非牛顿流体(如血液)和多孔介质(如肌肉)等问题。另外,几乎所有的动物都具备通过神经系统来感知和调节自身温度的能力,这是一套极其复杂的温度传感和控制系统,从而使得生物系统的传热规律成为自然界最复杂的传热现象之一。

(5)在可再生能源的开发和利用中也处处涉及传热问题。例如,在太阳能的热利用过程中,涉及太阳辐射能的吸收、热能的储存和传递等;在生物质能的利用过程中,涉及生物质的加热、裂解、冷却等问题,其中存在着大量的传热过程。

1.1.3　研究方法

传热问题的研究方法大致可以分为三类,即实验研究、理论分析和数值模拟。

1. 实验研究

实验研究是传热学最基本的研究方法。传热实验研究主要分为两大类:一类是与传热过程有关的物性参数的测量,如导热系数、表面发射率等,采用理论分析方法来确定它们是非常困难的,有时甚至是不可能的,只能采用实验测定来获取;另一类是表面传热系数或温度分布的测定,在现阶段,对流传热表面传热系数的工程计算公式通常都是通过实验测定得到的。

　　在传热学的发展进程中,为了能有效地进行对流传热的实验研究,形成了相似原理和量纲分析的基本内容和方法,即在相似原理的指导下,建立起与实际传热问题相似的实验台,忽略次要影响因素,控制主要影响因素,进行大量的实验,得到足够多的实验数据,然后,根据量纲分析原理,以实验数据为基础整理得到可用于工程计算的传热关联式。

2. 理论分析

　　理论分析方法的基本原理是对实际的传热问题提出一些合理假设,并由此建立该传热问题的物理模型,结合自然界中的普遍规律并应用数学方法,建立起相应的数学模型,最后在给定的条件下对数学模型进行求解,得到该传热问题的温度分布和热流量的计算公式。理论分析解可作为检验各种数值模拟结果正确性的标准之一。

　　理论分析解法曾经对解决很多工程实际问题发挥过极其重要的作用,目前仍不失为解决传热问题的一个有效手段。但是,对于某些复杂的传热问题,理论分析解往往过于繁杂、有时甚至无法获得,为此,经过一定的简化,形成了各种近似解法,如积分近似法、参数摄动法等。

3. 数值模拟

　　对于大多数实际传热问题而言,所建立的物理数学模型都包含着复杂的偏微分方程,难以得到分析解。近几十年来,随着计算机技术的飞速发展,用数值模拟的方法对传热问题进行分析求解取得了重大进展,并形成了一个传热学的新的分支学科——数值传热学,对传热与流动过程进行数值模拟的商业软件也如雨后春笋般地发展起来,如 FLUENT、COMSOL Multiphysics 和 CFX 等。

　　数值模拟的基本思想是将描述传热问题的微分方程在求解区域内离散为代数方程组,通过求解代数方程组来获得传热问题的解,这种方法在解决实际传热问题中显示出了巨大的活力。

1.2　传热的三种基本方式

　　按照传热机理的不同,热量的传递有三种基本形式,即热传导(导热)、热对流和热辐射。

1.2.1　热传导

　　当物体内部存在温度差或温度不同的两物体相互接触时,由于微观粒子(分子、原子或自由电子等)的热运动产生的热量传递过程称为热传导,简称导热。发

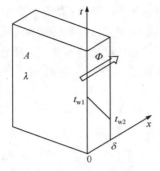

图 1-1　通过平壁的导热

生热传导过程时,物体各部分不存在宏观的相对位移运动。导热过程可以发生在固体内部或固体与固体之间,也可以发生在静止的液体或气体内部。

考虑如图 1-1 所示的通过大平壁的导热过程,平壁的表面积为 A,壁厚为 δ,两侧表面分别维持均匀恒定温度 t_{w1} 和 t_{w2},实验和实践结果都表明,单位时间内从表面 1 传递到表面 2 的热流量 Φ 与导热面积 A 和导热温差 $(t_{w1} - t_{w2})$ 成正比,与壁的厚度 δ 成反比,即

$$\Phi = \lambda A \frac{t_{w1} - t_{w2}}{\delta} \tag{1-1}$$

或

$$\Phi = \lambda A \frac{\Delta t}{\delta} \tag{1-2}$$

通过平壁的热流密度可表示为

$$q = \frac{\Phi}{A} = \lambda \frac{t_{w1} - t_{w2}}{\delta} = \lambda \frac{\Delta t}{\delta} \tag{1-3}$$

式中,λ 为比例系数,称为热导率或导热系数,其单位为 $W/(m \cdot K)$;Δt 为导热温差,其单位为℃或 K。

导热系数是表征材料导热性能优劣的参数,其与物质的种类有关,是一个物性参数。不同的材料导热系数不同,即使同一种材料,导热系数还与温度等因素有关。一般而言,金属材料的导热系数最高,液体次之,气体最小。

1.2.2　热对流

热对流是指在温差的作用下由流体的宏观运动所引起的热量传递过程。热对流只能发生在流体中,而且由于流体中的分子同时进行着不规则的热运动,因此,热对流必然伴随着热传导现象。工程上经常遇到流体流过某一固体表面时流体与固体表面间的热量传递过程,就是热对流和热传导联合作用的结果,通常称之为对流传热。

根据引起流体宏观运动的作用力的不同,对流传热可分为自然对流和强制对流两大类。自然对流是指由流体密度差形成的浮力而驱动的流体运动,强制对流是指由于外部压差(通常由泵或风机提供)而驱动的流体运动。另外,在工程上,还会经常遇到液体在过热固体表面上的沸腾和蒸汽在过冷固体表面上的凝结,分别简称为沸腾传热和凝结传热,统称为伴随有相变的对流传热。

如图 1-2 所示,当温度为 t_f 的流体流过温度为 t_w($t_w \neq t_f$)、表面积为 A 的固体表面时,流体与固体表面间的对流传热热流量 Φ 可根据牛顿冷却公式计算:

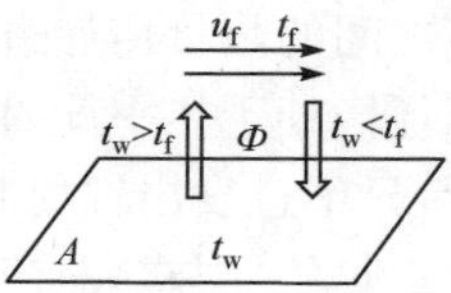

流体被加热时

$$\Phi = hA(t_w - t_f) = hA\Delta t \qquad (1\text{-}4)$$

流体被冷却时

$$\Phi = hA(t_f - t_w) = hA\Delta t \qquad (1\text{-}5)$$

图 1-2　流体与固体表面间的对流传热

对流传热过程热流密度 q 可表示为

流体被加热时

$$q = h(t_w - t_f) = h\Delta t \qquad (1\text{-}6)$$

流体被冷却时

$$q = h(t_f - t_w) = h\Delta t \qquad (1\text{-}7)$$

上述各式中,比例系数 h 称为表面传热系数或对流换热系数,其单位为 W/(m²·K);Δt 为对流传热温差,其单位为℃或 K。

与导热系数不同,表面传热系数的大小不仅与流体的种类有关,还与流体流速以及换热表面的形状、大小及布置等因素有关。表面传热系数的大小直接反映了对流传热能力的强弱,表 1-1 给出了不同条件下表面对流传热系数的大致范围。

表 1-1　表面传热系数的大致范围

对流传热过程	流体种类	$h/[\text{W}/(\text{m}^2 \cdot \text{K})]$
自然对流传热	空气	1~10
	水	200~1000
强制对流传热	气体	20~100
	高压水蒸气	500~3500
	水	1000~1500
	液态金属	3000~110000
沸腾传热	水	2500~25000
凝结传热	水蒸气	5000~15000
	有机蒸汽	500~2000

1.2.3　热辐射

物体通过电磁波传递能量的过程称为辐射。物体会因为各种原因发出辐射能,如果是因为热的原因而发出的辐射能称为热辐射。

任何物体,只要温度高于 0K,就会不停地向周围环境发出热辐射,同时又不断地吸收其他物体发出的热辐射。物体发出辐射和吸收辐射的综合结果就产生了物体之间的热量传递过程,这种传热过程就称为辐射传热或辐射换热。当物体与周围环境处于热平衡时,辐射传热量为零,但物体发出辐射和吸收辐射的过程仍在进行,只不过发出辐射和吸收辐射量相等,处于一种动态平衡中。

热传导与热对流两种热量传递方式都和物体紧密联系在一起,只有在有物质存在的条件下才能进行,而热辐射则不同,它可以在真空中传递,而且在真空中传递最为有效,这是热辐射区别于热传导和热对流的基本特点。同时,在热辐射传递能量的过程中,伴随着能量形式的转换,即发射时从热能转变为辐射能,吸收时又从辐射能转变为热能,这是热辐射区别于热传导和热对流的另一个特点。

在辐射传热计算中,为了简化起见,引入了一种理想物体——黑体。所谓黑体是指能吸收所有投入到其表面上的辐射能的物体。在相同温度下,黑体的吸收能力和辐射能力在所有物体中最大。

黑体在单位时间、单位表面积上所发射的辐射热量 E_b 可由斯特藩-玻耳兹曼定律计算:

$$E_b = \sigma T^4 \tag{1-8}$$

式中,T 为黑体的热力学温度,$T = t + 273.15$,单位为 K;σ 为斯特藩-玻耳兹曼常数,即黑体辐射常数,其值为 $\sigma = 5.67 \times 10^{-8} \text{W}/(\text{m}^2 \cdot \text{K}^4)$。

对于同温度下的实际物体,单位时间、单位表面积上所发射的辐射热量 E 可由斯特藩-玻耳兹曼定律的修正形式计算:

$$E = \varepsilon \sigma T^4 \tag{1-9}$$

式中,ε 为物体的发射率,其值总小于 1,它与物体的种类和表面状态有关。

式(1-8)和式(1-9)又称为四次方定律,也可表述为

$$E_b = C_0 \left(\frac{T}{100} \right)^4 \tag{1-10}$$

$$E = \varepsilon C_0 \left(\frac{T}{100} \right)^4 \tag{1-11}$$

式中,C_0 为辐射系数,其值为 $C_0 = 5.67 \text{W}/(\text{m}^2 \cdot \text{K}^4)$。

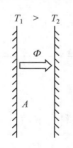

物体不断向周围环境发出热辐射的同时,又不断地吸收其他物体发出的热辐射,因此,两物体表面间的辐射传热量除与物体温度和表面特性有关外,还与两物体的相对位置有关。如图 1-3 所示,假定有两块平行放置的大平板,其两相向表面均为黑体表面,温度分别为 T_1 和 T_2,表面积都为 A,则其辐射传热量 Φ 为

图 1-3　平行大平板间的辐射传热

$$\Phi = A\sigma(T_1^4 - T_2^4) = AC_0 \left[\left(\frac{T_1}{100} \right)^4 - \left(\frac{T_2}{100} \right)^4 \right] \tag{1-12}$$

如果有某一表面积为 A、温度为 T_1、发射率为 ε 的物体

被置于温度为 T_2 的很大的环境中，则该物体与环境间的辐射传热量 Φ 为

$$\Phi = \varepsilon A \sigma (T_1^4 - T_2^4) = \varepsilon A C_0 \left[\left(\frac{T_1}{100} \right)^4 - \left(\frac{T_2}{100} \right)^4 \right] \tag{1-13}$$

1.2.4　复合传热

在实际传热问题中，导热、对流和热辐射有可能同时出现，通常将有两种及两种以上传热方式同时存在的过程称为复合传热。图 1-4 所示为锅炉省煤器示意图及其传热环节，首先，高温烟气以对流和辐射的方式将热量传至管子外壁，然后以导热方式传至内壁，最后以对流方式传给管内的水，从而达到利用高温烟气的热量加热管内给水的目的。显然，在高温烟气与管外壁的传热过程中，既有辐射传热，也有对流传热，因此是一种典型的复合传热过程。

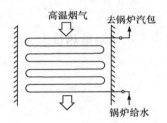

(a) 锅炉省煤器示意图

(b) 传热过程

图 1-4　锅炉省煤器示意图及传热环节

当传热过程既有对流传热，又有辐射传热时，工程上常将它们综合在一起考虑。为方便起见，将式(1-12)写成牛顿冷却公式形式：

$$\Phi_r = A h_r (t_f - t_w) \tag{1-14}$$

式中，t_f 为高温烟气温度；t_w 为管壁温度；h_r 为表面辐射传热系数，其单位为 $W/(m^2 \cdot K)$，可按下式计算：

$$h_r = \frac{\Phi_r}{A(t_f - t_w)} \tag{1-15}$$

对流传热量为

$$\Phi_c = A h_c (t_f - t_w) \tag{1-16}$$

因此，复合传热总传热量为

$$\Phi = A h_r (t_f - t_w) + A h_c (t_f - t_w) = A h (t_f - t_w) \tag{1-17}$$

式中，$h=h_r+h_c$ 称为复合表面传热系数，其单位为 W/(m²·K)。

例题 1-1　一根过热蒸汽管道水平通过车间，其保温层外径为 $d=580\text{mm}$，外表面温度为 $t_w=48℃$，表面发射率为 $\varepsilon=0.9$，环境空气温度为 $t_f=25℃$，空气与管道外表面自然对流传热的表面传热系数为 $h=3.5\text{W}/(\text{m}^2\cdot\text{K})$，试求每米长度管道表面：

（1）自然对流散热量。

（2）辐射散热量。

（3）总散热量。

解　由式(1-4)可得每米长度管道表面自然对流散热量为

$$q_{1,c}=\pi dh(t_w-t_f)$$

$$=3.14\times0.58\times3.5\times(48-25)=146.6(\text{W/m})$$

由式(1-13)可得每米长度管道表面辐射散热量为

$$q_{1,r}=\pi d\varepsilon C_0\left[\left(\frac{T_w}{100}\right)^4-\left(\frac{T_f}{100}\right)^4\right]$$

$$=3.14\times0.58\times0.9\times5.67\times\left[\left(\frac{48+273.15}{100}\right)^4-\left(\frac{25+273.15}{100}\right)^4\right]$$

$$=254.2(\text{W/m})$$

每米长度管道表面总散热量为

$$q_1=q_{1,c}+q_{1,r}=146.6+254.2=400.8(\text{W/m})$$

上述计算结果表明，即使在温度比较低的表面，其自然对流散热量和辐射散热量都具有相同的数量级，必须同时考虑。

例题 1-2　有一块水平放置在室外的金属平板，其背面绝热，正面吸收 $q_s=650\text{W/m}^2$ 的太阳辐射。假定金属正面与空气对流传热的表面传热系数为 $h=13\text{W}/(\text{m}^2\cdot\text{K})$，空气温度为 $t_f=25℃$，试求金属平板的正面温度 t_w。

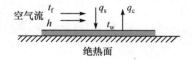

图 1-5　金属平板表面能量平衡

解　如图 1-5 所示，由于金属平板背面绝热，因此，根据能量守恒原理，金属平板正面吸收的太阳能全部以对流传热的方式传给空气，因此，存在下述能量平衡关系：

$$Aq_s=Ah(t_w-t_f)$$

由此可得

$$t_w=t_f+q_s/h=25+650/13=75(℃)$$

1.3 传热过程与热路分析法

1.3.1 传热方程

热量从温度较高的流体通过固体壁传给另一侧温度较低的流体的过程称为传热过程。例如,在冬季,室内温度较高的空气将其热量通过墙壁传给室外温度较低的空气;在锅炉省煤器内,高温烟气将热量通过管壁传给管内的水等,都属于典型的传热过程。

在传热过程中,当两流体的温差一定时,传热面积越大,传递的热流量越多;当传热面积一定时,两流体的温差越大,传递的热量也越多。因此,传热过程的热流量可用下式计算:

$$\varPhi = KA(t_{f1} - t_{f2}) = KA\Delta t \qquad (1\text{-}18)$$

式(1-18)称为传热过程的传热方程。其中,A 为传热面积;Δt 为热流体和冷流体间的传热温差,又称温压,单位为℃或 K;比例系数 K 称为传热系数,其单位为 W/$(m^2 \cdot K)$。

1.3.2 传热系数

为了得到传热系数的计算式,分析通过平壁的传热过程,如图 1-6 所示,该传热过程包括三个传热环节:①从热流体到壁面高温侧的对流传热;②从壁面高温侧到壁面低温侧的导热;③从壁面低温侧到冷流体的对流传热。在稳态传热条件下,上述三个串联环节的热流量 $\varPhi$ 是相同的。

设平壁表面积为 A,参照图 1-6 中的符号,上述三环节的热流量可分别表示为

$$\varPhi = Ah_1(t_{f1} - t_{w1})$$

$$\varPhi = \lambda A \frac{t_{w1} - t_{w2}}{\delta}$$

$$\varPhi = Ah_2(t_{w2} - t_{f2})$$

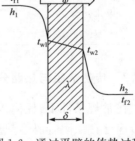

图 1-6 通过平壁的传热过程

将上述三式改写成如下形式:

$$t_{f1} - t_{w1} = \frac{\varPhi}{Ah_1}$$

$$t_{w1} - t_{w2} = \frac{\varPhi}{\lambda A / \delta}$$

$$t_{w2} - t_{f2} = \frac{\varPhi}{Ah_2}$$

将上面三式相加，消去壁面温度，整理后得

$$\Phi = \frac{A(t_{f1} - t_{f2})}{\frac{1}{h_1} + \frac{\delta}{\lambda} + \frac{1}{h_2}}$$ (1-19)

比较式(1-18)和式(1-19)可得传热系数计算式为

$$K = \frac{1}{\frac{1}{h_1} + \frac{\delta}{\lambda} + \frac{1}{h_2}}$$ (1-20)

式(1-20)表明，传热系数的大小不仅与传热间壁特性有关，还与两侧的对流传热系数大小有关，因此，传热系数是一个过程参数，是一个表征传热过程强度的指标。传热系数越大，传热过程越强，反之则越弱。表 1-2 给出了常见传热过程传热系数的大致范围。

表 1-2　常见传热过程传热系数的大致范围

传热过程	$K/[\mathrm{W}/(\mathrm{m}^2 \cdot \mathrm{K})]$
从气体到气体(常压)	10～30
从气体到高压水蒸气或水	10～100
从油到水	100～600
从凝结有机物蒸气到水	500～1000
从水到水	1000～2500
从凝结水蒸气到水	2000～6000

1.3.3　传热热阻与热路分析法

在常规条件下，任何传递过程都存在阻力。例如，电量的传递存在电阻，动量的传递存在流阻，同样，热量的传递也存在热阻，它们都满足下述关系式：

$$传递通量 = \frac{传递推动力}{阻力}$$ (1-21)

将描述导热过程热流量的式(1-2)改写为

$$\Phi = \frac{\Delta t}{\delta/(\lambda A)} = \frac{\Delta t}{R_d}$$ (1-22)

式中，Δt 为导热过程推动力；$R_d = \delta/(\lambda A)$ 为导热过程总热阻，单位为 K/W；单位面积上的导热热阻用 r_d 表示，即 $r_d = \delta/\lambda$，其单位为 $(\mathrm{m}^2 \cdot \mathrm{K})/\mathrm{W}$。

同样，将描述对流传热过程热流量的式(1-4)改写为

$$\Phi = \frac{\Delta t}{1/(hA)} = \frac{\Delta t}{R_c} \tag{1-23}$$

式中，$R_c = 1/(hA)$ 称为对流传热过程总热阻；单位面积上的对流传热热阻用 r_c 表示，即 $r_c = 1/h$。

应用热阻的概念，可以使对复杂传热过程的分析变得简单。如图 1-6 所示的传热过程，其包含三个传热环节，因此，存在三个传热热阻，如图 1-7 所示。这三个热阻是串联在一起的，通过每个环节的热流量相同，因此，总的热阻等于三个分热阻之和，即

$$R_t = \frac{1}{Ah_1} + \frac{\delta}{A\lambda} + \frac{1}{Ah_2}$$

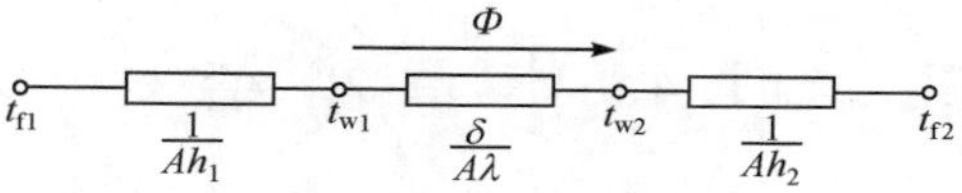

图 1-7 传热过程的热路分析

由于传热过程总的推动力为 $\Delta t = t_{f1} - t_{f2}$，因此，可以很容易得到传热过程热流量为

$$\Phi = \frac{\Delta t}{R_t} = \frac{t_{f1} - t_{f2}}{\dfrac{1}{Ah_1} + \dfrac{\delta}{A\lambda} + \dfrac{1}{Ah_2}} \tag{1-24}$$

例题 1-3 有一房间墙体厚 $\delta = 0.4m$，面积 $A = 10m^2$，墙体导热系数 $\lambda = 0.64W/(m \cdot K)$，室内空气与墙内表面对流传热的表面传热系数为 $h_1 = 5W/(m^2 \cdot K)$，室外为 $h_2 = 40W/(m^2 \cdot K)$，房间内空气温度为 $t_{f1} = 25℃$，室外空气温度为 $t_{f2} = 5℃$。试求通过该墙体的散热量和墙内壁的温度。

解 该传热过程的热路图如图 1-7 所示，三个热阻分别为
室内空气与墙内表面对流传热热阻为

$$R_{c1} = \frac{1}{Ah_1} = \frac{1}{10 \times 5} = 0.02(K/W)$$

墙体导热热阻为

$$R_d = \frac{\delta}{A\lambda} = \frac{0.4}{10 \times 0.64} = 0.0625(K/W)$$

室外空气与墙外表面对流传热热阻为

$$R_{c2} = \frac{1}{Ah_2} = \frac{1}{10 \times 40} = 0.0025(K/W)$$

故通过墙体的散热量为

$$\Phi = \frac{t_{f1} - t_{f2}}{R_{c1} + R_d + R_{c2}} = \frac{25 - 5}{0.02 + 0.0625 + 0.0025} = 235.3\,(\text{W})$$

由热路图可知

$$\Phi = \frac{t_{f1} - t_{w1}}{R_{c1}}$$

故墙体内壁温度为

$$t_{w1} = t_{f1} - \Phi R_{c1} = 25 - 235.3 \times 0.02 = 20.3\,(℃)$$

从上述计算结果可以看出,通过墙体的导热热阻最大,它对房间的保温作用也最大。从导热热阻的计算式可以看出,增加墙体厚度、减小墙体导热系数都可以增强墙体的保温作用。

1.4 本章小结

本章主要介绍了传热学中的一些基本概念、传热学的研究内容及研究方法,以及传热学在工业生产和现代科学技术中的地位,扼要介绍了传热的三种基本方式、传热过程、热阻与热路分析法等,为后面的学习打下基础。

通过本章的学习,要求掌握以下内容:

(1)热量传递三种基本方式的概念、特点和传热量的计算公式;热对流和对流传热、热辐射和辐射传热、表面传热过程和总传热过程的差异;传热过程的特点和传热方程。

(2)导热系数、表面传热系数(对流换热系数)和传热系数的意义和作用。

(3)传热热阻的概念与计算;热路分析方法的应用。

思 考 题

1-1 试举例说明热传导、热对流和热辐射等热量传递基本方式的特点。

1-2 导热系数、表面传热系数(对流换热系数)和传热系数的单位分别是什么? 哪些是物性参数,哪些与过程有关?

1-3 饱和水蒸气管道外包保温层材料,试分析从管内水蒸气通过管壁和保温层到管外空气的传热过程,并画出热路图。

1-4 在春秋季节,当空气温度和水的温度相同时,为什么人在水中会感觉冷一些?

1-5 请从传热角度出发分析,冬季的采暖器(如暖器片)和夏季的空调器应放置在室内什么高度位置最合适?

1-6 在寒冷的冬天,当气温相同时,为什么有风时比无风时感到冷?

1-7 为什么在相同的室温下,夏天在该室温的房间内可能仍然觉得热,而冬天在这样的房间内还有冷的感觉？

1-8 根据热力学第二定律,热量总是从高温物体自发地传向低温物体,然而辐射传热时低温物体也向高温物体辐射热量,这是否违反热力学第二定律?

1-9 通过如图 1-8 所示的实验装置测量液体导热系数时,应采用哪一种装置？为什么？

图 1-8　测量液体导热系数实验装置

习 题

1-1 一炉子的炉墙厚 130mm,总面积为 25m²,平均导热系数为 1W/(m·K),内、外壁温度分别为 550℃和 50℃,试计算通过炉墙的散热损失。

1-2 平板导热仪是用来测量板状材料导热系数的一种仪器,如图 1-9 所示,设被测试件为厚 10mm、直径为 300mm 的圆盘,一侧表面温度为 250℃,另一侧表面温度为 220℃,四周绝热,通过试件的热流量为 145W,试确定试件的导热系数。

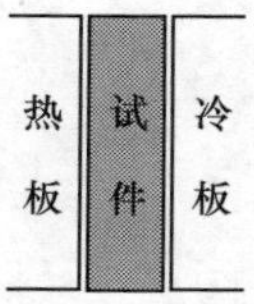

图 1-9　习题 1-2 附图

1-3 有一导热系数为 0.5W/(m·K)、厚度为 400mm 的砖墙,其内侧表面温度为 30℃,室外是温度为 5℃的空气,外侧和内侧对流传热的表面传热系数分别为 15W/(m²·K)和 7W/(m²·K)。室外侧同时受到太阳照射,辐射强度为 500W/m²。设墙壁对太阳辐射只吸收 80%,试求通过砖墙的热流密度和室内温度。

1-4 对锅炉炉膛四周的水冷壁管而言,管内是水的沸腾传热,管外是高温烟气与管壁间的辐射和对流传热,试针对下列三种情况定性画出从烟气到水的传热过程温度分布曲线:

(1) 管子内外均干净。

(2) 管内结水垢,但沸腾水温和烟气温度维持不变。

(3) 管内结水垢,管外积灰垢,沸腾水温和锅炉的产汽率不变。

1-5 在测量空气横向流过单根圆管的对流传热实验中,测得管壁平均温度为 72℃,空气温度为 21℃,管子外直径为 15mm,加热段长为 400mm,加热功率为 46W。如果全部热量通过对流传热传给空气,试求此时的对流传热的表面传热系数。

1-6 半径为 500mm 的球状航天器在太空中飞行,其表面发射率为 0.75,航天器内电子元件的总散热量为 170W,假定宇宙空间可近似看成为 0K 的真空空间,试估算航天器外表的平均温度。

1-7 某玻璃窗尺寸为 600mm×300mm,厚为 4mm。冬天夜间室内和室外温度分别为 20℃和－20℃,内表面的自然对流表面传热系数为 8W/(m² · K),外表面强制对流表面传热系数为 50W/(m² · K),玻璃的导热系数为 0.78W/(m · K)。试计算通过玻璃的散热损失。如果改为双层玻璃,玻璃间空气隙厚为 7mm,空气导热系数为 0.026W/(m · K),假定通过空气隙仅有导热,则通过双层玻璃的散热损失又为多少?

1-8 有一个透明的薄膜型加热器件贴在汽车玻璃窗内表面上以消除雾气,通电加热时,玻璃内表面上有均匀热流密度。当车内空气温度为 25℃时,表面传热系数为 9W/(m² · K)。车外环境空气温度为－10℃,表面传热系数为 65W/(m² · K)。车窗玻璃厚为 4mm,导热系数为 1W/(m · K)。如果要维持车窗内表面温度为 15℃,车窗单位面积所需加热功率是多少? 如果不加热,车窗内表面温度是多少?

第 2 章　导热基本定律与稳态导热

2.1　导热基本定律

2.1.1　温度场与等温面(线)

在物体内部或物体之间,只要存在着温度差,就会产生热量的传递过程,所以,温差是热量传递过程的推动力,是发生热量传递现象的根本原因。因此,研究热量的传递过程时,首先必须了解物体内的温度分布。

温度场是指某一瞬间物体内的温度分布。温度场是一个标量场,它是时间和空间坐标的函数,即

$$t = f(\tau, x, y, z) \tag{2-1}$$

由此可见,温度场可以按照其随时间和空间的变化来分类。如果按是否随时间发生变化,可分为两类:一类是在稳态条件下工作的温度场,此时物体内各点的温度不随时间发生变化,称为稳态温度场或定常温度场,例如,稳态工作时热力管道管壁及保温层内的温度分布等;另一类是在非稳态条件下工作的温度场,此时物体内各点的温度随时间发生变化,这种温度场称为非稳态温度场,亦称为非定常温度场或瞬态温度场,例如,热机部件内部在启动、停机或变工况运行时出现的温度场等。在实际生产过程中,严格说来,物体内部的温度随时间总是变化的,但是,当温度变化很小或变化时间很长时,可以近似处理成稳态温度场。

如果按温度随空间的变化规律来分,可以分为一维、二维和三维温度场,即物体内部温度分别只与空间的一个、两个和三个方向有关。

温度场除了可以用温度分布函数式(2-1)表述外,也可用等温面或等温线表示。所谓等温面是指在某一时刻物体三维空间内温度相同的点连接起来所构成的曲面,不同的等温面与同一平面的交线称为等温线,它是一簇曲线。对于二维温度场,等温面表现为等温线。图 2-1 给出了用等温线表示温度场的例子,在图 2-1(a)中,管内壁温度为 70℃,外壁温度为 30℃,其中的三根等温线代表的温度值分别为 60℃、50℃和 40℃;在图 2-1(b)中,内壁温度为 120℃,外壁温度为 20℃,每根等温线间的差值为 10℃。

由图 2-1 可知,物体中的任一条等温线或者形成一条封闭的曲线,或者终止在物体表面上,两条温度不同的等温线永远不可能相交。用等温线表示温度场时,通常等温线间的温度差值是相等的,因此,等温线的疏密可直观地反映出不同区域导热热流密度的大小。当物体表面绝热时,则等温线一定与该表面垂直。

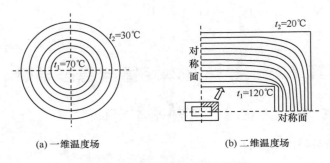

(a) 一维温度场　　　　　　　　(b) 二维温度场

图 2-1　用等温线表示的温度场

2.1.2　温度梯度与导热基本定律

如前所述,热量传递过程的基本前提条件是存在温差,即热量的传递只发生在不同的等温线之间。尽管等温线之间的温差相同,但是,从等温线上任一点出发,沿不同方向(途径)到达另一条等温线时,其温度的变化速率是不一样的,即不同方向传递的热量是不同的,在等温线的法线方向温度变化率最大。为此,定义等温线法线方向上的温度变化率为温度梯度,记为 grad$t$,如图 2-2(a)所示。温度梯度是矢量,其方向沿等温线法线指向温度升高的方向,数值上等于温度场在该点的方向导数,即

$$\mathrm{grad}t = \frac{\partial t}{\partial n}\boldsymbol{n} \tag{2-2}$$

式中,$\boldsymbol{n}$ 为等温线法向单位矢量;$\partial t/\partial n$ 为温度分布沿等温线法线方向的导数。

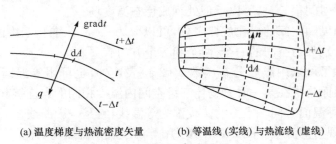

(a) 温度梯度与热流密度矢量　　　(b) 等温线 (实线) 与热流线 (虚线)

图 2-2　温度梯度与热流密度

在热传导过程中,热流密度与温度梯度密切相关。法国学者傅里叶(Fourier)在通过对大量实验结果进行分析、总结的基础上,于 1882 年提出了导热过程的基本定律,即傅里叶定律。该定律可表述为:在任意时刻、任何均匀连续介质内,各点的导热热流密度与当地的温度梯度成正比,即

$$q = -\lambda \mathrm{grad}\, t = -\lambda \frac{\partial t}{\partial n} \boldsymbol{n} \tag{2-3}$$

对于一维导热问题，式(2-3)可写为

$$q = -\lambda \frac{\partial t}{\partial x} \boldsymbol{n} \tag{2-4}$$

给定导热面积 A 上的总导热量 Φ 可表示为

$$\Phi = -\lambda A \frac{\partial t}{\partial n} \boldsymbol{n} \tag{2-5}$$

式(2-3)表明，与温度梯度一样，热流密度也是一个矢量，它的方向与温度梯度位于等温线的同一法线上，但温度梯度指向温度升高的方向，而热流密度指向温度降低的方向，即热量的传递永远沿着温度下降的方向进行。

物体内部的热流密度分布构成了一个热流密度场，它是一个矢量场。对于二维稳态导热问题，可用等温线和等热流线来形象地表述一个导热过程，如图 2-2(b)所示，其中，实线表示等温线，虚线为等热流线。等热流线是一组与等温线处处垂直的曲线，在等热流线上的热流密度处处相等，任一点处的热流密度方向总是与等热流线相切，相邻两条虚线间所传递的热流量处处相等。

2.1.3　导热系数

由式(2-3)可知，导热系数可表述为

$$\lambda = \frac{q}{-\mathrm{grad}\, t} \tag{2-6}$$

因此，数值上导热系数等于单位温度梯度作用下热流密度矢量的模，单位为 $\mathrm{W/(m \cdot K)}$。导热系数的大小表征物体导热能力的强弱，它是物质的一个重要物性参数，通常采用实验方法测定。一些常用物质的导热系数值列于书末附录中。

影响导热系数的因素很多，如物质的种类、温度、密度和压力等。

不同的物质，导热机制是不一样的，气体依靠分子热运动和相互碰撞来传递热量，金属固体依靠自由电子的运动来传递热量，非导电固体通过晶格结构来传递热量，而液体依靠不规则的弹性振动传递热量。不同的导热机制使得导热系数差异很大，通常金属的导热系数最高，例如，20℃时纯铜的导热系数为 399W/(m·K)；气体的导热系数很小，例如，20℃时干空气的导热系数为 0.0259W/(m·K)；液体的导热系数介于金属和气体之间。非金属固体的导热系数变化范围较大，大者与液体相近，小者甚至比空气导热系数还低。

同一种物质，固态时导热系数最大，液体次之，气体最小。例如，大气压力下 0℃时的冰、水和水蒸气的导热系数分别为 2.22W/(m·K)、0.55W/(m·K)和 0.0183W/(m·K)。

工程上习惯把平均温度不高于 350℃ 时导热系数不大于 $0.12\mathrm{W/(m \cdot K)}$ 的材料称为保温材料,又称为隔热材料或绝热材料,如矿渣棉、硅藻土等。

温度是影响物质导热系数的重要因素。一般而言,各类物质的导热系数都是温度的函数,而且,经验表明,除非温度变化很大,对于大多数物质而言可近似认为导热系数随温度呈线性变化,如图 2-3 所示,即

$$\lambda = \lambda_0(1 + bt) \qquad (2\text{-}7)$$

式中,λ_0 为某参考温度下物质的导热系数;b 为温度系数,单位为 $1/℃$,由实验确定。

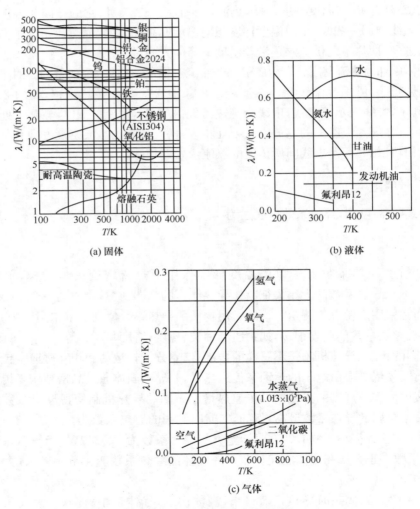

图 2-3 温度对导热系数的影响

2.2　导热微分方程与定解条件

2.2.1　导热微分方程

　　傅里叶导热定律给出了热流密度与温度梯度之间的关系，显然，要想确定热流密度，首先必须知道温度分布，为此，必须建立起关于温度分布的数学关系式，这种关系通常是以微分形式来表述的，因此，又称为导热微分方程。

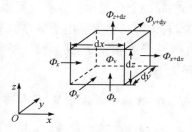

图 2-4　微元体的热量平衡

　　建立导热微分方程所采用的原理就是能量守恒原理，基本定律就是傅里叶定律。考虑如图 2-4 所示的微元体，假定物体中有内热源，其值为 Φ_v，它代表单位时间内物体单位体积中产生或消耗的热量（产生取正号，消耗取负号），其单位为 W/m³。在任意时间间隔内关于微元体的热量平衡关系可表述为

导入微元体的总热量＋微元体内热源的生成热

$$\text{＝导出微元体的总热量＋微元体内能的增量} \tag{a}$$

　　记通过微元体 $x=x$、$y=y$ 和 $z=z$ 三个微元表面导入的热量分别为 Φ_x、Φ_y 和 Φ_z，通过 $x=x+\mathrm{d}x$、$y=y+\mathrm{d}y$ 和 $z=z+\mathrm{d}z$ 三个微元表面导出的热量分别为 $\Phi_{x+\mathrm{d}x}$、$\Phi_{y+\mathrm{d}y}$ 和 $\Phi_{z+\mathrm{d}z}$，则有

$$
\begin{cases}
\Phi_x = -\lambda \left(\dfrac{\partial t}{\partial x} \right)_x \mathrm{d}y\mathrm{d}z \\[2mm]
\Phi_y = -\lambda \left(\dfrac{\partial t}{\partial y} \right)_y \mathrm{d}x\mathrm{d}z \\[2mm]
\Phi_z = -\lambda \left(\dfrac{\partial t}{\partial z} \right)_z \mathrm{d}x\mathrm{d}y
\end{cases}
\tag{b}
$$

$$
\begin{cases}
\Phi_{x+\mathrm{d}x} = \Phi_x + \dfrac{\partial \Phi_x}{\partial x}\mathrm{d}x = \Phi_x + \dfrac{\partial}{\partial x}\left[-\lambda \left(\dfrac{\partial t}{\partial x} \right)_x \mathrm{d}y\mathrm{d}z \right]\mathrm{d}x \\[2mm]
\Phi_{y+\mathrm{d}y} = \Phi_y + \dfrac{\partial \Phi_y}{\partial y}\mathrm{d}y = \Phi_y + \dfrac{\partial}{\partial y}\left[-\lambda \left(\dfrac{\partial t}{\partial y} \right)_y \mathrm{d}x\mathrm{d}z \right]\mathrm{d}y \\[2mm]
\Phi_{z+\mathrm{d}z} = \Phi_z + \dfrac{\partial \Phi_z}{\partial z}\mathrm{d}z = \Phi_z + \dfrac{\partial}{\partial z}\left[-\lambda \left(\dfrac{\partial t}{\partial z} \right)_z \mathrm{d}x\mathrm{d}y \right]\mathrm{d}z
\end{cases}
\tag{c}
$$

微元体内热源的生成热可表达为

$$\Phi_v \mathrm{d}x\mathrm{d}y\mathrm{d}z \tag{d}$$

微元体内能的增量为

$$\frac{\rho c \Delta t \mathrm{d}x\mathrm{d}y\mathrm{d}z}{\Delta \tau} = \rho c \frac{\partial t}{\partial \tau} \mathrm{d}x\mathrm{d}y\mathrm{d}z \tag{e}$$

式中,ρ 和 c 分别为物质的密度和比热容;τ 为时间。

将式(b)~式(e)代入式(a)并整理得

$$\rho c \frac{\partial t}{\partial \tau}=\frac{\partial}{\partial x}\left(\lambda \frac{\partial t}{\partial x}\right)+\frac{\partial}{\partial y}\left(\lambda \frac{\partial t}{\partial y}\right)+\frac{\partial}{\partial z}\left(\lambda \frac{\partial t}{\partial z}\right)+\Phi_{\mathrm{v}} \tag{2-8}$$

式(2-8)即为直角坐标系中导热微分方程的一般形式,它描述了物体内温度随时间和空间的变化规律。方程左边表示物体内由于温度的变化引起的内能的增加或减少,右边前三项表示由于导热的结果进入的净热量,最后一项为内热源项。

在求解实际导热问题时,经常会用到导热微分方程的某些特殊或简化形式,分述如下。

1. 物性参数为常数(简称常物性)

当物性参数为常数时,式(2-8)可简化为

$$\frac{\partial t}{\partial \tau}=a\left(\frac{\partial^2 t}{\partial x^2}+\frac{\partial^2 t}{\partial y^2}+\frac{\partial^2 t}{\partial z^2}\right)+\frac{\Phi_{\mathrm{v}}}{\rho c} \tag{2-9}$$

式中,$a=\lambda/\rho c$ 称为热扩散率或热扩散系数,其单位为 $\mathrm{m^2/s}$。

式(2-9)也可写为

$$\frac{\partial t}{\partial \tau}=a\nabla^2 t+\frac{\Phi_{\mathrm{v}}}{\rho c} \tag{2-10}$$

2. 常物性、无内热源

当无内热源时,导热微分方程可进一步简化为

$$\frac{\partial t}{\partial \tau}=a\left(\frac{\partial^2 t}{\partial x^2}+\frac{\partial^2 t}{\partial y^2}+\frac{\partial^2 t}{\partial z^2}\right)=a\nabla^2 t \tag{2-11}$$

式(2-11)即为常物性、无内热源的三维非稳态导热微分方程。

3. 常物性、稳态

常物性、稳态时的导热微分方程为

$$\frac{\partial^2 t}{\partial x^2}+\frac{\partial^2 t}{\partial y^2}+\frac{\partial^2 t}{\partial z^2}+\frac{\Phi_{\mathrm{v}}}{\lambda}=0 \tag{2-12}$$

式(2-12)常称为泊松方程。无内热源时,式(2-12)简化成拉普拉斯方程:

$$\nabla^2 t=\frac{\partial^2 t}{\partial x^2}+\frac{\partial^2 t}{\partial y^2}+\frac{\partial^2 t}{\partial z^2}=0 \tag{2-13}$$

在求解导热问题时,对于轴对称问题,采用圆柱坐标系或球坐标系更为方便。采用类似的方法,可以导出常物性条件下圆柱坐标系和球坐标系中的导热微分方程。

圆柱坐标系(图 2-5):

$$\frac{\partial t}{\partial \tau}=a\left[\frac{1}{r}\frac{\partial}{\partial r}\left(r\frac{\partial t}{\partial r}\right)+\frac{1}{r^2}\frac{\partial^2 t}{\partial \varphi^2}+\frac{\partial^2 t}{\partial z^2}\right]+\frac{\Phi_v}{\rho c} \qquad (2\text{-}14)$$

球坐标系(图 2-6):

$$\frac{\partial t}{\partial \tau}=a\left[\frac{1}{r^2}\frac{\partial}{\partial r}\left(r^2\frac{\partial t}{\partial r}\right)+\frac{1}{r^2\sin\theta}\frac{\partial}{\partial \theta}\left(\sin\theta\frac{\partial t}{\partial \theta}\right)+\frac{1}{r^2\sin^2\theta}\frac{\partial^2 t}{\partial \varphi^2}\right]+\frac{\Phi_v}{\rho c} \qquad (2\text{-}15)$$

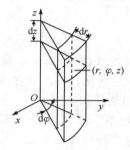
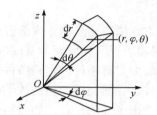

图 2-5　圆柱坐标系　　　图 2-6　球坐标系

2.2.2　热扩散率(导温系数)

在导热微分方程中,引入了一个新的物理参数:热扩散率 $a=\lambda/\rho c$,由此可知,热扩散率的大小主要取决于物体的导热系数、密度和比热容,因此,热扩散率也是一个物性参数,其只与物质的种类有关。

由热扩散率的定义可知,导热系数越大,且单位体积的热容量越小,则物体扩散热量的能力越强,即热扩散率越大。另一方面,在非稳态导热过程中,热扩散率越大,温度变化传播速度也越快,因此,它又是反映物体传播温度变化能力大小的指标,故又称为导温系数。

不同物质的热扩散率相差很大,例如,木材的热扩散率只有钢材的 1/100,所以,当尺寸相同的钢棒和木棒的一端同时放入炉中加热时,过不了多久钢棒的另一端已烫手,而木材在炉中的一端已燃烧,但另一端的温度却基本不变,即钢棒传播温度变化的能力比木棒大得多。

热扩散率和导热系数是两个不同的物性参数,热扩散率综合反映了物体的导热能力和单位体积热容量的大小,而导热系数仅仅只反映导热能力的强弱。导热系数小的材料,其热扩散率不一定小,例如,气体的导热系数很小,但其热扩散率却与金属相当。表 2-1 给出了常温下各类物体的导热系数和热扩散率的范围。

表 2-1　常温下各类物体的导热系数和热扩散率的范围

物体种类	$\lambda/[\mathrm{W/(m\cdot K)}]$	$a/(\times10^6\mathrm{m^2/s})$
金属	4～420	3～165
大多数非金属	0.17～70	0.1～1.6
液体	0.05～0.68	0.08～0.16
气体	0.01～0.20	15～165
普通隔热材料	0.04～0.12	0.16～1.60

2.2.3　定解条件

导热微分方程描述的是物体内部温度场的共性规律,求解某个具体的导热问题时,还必须给出表征具体问题的某些附加条件,这些使导热微分方程适合某一特定问题的条件称为定解条件。定解条件包括时间条件和空间条件,分别称为初始条件和边界条件。导热问题完整的数学描述应该包括导热微分方程和定解条件。

初始条件给出了导热过程开始时物体内的温度分布,即

$$\tau=0,\quad t=f(x,y,z) \tag{2-16a}$$

最简单也是最常见的初始条件是物体内初始温度分布均匀,即

$$\tau=0,\quad t=f(x,y,z)=t_0=\text{常量} \tag{2-16b}$$

对于稳态导热问题,物体内的温度不随时间发生变化,因此,初始条件无意义。只有非稳态导热才有初始条件。

边界条件给出的是导热物体边界上的温度或传热状况,根据物体边界上传热特点的不同,边界条件通常有三类,分述如下。

(1) 第一类边界条件:给定物体边界上的温度分布,其一般表达形式为

$$\tau>0,\quad t_w=f_1(x,y,z,\tau) \tag{2-17a}$$

式中,下标 w 表示边界上的值。

当边界温度均匀时,式(2-17a)简化为

$$\tau>0,\quad t_w=f_2(\tau) \tag{2-17b}$$

当边界温度均匀且恒定时,式(2-17b)简化为

$$\tau>0,\quad t_w=t_{w0}=\text{常量} \tag{2-17c}$$

(2) 第二类边界条件:给定物体边界上的热流密度分布,其一般表达形式为

$$\tau>0,\quad q_w=-\lambda\left(\frac{\partial t}{\partial n}\right)_w=f_2(x,y,z,\tau) \tag{2-18a}$$

式中,n 为表面的法线方向。

当壁面热流密度均匀时,式(2-18a)简化为

$$\tau>0,\quad q_w=-\lambda\left(\frac{\partial t}{\partial n}\right)_w=f_2(\tau) \tag{2-18b}$$

当壁面热流密度均匀且恒定时,式(2-18b)简化为

$$\tau > 0, \quad q_w = -\lambda \left(\frac{\partial t}{\partial n} \right)_w = q_{w0} = 常量 \tag{2-18c}$$

(3) 第三类边界条件:给定物体边界与周围流体的对流传热状况,此时,表面对流传热系数 h 和周围流体温度 t_f 是已知的,因此,根据边界上的热量平衡关系有

$$-\lambda \left(\frac{\partial t}{\partial n} \right)_w = h(t_w - t_f) \tag{2-19a}$$

式中,λ 为固体的导热系数。

在式(2-19a)中,左侧的壁面温度梯度和右侧的壁面温度都是未知的,这是第三类边界条件与第一、二类边界条件的不同之处。

在一定的条件下,第三类边界条件可以转化为第一、二类边界条件。由式(2-19a)可得

$$\left(\frac{\partial t}{\partial n} \right)_w = -\frac{h}{\lambda}(t_w - t_f) \tag{2-19b}$$

由此可见,当 h/λ 趋于无穷大时,由于边界上物体的温度梯度只能是有限值,因此有 $(t_w - t_f) \to 0$,或 $t_w \to t_f$,即物体边界温度趋于流体温度,第三类边界条件转变为第一类边界条件。如果式(2-19)中的表面对流传热系数为零,则边界上的温度梯度为零,即物体边界表面绝热,第三类边界条件转变为特殊的第二类边界条件,即绝热边界条件。

2.3　一维稳态导热

2.3.1　通过大平壁的导热

大平壁是指壁的宽度和长度尺寸远大于其厚度的平壁,这种平壁可以忽略四周边缘的散热,如果两侧壁面处的温度或换热条件均匀,则可以认为平壁内温度分布只与厚度方向有关,属于一维温度场,如锅炉炉壁、墙壁、冷藏设备外壁等。

1. 单层平壁

假定有某一厚度为 δ、无内热源的单层平壁,物性为常数,其两侧表面分别维持均匀恒定温度 t_1 和 t_2,如图 2-7 所示,则描述平壁内导热过程的微分方程为

$$\frac{d^2 t}{dx^2} = 0 \tag{a}$$

相应的边界条件为

$$\begin{cases} x = 0, \quad t = t_1 \\ x = \delta, \quad t = t_2 \end{cases} \tag{b}$$

对式(a)连续积分两次可得温度分布的通解为

$$t = c_1 x + c_2 \tag{c}$$

式中，c_1 和 c_2 为积分常数，由边界条件式(b)确定，可得

$$c_1 = -\frac{t_1 - t_2}{\delta}, \quad c_2 = t_1 \tag{d}$$

故温度分布为

$$t = -\frac{t_1 - t_2}{\delta} x + t_1 \tag{2-20}$$

由此可知，平壁内的温度呈线性分布，温度分布为一条直线，其斜率为

$$\frac{\mathrm{d}t}{\mathrm{d}x} = \frac{t_2 - t_1}{\delta} \tag{e}$$

根据傅里叶定律，通过大平板导热热流密度为

$$q = -\lambda \frac{\mathrm{d}t}{\mathrm{d}x} = \frac{\lambda(t_1 - t_2)}{\delta} = \frac{\lambda}{\delta} \Delta t \tag{2-21}$$

如果平壁的表面积为 A，则通过大平板的总热流量为

$$\Phi = A \frac{\lambda}{\delta} \Delta t \tag{2-22}$$

式(2-21)是通过平壁导热的计算公式，它给出了 q、Δt、λ 和 δ 之间的关系，如果已知其中的三个，就可以求出第四个物理量来。例如，对于几何尺度确定的大平壁，施加已知的热流密度，测定平壁两侧的温差 Δt，则可以由式(2-21)求出平壁的导热系数，这是稳态法测量导热系数的基本原理。

通过平壁的导热过程也可根据热路分析法来分析，热路图如图 2-7 下部所示。导热过程的热阻为 $R_\mathrm{d} = \delta/(\lambda A)$，单位面积上的导热热阻为 $r_\mathrm{d} = \delta/\lambda$。因此，根据温差-热阻关系可直接写出通过大平壁总热流量为

$$\Phi = \frac{\Delta t}{\delta/(\lambda A)} = \lambda A \frac{\Delta t}{\delta} \tag{2-23}$$

2. 多层平壁

多层平壁是指由几层不同材料叠加起来组成的复合壁，例如，锅炉炉墙就是一种典型的复合壁，它通常由耐火层、保温砖层和普通砖层构成。

为简化起见，考虑如图 2-8 所示的三层平壁，其厚度分别为 δ_1、δ_2 和 δ_3，导热系数分别为 λ_1、λ_2 和 λ_3，多层壁两侧温度均匀恒定，分别为 t_1 和 t_4，层间接触良好，相邻两层界面温度均匀，分别为 t_2 和 t_3。根据式(2-23)，对于每一层有

$$\begin{cases} \dfrac{t_1-t_2}{\varPhi}=\dfrac{\delta_1}{\lambda_1 A} \\[2ex] \dfrac{t_2-t_3}{\varPhi}=\dfrac{\delta_2}{\lambda_2 A} \\[2ex] \dfrac{t_3-t_4}{\varPhi}=\dfrac{\delta_3}{\lambda_3 A} \end{cases} \tag{f}$$

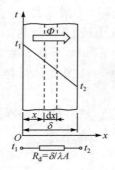

图 2-7　单层平壁导热

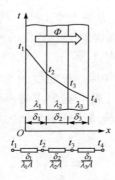

图 2-8　多层平壁导热

将上述三式相加得

$$\frac{t_1-t_4}{\varPhi}=\frac{\delta_1}{\lambda_1 A}+\frac{\delta_2}{\lambda_2 A}+\frac{\delta_3}{\lambda_3 A} \tag{g}$$

因此,通过多层平壁的总导热量为

$$\varPhi=\frac{t_1-t_4}{\dfrac{\delta_1}{\lambda_1 A}+\dfrac{\delta_2}{\lambda_2 A}+\dfrac{\delta_3}{\lambda_3 A}} \tag{2-24}$$

相应的热流密度计算式为

$$q=\frac{\varPhi}{A}=\frac{t_1-t_4}{\dfrac{\delta_1}{\lambda_1}+\dfrac{\delta_2}{\lambda_2}+\dfrac{\delta_3}{\lambda_3}} \tag{2-25}$$

以此类推,对于 n 层多层壁,式(2-24)和式(2-25)分别变为

$$\varPhi=\frac{t_1-t_{n+1}}{\displaystyle\sum_{i=1}^{n}\frac{\delta_i}{\lambda_i A}} \tag{2-26}$$

$$q=\frac{t_1-t_{n+1}}{\displaystyle\sum_{i=1}^{n}\frac{\delta_i}{\lambda_i}} \tag{2-27}$$

求得了导热量之后,相邻两层间界面温度就可以很容易确定,例如,

$$t_2 = t_1 - \Phi \frac{\delta_1}{\lambda_1 A} \tag{2-28a}$$

$$t_3 = t_1 - \Phi \left(\frac{\delta_1}{\lambda_1 A} + \frac{\delta_2}{\lambda_2 A} \right) \tag{2-28b}$$

通过多层平壁的导热过程也可采用热路分析法来分析,热路图如图 2-8 下部所示。由于每层热阻相互串联,因此,可以直接写出式(2-25)。

例题 2-1　某锅炉炉墙由三层材料叠合组成,里层为耐火黏土砖,其厚度为 110mm,导热系数为 1.12W/(m·K);中间层为硅藻土砖,其厚度为 120mm,导热系数为 0.116W/(m·K);外层为石棉板,其厚度为 70mm,导热系数为 0.116W/(m·K),已知炉墙内壁温度为 500℃,外壁温度为 50℃,试求炉墙单位面积上的散热量及耐火黏土砖与硅藻土砖界面上的温度。

解　假定通过该锅炉炉墙的导热为一维稳态导热,则由式(2-25)可得

$$q = \frac{t_1 - t_4}{\dfrac{\delta_1}{\lambda_1} + \dfrac{\delta_2}{\lambda_2} + \dfrac{\delta_3}{\lambda_3}} = \frac{500 - 50}{\dfrac{0.11}{1.12} + \dfrac{0.12}{0.116} + \dfrac{0.07}{0.116}} = 259(\text{W/m}^2)$$

耐火黏土砖与硅藻土砖界面上温度为

$$t_2 = t_1 - q \frac{\delta_1}{\lambda_1} = 500 - 259 \times \frac{0.11}{1.12} = 475(℃)$$

2.3.2　通过长圆筒壁的导热

长圆筒壁是指长度远大于其外半径的圆筒壁,这样圆筒壁两端散热的影响可以忽略。如果圆筒壁内、外壁面处的温度或换热条件均匀,则可以认为圆筒壁内温度分布只与半径方向有关,圆筒壁内的导热属于一维导热,如通过热力管道壁的导热等。

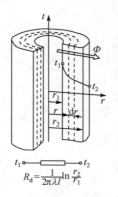

图 2-9　单层长圆筒壁导热

1. 单层圆筒壁

假定有某一内、外半径分别为 r_1 和 r_2,且无内热源的单层圆筒壁,物性为常数,其两侧表面分别维持均匀恒定温度 t_1 和 t_2,如图 2-9 所示。采用柱坐标系,则描述通过圆筒壁内导热过程的微分方程为

$$\frac{\text{d}}{\text{d}r} \left(r \frac{\text{d}t}{\text{d}r} \right) = 0 \tag{h}$$

相应的边界条件为

$$\begin{cases} r = r_1, & t = t_1 \\ r = r_2, & t = t_2 \end{cases} \tag{i}$$

对式(h)连续积分两次可得温度分布的通解为

$$t = c_1 \ln r + c_2 \tag{j}$$

式中,c_1 和 c_2 为积分常数,由边界条件式(i)确定,可得

$$\begin{cases} c_1 = \dfrac{t_2 - t_1}{\ln(r_2/r_1)} \\[2mm] c_2 = t_1 - \dfrac{t_2 - t_1}{\ln(r_2/r_1)} \ln r_1 \end{cases}$$

故温度分布为

$$t = t_1 + \frac{t_2 - t_1}{\ln(r_2/r_1)} \ln(r/r_1) \tag{2-29}$$

由此可知,与平壁内的线性温度分布不同,圆筒壁中的温度分布呈对数曲线。

对式(2-29)求导可得

$$\frac{\mathrm{d}t}{\mathrm{d}r} = \frac{1}{r} \frac{t_2 - t_1}{\ln(r_2/r_1)}$$

根据傅里叶定律,通过圆筒壁导热热流密度和总导热量分别为

$$q = -\lambda \frac{\mathrm{d}t}{\mathrm{d}r} = \frac{\lambda}{r} \frac{t_1 - t_2}{\ln(r_2/r_1)} \tag{2-30}$$

$$\Phi = 2\pi r l q = \frac{2\pi \lambda l (t_1 - t_2)}{\ln(r_2/r_1)} \tag{2-31a}$$

式中,l 为圆筒壁长度。

单位长度圆筒壁上的导热量为

$$\phi = \frac{\Phi}{l} = \frac{2\pi \lambda (t_1 - t_2)}{\ln(r_2/r_1)} \tag{2-31b}$$

由式(2-30)和式(2-31)可见,在通过圆筒壁的稳态导热中,热流密度与半径成反比,在内壁处,热流密度最大,在外壁处,热流密度最小。然而,通过整个圆筒壁的总导热量 Φ 为常数,不随半径发生变化。

根据温差-热阻关系,通过整个圆筒壁的导热热阻为

$$R_\mathrm{d} = \frac{\Delta t}{\Phi} = \frac{\ln(r_2/r_1)}{2\pi \lambda l} = \frac{\ln(d_2/d_1)}{2\pi \lambda l} \tag{2-32}$$

式中,d_1 和 d_2 分别为圆筒壁内、外直径。通过圆筒壁导热热路如图 2-9 下部所示。

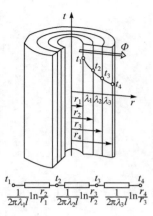

图 2-10　多层长圆筒壁导热

2. 多层圆筒壁

考虑某一通过三层圆筒壁的导热过程,各层的半径及导热系数如图 2-10 所示。圆筒壁的内表面温度为 t_1,外表面温度为 t_4,且 $t_1 > t_4$。层间接触良好,相邻两层间界面温度均匀,分别为 t_2 和 t_3。利用热路分析法,每层热阻相互串联,因此,三层长圆筒壁的导热量可按下式计算:

$$\Phi = \frac{t_1 - t_4}{\dfrac{1}{2\pi\lambda_1 l}\ln\left(\dfrac{r_2}{r_1}\right) + \dfrac{1}{2\pi\lambda_2 l}\ln\left(\dfrac{r_3}{r_2}\right) + \dfrac{1}{2\pi\lambda_3 l}\ln\left(\dfrac{r_4}{r_3}\right)}$$

(2-33a)

$$\phi = \frac{\Phi}{l} = \frac{t_1 - t_4}{\dfrac{1}{2\pi\lambda_1}\ln\left(\dfrac{r_2}{r_1}\right) + \dfrac{1}{2\pi\lambda_2}\ln\left(\dfrac{r_3}{r_2}\right) + \dfrac{1}{2\pi\lambda_3}\ln\left(\dfrac{r_4}{r_3}\right)}$$

(2-33b)

同样,相邻两层间界面温度就可以很容易由热路分析法确定,例如,

$$t_2 = t_1 - \frac{\Phi}{2\pi\lambda_1 l}\ln\left(\frac{r_2}{r_1}\right)$$

(2-34a)

$$t_3 = t_1 - \Phi\left[\frac{1}{2\pi\lambda_1 l}\ln\left(\frac{r_2}{r_1}\right) + \frac{1}{2\pi\lambda_2 l}\ln\left(\frac{r_3}{r_2}\right)\right]$$

(2-34b)

例题 2-2　某热力管道外径为 50mm,为减小散热损失,在管道外包裹有两层保温材料,内层材料导热系数为 0.12W/(m·K),外层材料导热系数为 0.06W/(m·K),其厚度都为 20mm。如果管道外壁温度为 300℃,保温层外壁温度为 40℃,试:

(1)计算单位管长上的散热量及两层保温材料交界面上的温度。

(2)在温度不变的条件下,如果将内层和外层材料位置互换,散热损失如何变化?

解　(1)假定通过热力管道保温层的导热为一维稳态导热,则由式(2-33b)可得

$$\phi = \frac{t_1 - t_3}{\dfrac{1}{2\pi\lambda_1}\ln\left(\dfrac{d_2}{d_1}\right) + \dfrac{1}{2\pi\lambda_2}\ln\left(\dfrac{d_3}{d_2}\right)}$$

$$= \frac{2\times 3.14\times(300-40)}{\dfrac{1}{0.12}\ln\left(\dfrac{90}{50}\right) + \dfrac{1}{0.06}\ln\left(\dfrac{130}{90}\right)} = 148(\text{W/m})$$

两层保温材料交界面上的温度

$$t_2 = t_1 - \frac{\phi}{2\pi\lambda_1}\ln\left(\frac{d_2}{d_1}\right) = 300 - \frac{148}{2\times3.14\times0.12}\ln\left(\frac{90}{50}\right) = 185(℃)$$

（2）如果将内层和外层材料位置互换，则散热损失为

$$\phi' = \frac{t_1 - t_3}{\frac{1}{2\pi\lambda_1}\ln\left(\frac{d_2}{d_1}\right) + \frac{1}{2\pi\lambda_2}\ln\left(\frac{d_3}{d_2}\right)} = \frac{2\times3.14\times(300-40)}{\frac{1}{0.06}\ln\left(\frac{90}{50}\right) + \frac{1}{0.12}\ln\left(\frac{130}{90}\right)} = 127(\text{W/m})$$

上述计算结果表明，将导热系数较小的材料置于内层保温效果较好，散热损失会减小。

例题 2-3　某蒸汽锅炉水冷壁管外受到温度为 1100℃ 的烟气加热，管内沸腾水的温度为 200℃，烟气与受热面管子外壁间的复合换热表面传热系数为 105W/(m² · K)，沸水与管内壁间的表面传热系数为 5000W/(m² · K)，管子外径为 52mm，壁厚为 6mm，管壁导热系数为 $\lambda = 42$W/(m · K)。试计算下列三种情况下水冷壁单位长度上的热负荷：

（1）水冷壁内外表面是干净的。

（2）外表面上积了一层厚 1mm 的烟灰，其导热系数为 $\lambda = 0.08$W/(m · K)。

（3）内表面上结了一层厚 2mm 的水垢，其导热系数为 $\lambda = 1$W/(m · K)。

解　（1）假定通过水冷壁管的导热为一维稳态导热，当水冷壁内外表面都是干净表面时，水冷壁单位长度上的热负荷

$$\phi = \frac{t_1 - t_2}{\frac{1}{\pi d_i h_i} + \frac{1}{2\pi\lambda}\ln\left(\frac{d_o}{d_i}\right) + \frac{1}{\pi d_o h_o}}$$

$$= \frac{1100-200}{\frac{1}{3.14\times0.04\times5000} + \frac{1}{2\times3.14\times42}\ln\left(\frac{52}{40}\right) + \frac{1}{3.14\times0.052\times105}} = 14.77(\text{kW/m})$$

（2）如果外表面上积了一层厚 1mm 的烟灰，则水冷壁单位长度上的热负荷为

$$\phi = \frac{t_1 - t_2}{\frac{1}{\pi d_i h_i} + \frac{1}{2\pi\lambda}\ln\left(\frac{d_o}{d_i}\right) + \frac{1}{2\pi\lambda_o}\ln\left(\frac{d_{\infty}}{d_o}\right) + \frac{1}{\pi d_{\infty} h_o}}$$

$$= \frac{1100-200}{\frac{1}{3.14\times0.04\times5000} + \frac{1}{2\times3.14\times42}\ln\left(\frac{52}{40}\right) + \frac{1}{2\times3.14\times0.08}\ln\left(\frac{54}{52}\right) + \frac{1}{3.14\times0.054\times105}}$$

$$= 6.72(\text{kW/m})$$

（3）如果内表面上结了一层厚 2mm 的水垢，则水冷壁单位长度上的热负荷为

$$\phi = \cfrac{t_1 - t_2}{\cfrac{1}{\pi d_{ii} h_i} + \cfrac{1}{2\pi\lambda_i}\ln\left(\cfrac{d_i}{d_{ii}}\right) + \cfrac{1}{2\pi\lambda_o}\ln\left(\cfrac{d_o}{d_i}\right) + \cfrac{1}{\pi d_o h_o}}$$

$$= \cfrac{1100-200}{\cfrac{1}{3.14\times0.036\times5000} + \cfrac{1}{2\times3.14\times1}\ln\left(\cfrac{40}{36}\right) + \cfrac{1}{2\times3.14\times42}\ln\left(\cfrac{52}{40}\right) + \cfrac{1}{3.14\times0.052\times105}}$$

$$= 11.56(\text{kW/m})$$

上述计算结果表明,如果水冷壁管外积灰,即使灰层厚度很薄,但由于其导热系数很小,会使水冷壁管单位长度上的热负荷大大降低。

2.3.3 通过球壳的导热

通过球壳的导热在工程上也常见到。假定有某一内、外半径分别为 r_1 和 r_2 且无内热源的单层球壳,物性为常数,其内外表面分别维持均匀恒定温度 t_1 和 t_2。采用球坐标系,则描述通过球壳内导热过程的微分方程为

$$\frac{\mathrm{d}}{\mathrm{d}r}\left(r^2\frac{\mathrm{d}t}{\mathrm{d}r}\right) = 0 \tag{k}$$

相应的边界条件为

$$\begin{cases} r=r_1, & t=t_1 \\ r=r_2, & t=t_2 \end{cases} \tag{l}$$

对式(k)连续积分两次可得温度分布的通解为

$$t = -\frac{c_1}{r} + c_2 \tag{m}$$

式中,c_1 和 c_2 为积分常数,由边界条件式(l)确定,可得

$$\begin{cases} c_1 = -\cfrac{t_1 - t_2}{1/r_1 - 1/r_2} \\ c_2 = t_1 - \cfrac{t_1 - t_2}{1/r_1 - 1/r_2}\cfrac{1}{r_1} \end{cases}$$

故温度分布为

$$t = t_1 - \frac{t_1 - t_2}{1/r_1 - 1/r_2}\left(\frac{1}{r_1} - \frac{1}{r}\right) \tag{2-35}$$

由此可知,球壳内的温度分布呈双曲线规律变化。

对式(2-35)求导可得

$$\frac{\mathrm{d}t}{\mathrm{d}r} = -\frac{1}{r^2}\frac{t_1 - t_2}{1/r_1 - 1/r_2}$$

根据傅里叶定律,可得通过球壳导热热流密度和总导热量分别为

$$q = -\lambda\frac{\mathrm{d}t}{\mathrm{d}r} = \frac{\lambda}{r^2}\frac{t_1 - t_2}{1/r_1 - 1/r_2} \tag{2-36}$$

$$\Phi = 4\pi r^2 q = 4\pi\lambda\frac{t_1 - t_2}{1/r_1 - 1/r_2} \tag{2-37}$$

由式(2-36)和式(2-37)可见,在通过球壳的稳态导热中,热流密度与半径的平方成反比,在内壁处,热流密度最大,在外壁处,热流密度最小。然而,通过整个球壳的总导热量 Φ 为常数,不随半径发生变化。

根据温差-热阻关系,通过球壳的导热热阻为

$$R_d = \frac{\Delta t}{\Phi} = \frac{1}{4\pi\lambda}\left(\frac{1}{r_1} - \frac{1}{r_2}\right) = \frac{1}{2\pi\lambda}\left(\frac{1}{d_1} - \frac{1}{d_2}\right) \tag{2-38}$$

式中,d_1 和 d_2 分别为球壳的内、外直径。

2.3.4　变截面和变导热系数的导热

在分析通过大平壁和长圆筒壁的一维稳态导热问题时,总是先求解导热微分方程,获得其温度分布,然后根据傅里叶导热定律得到导热量的计算式,这是理论求解导热问题的一般步骤。如果不关心导热体内部的温度分布,而只需了解总的导热量,则可在第一类边界条件下,直接对傅里叶导热定律积分得到导热量的计算式,这种方法对于求解变截面或变导热系数的导热问题特别有效。

假定有某一维导热问题,总导热面积变化规律为 $A(x)$,导热系数是温度的函数 $\lambda(t)$,则傅里叶定律可表述为

$$\Phi = -\lambda(t)A(x)\frac{\mathrm{d}t}{\mathrm{d}x}$$

由于总的导热量 Φ 为常数,因此,分离变量积分可得

$$\Phi\int_{x_1}^{x_2}\frac{\mathrm{d}x}{A(x)} = -\int_{t_1}^{t_2}\lambda(t)\mathrm{d}t$$

或者写为

$$\Phi\int_{x_1}^{x_2}\frac{\mathrm{d}x}{A(x)} = -\frac{\int_{t_1}^{t_2}\lambda(t)\mathrm{d}t}{t_2 - t_1}(t_2 - t_1)$$

显然,上式中右边第一项为 $\lambda(t)$ 在 $t_1 \sim t_2$ 范围内的积分平均值,可用 $\bar{\lambda}$ 来表示,如图 2-11 所示。于是上式可写为

$$\Phi = \frac{\bar{\lambda}(t_1 - t_2)}{\int_{x_1}^{x_2}\frac{\mathrm{d}x}{A(x)}} \tag{2-39}$$

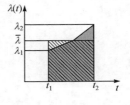

图 2-11　平均积分导热系数

因此,只要知道了导热面积的变化规律 $A(x)$,代入式(2-39)就可以得到导热热流量的计算式。在工程计算中,材料导热系数随温度的变化关系可表示为

$$\lambda = \lambda_0(1 + bt)$$

在这种情况下,式(2-39)中的 $\bar{\lambda}$ 就是其算术平均温度下的值。

2.4　有内热源的一维稳态导热

工程上存在大量具有内热源的导热问题,例如,电器设备中通电时的发热,化学反应中的吸、放热过程,以及核能装置中燃料元件的放射反应等。这里只介绍最简单的有内热源的一维稳态导热问题。

导热物体内热源强度通常用 Φ_v 来表示,它表示单位体积物体内产生的热量,单位为 W/m³。并且规定:发热时为正,吸热时为负。

2.4.1　具有内热源的大平板内的导热

假定有一具有均匀内热源 Φ_v 的大平板,厚度为 2δ,如图 2-12 所示。平板两侧被温度为 t_f 的流体对称冷却,表面传热系数为 h。由于对称性,只需研究板厚的一半即可。

描述该问题的导热微分方程为

$$\frac{\mathrm{d}^2 t}{\mathrm{d}x^2} + \frac{\Phi_v}{\lambda} = 0 \tag{2-40}$$

相应的边界条件为

$$x = 0, \quad \frac{\mathrm{d}t}{\mathrm{d}x} = 0 \tag{2-41a}$$

$$x = \delta, \quad -\lambda \frac{\mathrm{d}t}{\mathrm{d}x} = h(t - t_f) \tag{2-41b}$$

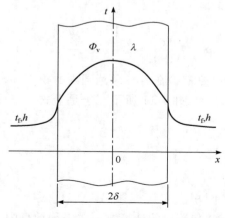

图 2-12　具有均匀内热源的大平板内的导热

对式(2-40)连续积分两次可得温度分布的通解为

$$t=-\frac{\Phi_{\mathrm{v}}}{2\lambda}x^2+c_1x+c_2$$

式中，c_1 和 c_2 为积分常数，由边界条件确定。

由式(2-41a)和式(2-41b)可得

$$c_1=0$$

$$-\lambda\left(-\frac{\Phi_{\mathrm{v}}}{\lambda}\delta+c_1\right)=h\left(-\frac{\Phi_{\mathrm{v}}}{2\lambda}\delta^2+c_1\delta+c_2-t_{\mathrm{f}}\right)$$

解之得

$$c_1=0,\quad c_2=t_{\mathrm{f}}+\frac{\Phi_{\mathrm{v}}\delta}{h}+\frac{\Phi_{\mathrm{v}}}{2\lambda}\delta^2$$

将积分常数代入温度分布通解得

$$t=\frac{\Phi_{\mathrm{v}}}{2\lambda}(\delta^2-x^2)+\frac{\Phi_{\mathrm{v}}\delta}{h}+t_{\mathrm{f}} \tag{2-42}$$

由此可知，此时平板内的温度呈抛物线分布，最高温度位于平板的中心处。上式中右边第二项代表表面对流传热过程的温差，因此，后两项之和即为平板表面温度，所以，当平板两侧温度 t_{w} 给定时，平板内的温度分布可写为

$$t=\frac{\Phi_{\mathrm{v}}}{2\lambda}(\delta^2-x^2)+t_{\mathrm{w}} \tag{2-43}$$

根据傅里叶定律，大平板内任意位置 x 处的导热热流密度为

$$q=-\lambda\frac{\mathrm{d}t}{\mathrm{d}x}=\Phi_{\mathrm{v}}x \tag{2-44}$$

显然，此时热流密度不再是常数，而是在表面处最大，在平板中心处最小。

为了分析内热源强度对大平板内稳态导热时温度分布的影响，考虑某具有恒定内热源 Φ_{v} 的无限大平板($0\leqslant x\leqslant\delta$)，其两侧表面 $x=0$ 和 $x=\delta$ 处维持均匀恒定温度 t_{w1} 和 t_{w2}，物性为常数，则描述该问题的导热微分方程仍为式(2-40)，但边界条件变为

$$x=0,\quad t=t_{\mathrm{w1}} \tag{2-45a}$$

$$x=\delta,\quad t=t_{\mathrm{w2}} \tag{2-45b}$$

导热微分方程的通解为

$$t=-\frac{\Phi_{\mathrm{v}}}{2\lambda}x^2+c_1x+c_2$$

式中，c_1 和 c_2 为积分常数。由边界条件可得

$$t_{\mathrm{w1}}=c_2$$

$$t_{\mathrm{w2}}=-\frac{\Phi_{\mathrm{v}}}{2\lambda}\delta^2+c_1\delta+c_2$$

解之得

$$c_1 = \frac{1}{\delta}(t_{w2} - t_{w1}) + \frac{\Phi_v}{2\lambda}\delta$$

$$c_2 = t_{w1}$$

代入通解表达式，可得温度分布为

$$t = t_{w1} - \frac{\Phi_v}{2\lambda}x^2 - \left(\frac{t_{w1} - t_{w2}}{\delta} - \frac{\Phi_v}{2\lambda}\delta\right)x \qquad (2\text{-}46)$$

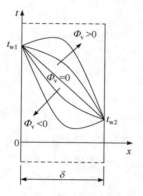

图 2-13　均匀内热源对大平板内
温度分布的影响

显然，若 $\Phi_v = 0$，温度分布退化为线性温度分布，如图 2-13 所示。与无内热源时的线性温度分布相比，若 $\Phi_v > 0$，则平板内温度升高，若 $\Phi_v < 0$，则平板内温度降低。

由图 2-13 可见，当内热源强度 Φ_v 足够大时，$x = 0$ 处边界上热流密度方向将发生改变，内热源产生的热量将向平板两侧传递，在平板内出现最高温度 t_{max}。对式(2-46)求导有

$$\frac{dt}{dx} = \frac{\Phi_v}{2\lambda}\delta - \frac{\Phi_v}{\lambda}x - \frac{t_{w1} - t_{w2}}{\delta}$$

令其为零，则可得出现最高温度的点 x_{max} 为

$$x_{max} = \frac{\delta}{2} - \frac{\lambda(t_{w1} - t_{w2})}{\Phi_v\delta} \qquad (2\text{-}47)$$

对应的最高温度为

$$t_{max} = t_{w1} + \frac{\Phi_v x_{max}^2}{2\lambda} \qquad (2\text{-}48)$$

例题 2-4　考虑某核反应堆中燃料元件的散热过程，如图 2-14 所示，假设该燃料元件由三层大平板组成，中间燃料层厚度为 $\delta_1 = 12\text{mm}$，导热系数为 $\lambda_1 = 35\text{W}/(\text{m}\cdot\text{K})$，内热源强度为 $\Phi_v = 1.5\times10^7\,\text{W/m}^3$；两侧的铝板厚度都为 $\delta_2 = 5\text{mm}$，导热系数为 $\lambda_2 = 100\text{W}/(\text{m}\cdot\text{K})$，铝板外表面被温度为 $t_f = 150℃$ 的高压水冷却，表面传热系数为 $h = 3600\text{W}/(\text{m}^2\cdot\text{K})$。忽略接触热阻，试计算稳态工况下燃料层最高温度、燃料层与铝板的界面温度和铝板表面温度。

解　由于对称性，只需研究一半即可。由于内热源均匀，因此，燃料层最高温度一定位于其中心，即 $x = 0$ 处，记为 t_m，燃料层与铝板的界面温度和铝板表面温度分别记为 t_{w1} 和 t_{w2}。在稳态工况下，燃料层内的总发热量全部通过两侧铝板的导热，最后以对流方式传给高压冷却水，因此，由热量平衡可得，通过两侧铝板的导热热流密度为

$$q = \frac{\Phi_v\delta_1}{2} = \frac{1.5\times10^7\times0.012}{2} = 0.9\times10^5\,(\text{W/m}^2)$$

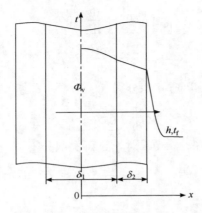

图 2-14　核反应堆中燃料元件的散热过程

在铝板外表面有

$$q = h(t_{w2} - t_f)$$

因此,铝板表面温度 t_{w2} 为

$$t_{w2} = t_f + \frac{q}{h} = 150 + \frac{0.9 \times 10^5}{3600} = 175(℃)$$

对于通过铝板的导热过程有

$$q = \frac{\lambda_2}{\delta_2}(t_{w1} - t_{w2})$$

因此,燃料层与铝板的界面温度 t_{w1} 为

$$t_{w1} = t_{w2} + \frac{q\delta_2}{\lambda_2} = 175 + \frac{0.9 \times 10^5 \times 0.005}{100} = 179.5(℃)$$

由式(2-43)可得最高温度为

$$t_{max} = \frac{\Phi_v}{2\lambda}\delta_1^2 + t_{w1}$$

代入数值得

$$t_{max} = \frac{1.5 \times 10^7}{2 \times 35} \times \left(\frac{0.012}{2}\right)^2 + 179.5 = 187.2(℃)$$

2.4.2　具有内热源的长圆柱内的导热

假定有一半径为 r_1 的圆柱体,内有均匀内热源 Φ_v,导热系数为 λ。圆柱体表面被温度为 t_f 的流体冷却,表面传热系数为 h,则描述该问题的导热微分方程为

$$\frac{1}{r}\frac{d}{dr}\left(r\frac{dt}{dr}\right) + \frac{\Phi_v}{\lambda} = 0 \tag{2-49}$$

根据对称性,可以写出相应的边界条件为

$$r=0, \quad \frac{\mathrm{d}t}{\mathrm{d}r}=0 \tag{2-50a}$$

$$r=r_1, \quad -\lambda\frac{\mathrm{d}t}{\mathrm{d}r}=h(t-t_\mathrm{f}) \tag{2-50b}$$

对式(2-49)两边同乘以 r,并积分得

$$r\frac{\mathrm{d}t}{\mathrm{d}r}+\frac{\Phi_\mathrm{v}}{2\lambda}r^2=c_1$$

由边界条件式(2-50a)可知, $c_1=0$。对上式再次积分得

$$t=-\frac{\Phi_\mathrm{v}}{4\lambda}r^2+c_2$$

由边界条件式(2-50b)有

$$-\lambda\left(-\frac{\Phi_\mathrm{v}}{2\lambda}r_1\right)=h\left(-\frac{\Phi_\mathrm{v}}{4\lambda}r_1^2+c_2-t_\mathrm{f}\right)$$

由此可得

$$c_2=t_\mathrm{f}+\frac{\Phi_\mathrm{v}r_1}{2h}+\frac{\Phi_\mathrm{v}}{4\lambda}r_1^2$$

故圆柱体内温度分布为

$$t=\frac{\Phi_\mathrm{v}}{4\lambda}(r_1^2-r^2)+\frac{\Phi_\mathrm{v}r_1}{2h}+t_\mathrm{f} \tag{2-51}$$

由此可知,圆柱体内温度呈抛物线分布,最高温度位于中心处,其值为

$$t_\mathrm{max}=\frac{\Phi_\mathrm{v}}{4\lambda}r_1^2+\frac{\Phi_\mathrm{v}r_1}{2h}+t_\mathrm{f}$$

在式(2-51)中,右边第二项代表表面对流传热过程的温差,因此,后两项之和即为圆柱体表面温度,所以,当表面温度 t_w 给定时,圆柱体内温度分布也可写为

$$t=\frac{\Phi_\mathrm{v}}{4\lambda}(r_1^2-r^2)+t_\mathrm{w} \tag{2-52}$$

根据傅里叶定律,圆柱体内任意 r 处的导热热流密度为

$$q=-\lambda\frac{\mathrm{d}t}{\mathrm{d}r}=\frac{\Phi_\mathrm{v}r}{2} \tag{2-53}$$

由此可知,圆柱体内导热热流密度沿径向呈线性分布,中心处为零,表面处最大。

2.4.3　具有内热源的长圆筒壁内的导热

假定有内、外半径分别为 r_1 和 r_2 的圆筒壁,壁内有均匀内热源 Φ_v,其导热系数为 λ,内、外壁面温度均匀恒定,即 $r=r_1$ 时 $t=t_\mathrm{w1}$, $r=r_2$ 时 $t=t_\mathrm{w2}$。显然,描述具有内热源的长圆筒壁内的导热过程微分方程与长圆柱体内相同,仍为式(2-49),但边

界条件变为

$$r = r_1, \quad t = t_{w1} \tag{2-54a}$$

$$r = r_2, \quad t = t_{w2} \tag{2-54b}$$

由式(2-49)可得温度分布通解为

$$t = -\frac{\Phi_v}{4\lambda} r^2 + c_1 \ln r + c_2$$

代入边界条件得

$$-\frac{\Phi_v}{4\lambda} r_1^2 + c_1 \ln r_1 + c_2 = t_{w1}$$

$$-\frac{\Phi_v}{4\lambda} r_2^2 + c_1 \ln r_2 + c_2 = t_{w2}$$

由此解得

$$c_1 = \left[(t_{w1} - t_{w2}) - \frac{\Phi_v}{4\lambda}(r_2^2 - r_1^2) \right] / \ln \frac{r_1}{r_2}$$

$$c_2 = t_{w2} + \frac{\Phi_v}{4\lambda} r_2^2 - \left[(t_{w1} - t_{w2}) - \frac{\Phi_v}{4\lambda}(r_2^2 - r_1^2) \right] \ln r_2 / \ln \frac{r_1}{r_2}$$

代入通解表达式可得圆筒壁内温度分布为

$$t = t_{w2} + \frac{\Phi_v r_2^2}{4\lambda} \left[1 - \left(\frac{r}{r_2} \right)^2 \right] + c_1 \ln \frac{r}{r_2} \tag{2-55a}$$

或

$$t = t_{w2} + \frac{\Phi_v r_2^2}{4\lambda} \left[1 - \left(\frac{r}{r_2} \right)^2 \right] + \left[(t_{w1} - t_{w2}) - \frac{\Phi_v}{4\lambda}(r_2^2 - r_1^2) \right] \frac{\ln(r/r_2)}{\ln(r_1/r_2)} \tag{2-55b}$$

显然,若 $\Phi_v = 0$,温度分布式(2-55b)就退化为式(2-29)。

例题 2-5 假定氧化铀棒的最高容许温度为 $t_{max} = 1800℃$,其表面被一层薄的锆锡合金包裹,包裹层内、外半径分别为 $r_1 = 6mm$ 和 $r_2 = 6.4mm$,如图 2-15 所示。表面流过的冷却水平均温度为 $t_f = 100℃$,表面传热系数为 $h = 10000W/(m^2 \cdot K)$,燃料棒和包裹层导热系数分别为 $\lambda_1 = 8W/(m \cdot K)$ 和 $\lambda_2 = 14W/(m \cdot K)$,燃料棒和包裹层之间的接触热阻为 $R_c = 2 \times 10^{-4} m^2 \cdot K/W$,试确定氧化铀棒的最大热功率 Φ_v。

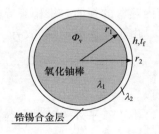

图 2-15 氧化铀棒内导热过程

解 假定氧化铀棒内的发热是均匀的,则氧化铀棒内的最高温度 t_{max} 一定位于中心处,可表示为

$$t_{\max}=\frac{\varPhi_{\mathrm{v}}r_1^2}{4\lambda_1}+t_{\mathrm{w}}$$

式中，t_{w}为氧化铀棒表面温度。

根据氧化铀棒表面与冷却水间的传热过程可得

$$\frac{t_{\mathrm{w}}-t_{\mathrm{f}}}{\dfrac{1}{2\pi\lambda_2}\ln\dfrac{r_2}{r_1}+\dfrac{1}{2\pi r_2 h}+\dfrac{R_{\mathrm{c}}}{2\pi r_1}}=\varPhi_{\mathrm{v}}\pi r_1^2$$

因此

$$t_{\mathrm{w}}=t_{\mathrm{f}}+\varPhi_{\mathrm{v}}r_1^2\left(\frac{1}{2\lambda_2}\ln\frac{r_2}{r_1}+\frac{1}{2r_2 h}+\frac{R_{\mathrm{c}}}{2r_1}\right)$$

代入前式有

$$\varPhi_{\mathrm{v}}=\frac{t_{\max}-t_{\mathrm{f}}}{r_1^2\left(\dfrac{1}{4\lambda_1}+\dfrac{1}{2\lambda_2}\ln\dfrac{r_2}{r_1}+\dfrac{1}{2r_2 h}+\dfrac{R_{\mathrm{c}}}{2r_1}\right)}$$

代入数据可得

$$\varPhi_{\mathrm{v}}=\frac{1800-100}{0.006^2\times\left(\dfrac{1}{4\times8}+\dfrac{1}{2\times14}\ln\dfrac{6.4}{6}+\dfrac{1}{2\times0.0064\times10000}+\dfrac{0.0002}{2\times0.006}\right)}$$
$$=7.17\times10^8\,(\mathrm{W/m^3})$$

例题 2-6　有一根内、外半径分别为 r_1 和 r_2 的长管，管壁内有均匀、恒定的内热源 $\varPhi_{\mathrm{v}}$。管子外部被保温隔热，内表面被流体冷却。试确定当管子外表面处($r=r_2$)温度达到最高容许温度 $t_{\max}$ 时管壁内的温度分布。

解　管壁内轴向温度变化远小于径向温度变化，因此，管壁内的导热可处理成有内热源的径向一维稳态导热问题，因此，其温度分布通解仍为式(2-55a)。

由于外表面绝热，故有

$$\left.\frac{\mathrm{d}t}{\mathrm{d}r}\right|_{r=r_2}=-\frac{\varPhi_{\mathrm{v}}}{2\lambda}r_2+\frac{c_1}{r_2}=0$$

所以，$c_1=\varPhi_{\mathrm{v}}r_2^2/(2\lambda)$

由于管子外表面最高容许温度给定，故有

$$t_{\max}=-\frac{\varPhi_{\mathrm{v}}}{4\lambda}r_2^2+c_1\ln r_2+c_2$$

所以

$$c_2=t_{\max}+\frac{\varPhi_{\mathrm{v}}r_2^2}{4\lambda}-\frac{\varPhi_{\mathrm{v}}r_2^2}{2\lambda}\ln r_2$$

将积分常数代入温度分布通解式得

$$t = t_{max} + \frac{\Phi_v r_2^2}{4\lambda}\left[1 - \left(\frac{r}{r_2}\right)^2 + 2\ln\frac{r}{r_2}\right]$$

2.5　通过肋片的导热

2.5.1　肋片作用及形式

肋片是指依附于基础表面上的扩展表面,工程上又称翅片。肋片不仅能有效地增大换热面积,还能够调节壁面温度。例如,暖气片、内燃机缸壁上的肋片主要起扩展换热面积、强化传热的作用,电厂再热器管内肋片、低温省煤器管外肋片主要起调节壁面温度的作用。

肋片的形式很多,总体上来看可分成直肋和环肋两大类。直肋和环肋又可以分为等截面(等厚度)和变截面肋片。如果按照制造方法来分,还可以分为整体肋片、焊接肋片、套装肋片等,如图 2-16 所示。

通过肋片的导热不同于通过平壁和圆筒壁的导热,其基本特征在于,沿肋片伸展方向导热的同时,在肋片表面还有对流传热或辐射传热,因此,肋片中沿导热方向上的热流量是不断变化的。肋片中的导热属于典型的轴枢传热问题,即在导热过程中同时伴随有肋片表面的换热。在分析通过肋片的导热时需要确定两个问题,即肋片内部的温度分布以及通过肋片的散热量。

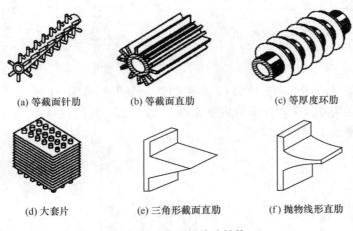

(a) 等截面针肋　　(b) 等截面直肋　　(c) 等厚度环肋

(d) 大套片　　(e) 三角形截面直肋　　(f) 抛物线形直肋

图 2-16　典型的肋片结构

2.5.2　通过等截面肋片的导热

通过肋片的导热比通过平壁和圆筒壁的导热复杂得多,这里只介绍通过等截面直肋的导热。如图 2-17 所示,取出一个肋片来分析,用 H、l 和 δ 分别表示肋片的长度、宽度和厚度,用 A_c 和 P 表示肋片的导热横截面积和周边长度。取肋片伸展方向为 x 坐标轴方向,坐标原点设于肋片与基础表面相交处,即肋基处。

设肋基处温度为 t_0,周围流体温度为 t_∞,且 $t_0 > t_\infty$。肋片表面与周围流体间有热量的交换,其表面传热系数为 h。为简化起见,假定:①肋片的导热系数、表面传热系数 h 和导热横截面积 A_c 均为常数;②在肋片的宽度方向(即垂直于纸面方向)上温度变化很小,可忽略不计;③肋片表面上的对流传热热阻 $1/h$ 远大于肋片厚度方向上的导热热阻 δ/λ,因此,在任一导热横截面上可认为肋片温度是均匀的;④肋片顶端可认为是绝热的,即在肋片的顶端有 $dt/dx = 0$。经过上述简化后,肋片内部的导热就可以处理成一维稳态导热问题,如图 2-17(b)所示,肋片内的温度沿肋片长度方向逐渐降低。

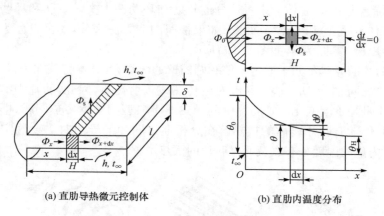

(a) 直肋导热微元控制体   (b) 直肋内温度分布

图 2-17 通过等截面直肋的传热

为了得到肋片内部的温度分布,在距肋基 x 处取长度为 dx 的微元段,设其左侧导入的热量为 Φ_x,右侧导出的热量为 Φ_{x+dx},四周表面的传热量为 Φ_s。稳态时微元段的能量平衡关系为

$$\Phi_x = \Phi_{x+dx} + \Phi_s \tag{2-56}$$

式中

$$\Phi_x = -\lambda A_c \frac{dt}{dx}$$

$$\Phi_{x+dx} = \Phi_x + \frac{d\Phi_x}{dx} dx$$

$$\Phi_s = hP dx(t - t_\infty)$$

将上述三式代入式(2-56)有

$$\lambda A_c \frac{d^2 t}{dx^2} = hP(t - t_\infty) \tag{2-57}$$

引入过余温度 $\theta = t - t_\infty$，并定义 $m^2 = hP/(\lambda A_c)$，则式（2-57）可写为

$$\frac{\mathrm{d}^2\theta}{\mathrm{d}x^2} - m^2\theta = 0 \tag{2-58}$$

式（2-58）即为通过等截面肋片导热的导热微分方程，相应的边界条件为

$$\begin{cases} x=0, & \theta = \theta_0 = t_0 - t_\infty \\ x=H, & \mathrm{d}\theta/\mathrm{d}x = 0 \end{cases} \tag{a}$$

式（2-58）为二阶线性齐次常微分方程，其通解为

$$\theta = c_1 \mathrm{e}^{mx} + c_2 \mathrm{e}^{-mx} \tag{b}$$

式中，c_1 和 c_2 为两个积分常数，由边界条件式（a）确定，即

$$\begin{cases} c_1 + c_2 = \theta_0 \\ c_1 m \mathrm{e}^{mH} - c_2 m \mathrm{e}^{-mH} = 0 \end{cases}$$

由此可得

$$\begin{cases} c_1 = \theta_0 \dfrac{\mathrm{e}^{-mH}}{\mathrm{e}^{mH} + \mathrm{e}^{-mH}} \\ c_2 = \theta_0 \dfrac{\mathrm{e}^{mH}}{\mathrm{e}^{mH} + \mathrm{e}^{-mH}} \end{cases} \tag{c}$$

代入式（b）可得肋片中的温度分布为

$$\theta = \theta_0 \frac{\mathrm{e}^{m(x-H)} + \mathrm{e}^{-m(x-H)}}{\mathrm{e}^{mH} + \mathrm{e}^{-mH}} = \theta_0 \frac{\mathrm{ch}[m(x-H)]}{\mathrm{ch}(mH)} \tag{2-59}$$

此式表明，通过等截面肋片导热时的温度分布为双曲函数分布。令 $x=H$，即可由式（2-59）得到肋端温度的计算式。因 $\mathrm{ch}(0)=1$，故得

$$\theta_H = \frac{\theta_0}{\mathrm{ch}(mH)} \tag{2-60}$$

由肋片散入外界的全部热量都必定通过 $x=0$ 处的肋基截面，将式（2-59）代入傅里叶定律表达式，即得从肋基处导入的热量为

$$\Phi = -\lambda A_c \frac{\mathrm{d}t}{\mathrm{d}x}\bigg|_{x=0} = \lambda A_c \theta_0 m \, \mathrm{th}(mH) = \frac{hP}{m}\theta_0 \, \mathrm{th}(mH) \tag{2-61}$$

此热量也是肋片传给四周流体的总热量。

上述结果是在忽略肋片顶端传热的条件下得到的，如果需要考虑肋片顶端的散热，在式（2-61）的基础上稍加修正即可，即用修正肋片高度 $H' = H + \delta/2$ 代替式（2-61）中的 H。

式（2-56）~式（2-61）适用于一切等截面肋片，截面形状可以是矩形或圆柱形等。

还应该指出的是，实际中沿整个肋片表面的表面传热系数往往是不均匀的，这时可以按其平均值来计算。如果表面传热系数的不均匀太大，则必须用其他的方法计算。

2.5.3　肋片效率与肋化面效率

1. 肋片效率

如前所述，采用肋片的主要目的是扩展换热面积，增加传热量。但是，与肋基处表面相比，扩展肋片面积上的对流传热温差会下降，如图 2-17 所示。这样一来，单位肋片面积上的传热量会减小，因此，就需要引进一个称为肋片效率 η_f 的新参数来反映这种肋片传热能力的下降，其定义为

$$\eta_f = \frac{肋片实际传热量\ \Phi}{整个肋表面都处于肋基温度下的传热量\ \Phi_0} \tag{2-62}$$

如果已知肋片效率 η_f，则可以计算出肋片的实际传热量：

$$\Phi = \eta_f \Phi_0 = \eta_t h P H' \theta_0 \tag{2-63}$$

对于等截面直肋，其肋片效率可按下式计算：

$$\eta_f = \frac{\dfrac{hP}{m}\theta_0 \text{th}(mH)}{hPH\theta_0} = \frac{\text{th}(mH)}{mH} \tag{2-64}$$

当考虑肋片顶端的传热时，式（2-64）中的 mH 可写为

$$mH = \sqrt{\frac{hP}{\lambda A_c}} H' = \sqrt{\frac{2h}{\lambda \delta H'}} H'^{3/2} = \sqrt{\frac{2h}{\lambda A_L}} H'^{3/2}$$

式中，$A_L = \delta H'$ 可认为是肋片的纵剖面积。由于等截面直肋效率仅与 mH 有关，因此，可以 $H'^{3/2}[h/(\lambda A_L)]^{1/2}$ 为横坐标来表示各种直肋效率理论解的结果，如图 2-18 所示。

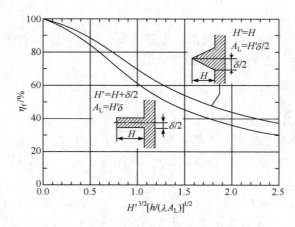

图 2-18　等截面直肋和三角形截面肋片的效率曲线

对于等厚度环形肋片而言,其效率不仅与 $H'^{3/2}[h/(\lambda A_{\text{L}})]^{1/2}$ 有关,还与肋片的内外半径比有关,其效率曲线如图 2-19 所示。

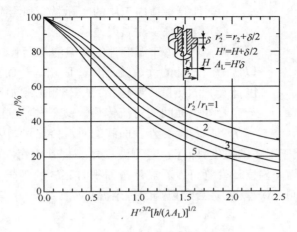

图 2-19 环形肋片的效率曲线

2. 肋化面效率

工程上常用的肋化表面一般都包含着很多肋片,因此,在肋化表面的传热计算中,需要一个反映整个肋化表面相对于原表面的单位面积传热能力变化的性能指标,为此,定义肋化面效率为

$$\eta_0 = \frac{\text{肋化表面实际传热量 } \Phi}{\text{整个肋化表面都处于肋基温度下的传热量 } \Phi_0} \tag{2-65}$$

如图 2-20 所示,设流体温度为 t_{f},流体与整个肋化表面间的表面传热系数为 h,肋片的表面积为 A_{f},肋片之间的原表面积为 A_{r},肋根部温度为 t_0,肋化表面总积为 $A_0 = A_{\text{f}} + A_{\text{r}}$,则肋化表面的实际传热量为

$$\Phi = A_{\text{r}}h(t_0 - t_{\text{f}}) + A_{\text{f}}h(t_0 - t_{\text{f}})\eta_{\text{f}} = h(t_0 - t_{\text{f}})(A_{\text{r}} + \eta_{\text{f}}A_{\text{f}}) \tag{d}$$

整个肋化表面都处于肋基温度下的传热量为

$$\Phi_0 = A_0 h(t_0 - t_{\text{f}}) \tag{e}$$

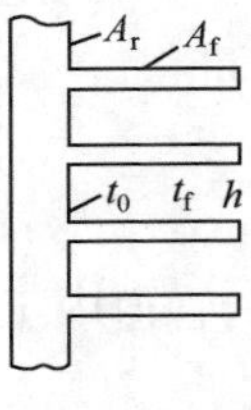

图 2-20 肋化表面示意图

由此可得

$$\eta_0 = \frac{\Phi}{\Phi_0} = \frac{A_{\text{r}} + \eta_{\text{f}}A_{\text{f}}}{A_0} = \frac{A_{\text{r}} + \eta_{\text{f}}A_{\text{f}}}{A_{\text{r}} + A_{\text{f}}} \tag{2-66}$$

显然,肋化面总效率总是高于肋片效率。

例题 2-7 用如图 2-21 所示的带套管的温度计测定管道内工质的温度。已知温度计的读数 250℃,管道的壁温为 $t_0 = 140$℃,套管高 $H = 100$mm,壁厚 $\delta =$

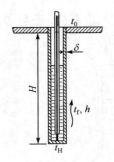

图 2-21　例题 2-7 图

1.5mm,套管管材导热系数 $\lambda = 54\text{W}/(\text{m} \cdot \text{K})$,套管外表面的表面传热系数 $h = 100\text{W}/(\text{m}^2 \cdot \text{K})$。

(1) 计算管道内工质的实际温度和测温误差。

(2) 分析减少测温误差的方法。

解　(1) 由于温度计的感温泡与套管顶部直接接触,可以认为温度计的读数就是套管顶端的壁面温度 t_H。通过温度计套管的热量传递包括:从套管顶端向根部的导热,工质与套管外表面间的对流传热。稳态时,通过套筒的导热量应等于工质与套管外表面间的对流传热量。因而,套管顶端的壁面温度必然低于工质的温度,即存在着测温误差。套管中每一截面上的温度可认为是相等的,因而温度计套管可以看成是截面积为 $\pi d\delta$ 的等截面直肋(d 为套管直径)。而所谓测温误差,就是套管顶端的过余温度 $\theta_H = t_H - t_f$,其中,t_f 为管内工质温度。

由式(2-60)有

$$t_H - t_f = \frac{t_0 - t_f}{\operatorname{ch}(mH)}$$

整理后得

$$t_f = \frac{t_H \operatorname{ch}(mH) - t_0}{\operatorname{ch}(mH) - 1}$$

按定义有

$$mH = \sqrt{\frac{hP}{\lambda A_c}} H = \sqrt{\frac{h\pi d}{\lambda \pi d\delta}} H = \sqrt{\frac{h}{\lambda \delta}} H = \sqrt{\frac{100}{54 \times 0.0015}} \times 0.1 = 3.51$$

由此可得

$$\operatorname{ch}(mH) = \operatorname{ch}(3.51) = \frac{e^{3.51} + e^{-3.51}}{2} = 16.8$$

所以,管道内工质的实际温度为

$$t_f = \frac{250 \times 16.8 - 140}{16.8 - 1} = 257(\text{℃})$$

测温误差为

$$t_f - t_H = 257 - 250 = 7(\text{℃})$$

(2) 减少测温误差的方法。从传热原理上讲,测温误差是由通过套管的传热造成的,因此,减小误差的方法:一是强化套管与工质间的对流传热,二是减小通过套管的导热。具体措施如下:

① 增加套管长度,即增大通过套管的导热热阻,减小导热量。

② 采用薄壁套管,减小导热量。

③ 用导热系数小的材料作套管,减小导热量。

④ 增加工质流速,减小对流传热热阻。

⑤ 对套管根部保温以提高管壁温度,减小导热量。

例题 2-8　如图 2-22 所示,假定某摩托车的铝合金气缸高 $H_s = 144\text{mm}$,外半径 $r_1 = 25\text{mm}$,壁温 $t_0 = 250℃$,周围空气温度 $t_\infty = 25℃$,气缸表面传热系数 $h = 55\text{W/}$ $(\text{m}^2 \cdot \text{K})$,铝合金的导热系数 $\lambda = 180\text{W/}$ $(\text{m} \cdot \text{K})$,为增强气缸表面散热能力,在气缸外壁敷设 4 片等厚环肋,肋厚 $\delta = 6\text{mm}$,肋高 $H = 22\text{mm}$。求:

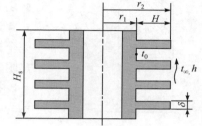

图 2-22　例题 2-8 图

(1) 每片环肋散热量。

(2) 整个气缸的散热量。

解　(1) 对于每片等厚环肋,主要结构参数如下:

$$H' = H + \frac{\delta}{2} = 0.022 + \frac{0.006}{2} = 0.025(\text{m})$$

$$r_2' = r_2 + \frac{\delta}{2} = 0.025 + 0.022 + \frac{0.006}{2} = 0.05(\text{m})$$

$$A_L = H'\delta = 0.025 \times 0.006 = 1.5 \times 10^{-4}(\text{m}^2)$$

由此可得

$$\frac{r_2'}{r_1} = \frac{0.05}{0.025} = 2$$

$$H'^{3/2}[h/(\lambda A_L)]^{1/2} = 0.025^{3/2} \times [55/(180 \times 1.5 \times 10^{-4})]^{1/2} = 0.178$$

由图 2-19 可查得肋片效率为

$$\eta_f = 0.94$$

故每片环肋散热量 Φ_s 为

$$\begin{aligned}
\Phi_s &= 2\pi(r_2'^2 - r_1^2)h(t_0 - t_\infty)\eta_f \\
&= 2 \times 3.14 \times (0.05^2 - 0.025^2) \times 55 \times (250 - 25) \times 0.94 \\
&= 137(\text{W})
\end{aligned}$$

(2) 整个气缸的散热量:无肋片部分气缸壁原表面上散热量 Φ_c 为

$$\begin{aligned}
\Phi_c &= 2\pi r_1(H_s - 4\delta)h(t_0 - t_\infty) \\
&= 2 \times 3.14 \times 0.025 \times (0.144 - 4 \times 0.006) \times 55 \times (250 - 25) \\
&= 233.3(\text{W})
\end{aligned}$$

则气缸壁总的散热量为

$$\Phi_t = \Phi_c + 4\Phi_s = 233.3 + 4 \times 137 = 781.3(\text{W})$$

3. 接触热阻

当两固体表面接触时,由于固体表面不是绝对平整的,两表面之间往往是点接触或者部分面接触,如图 2-23 所示。在没接触的界面之间的空隙中常常充满空气,热量将以导热的方式穿过导热系数较低的气隙层。与两固体表面真正完全接触相比,增加了附加的额外阻力,称为接触热阻。

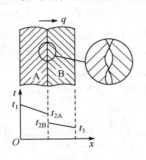

图 2-23　接触热阻示意图

按照热阻的定义,接触面处接触热阻 r_c 可以表示为

$$r_c = \frac{t_{2A} - t_{2B}}{q} = \frac{\Delta t_c}{q} \quad (2-67)$$

式中,q 为导热热流密度。由式(2-67)可见,在导热热流密度不变的条件下,接触热阻越大,则接触面上产生的温降越大。

影响接触热阻的因素很多,其中,接触表面的粗糙度是影响接触热阻的主要因素,表面粗糙度越大,则接触面上的接触热阻越大。此外,接触热阻还与结合面上的挤压压力、材料硬度及空隙中介质的性质有关。对于一定粗糙度的表面,增大接触面上的挤压压力,可使材料表面的接触点变形,增大接触面积和接触点数目,接触热阻相应减小;降低材料硬度,在相同粗糙度和挤压压力下,可使接触面积增大,接触热阻减小;改变接触界面之间的空隙中介质种类也可改变接触热阻,例如,在接触面上涂一层很薄的导热油,用以填充空隙,代替空隙中的空气,有可能使接触热阻减小 75%。

接触热阻是一个非常复杂的因素,目前还不能从理论上得出可靠的计算公式,对于不同条件下的接触热阻必须通过实验来测定。在常规压力和表面粗糙度下,几种典型材料接触时的接触热阻范围为:不锈钢/不锈钢$(2.2\sim5.88)\times10^{-4}\text{m}^2\cdot\text{K/W}$,铝/铝$(0.8333\sim4.55)\times10^{-4}\text{m}^2\cdot\text{K/W}$,不锈钢/铝$(2.22\sim3.33)\times10^{-4}\text{m}^2\cdot\text{K/W}$,铜/铜$(0.25\sim2.5)\times10^{-4}\text{m}^2\cdot\text{K/W}$。

2.6　本章小结

本章主要介绍了导热基本概念和傅里叶导热定律,材料导热系数的意义,导热微分方程及其定解条件,平壁、圆筒壁及球壳中的温度场与导热量计算,通过复合壁导热量计算,肋片的作用及通过肋片传热量计算等。

通过本章的学习,要求掌握以下内容:

(1) 温度场、等温线、温度梯度等基本概念,傅里叶导热定律的作用及导热系数的意义。

（2）导热微分方程的作用及其在直角坐标系下的一般形式,定解条件的作用及几种常见的定解条件;热扩散率(导温系数)的定义及其物理意义。

（3）无内热源和有内热源一维稳态导热问题的求解,内热源对一维稳态导热温度分布的影响。

（4）单层、多层平壁和圆筒壁中温度场及导热量的计算。

（5）肋片种类及几何结构参数,等截面肋片中温度场及散热量计算,肋片效率与肋化面效率计算。

思　考　题

2-1　为什么傅里叶导热定律中总是有一个负号?

2-2　导热物体内的等温线为何不能相交? 为什么等温线一定与绝热面垂直?

2-3　图 2-24 所示为某无限大平壁内无内热源时稳态导热温度分布,试说明其导热系数随温度升高是增大还是减小?

2-4　图 2-25 所示为某双层大平壁内无内热源时稳态导热温度分布,试说明哪一层平壁的导热系数较大?

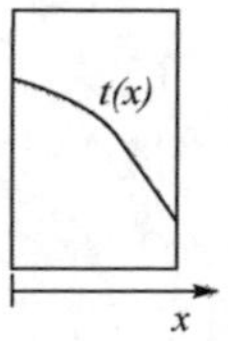

图 2-24　思考题 2-3 图 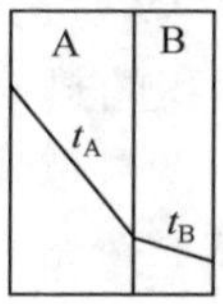　　　　　图 2-25　思考题 2-4 图

2-5　金属材料的导热系数较大,为什么金属泡沫能作为隔热保温材料使用?

2-6　为什么冰箱冷冻室内结霜后会使冰箱耗电量增加?

2-7　常物性无内热源时的稳态导热微分方程为

$$\frac{\partial^2 t}{\partial x^2} + \frac{\partial^2 t}{\partial y^2} + \frac{\partial^2 t}{\partial z^2} = 0$$

方程中无导热系数,因此,有人认为无内热源时稳态导热的温度分布与导热系数无关,你同意这种意见吗?

2-8　试举例说明材料热扩散率对非稳态导热过程的影响。

2-9　用套管式温度计测量流体温度时,如果将套管材料由钢材改为导热系数更大的紫铜,其测温误差是增加还是减小?

2-10　发生在物性为常数且无内热源的短圆柱内的稳态导热,在什么条件下可以按一维问题处理?

2-11　为什么通过圆筒壁的导热量仅与内、外半径比有关? 而通过球壳的导热量却与半径的绝对值有关?

2-12　对于无限大平板内的一维稳态导热问题,在常见的三类边界条件中,平板两侧表面的哪些边界条件组合可以使平板中的温度场有确定解?

2-13　影响肋片效率的因素有哪些? 肋片效率是否越高越好?

习　　题

2-1　用平底水壶烧开水,与水接触的壶底温度为109℃,热流密度为40kW/m²。使用一段时间后,壶底结了一层平均厚度为2.5mm的水垢,假定水垢导热系数为1W/(m·K),与水接触的水垢表面温度仍为109℃,底部热流密度不变,试计算水垢与壶底接触面的温度。

2-2　某平壁厚度为100mm,两侧壁面温度分别为50℃和260℃,其导热系数为$\lambda=0.099(1+0.0002t)$W/(m·K),试求通过平壁的导热热流密度,并定性画出壁内温度分布曲线。

2-3　设某墙壁厚度为250mm,内侧壁面温度为25℃,室外空气温度为−10℃,墙壁导热系数为0.4W/(m·K),外侧的表面传热系数为35W/(m²·K),试求通过单位墙壁面积的热损失及外墙壁温。

2-4　一双层玻璃窗由两层厚度为6mm和其间的空气隙所组成,空气隙厚度也为6mm。假定玻璃导热系数为0.78W/(m·K),不考虑空气隙中的自然对流,双层玻璃内、外壁面温度分别为20℃及−20℃,玻璃窗尺寸为500mm×500mm,试计算通过该玻璃窗的散热损失。如果采用单层玻璃,其他条件都不变,其散热损失又为多少?

2-5　用比较法测定材料导热系数的实验装置如图2-26所示,标准试件厚度为$\delta_1=16$mm,导热系数为$\lambda_1=0.16$W/(m·K),待测试件厚度为$\delta_2=15$mm,稳态时测得各壁面温度分别为$t_{w1}=45$℃,$t_{w2}=23$℃,$t_{w3}=18$℃,求待测试件的导热系数。

2-6　在某产品的制造过程中,在厚1.0mm的基板上紧贴了一层透明的薄膜,其厚度为0.2mm。薄膜表面有一股冷却气流流过,其温度为$t_f=20$℃,表面对流传热系数为$h=40$W/(m²·K)。同时,有一股辐射能q透过薄膜投射到薄膜与基板的结合面上,如图2-27所示。基板另一面的温度维持在$t_1=30$℃,工艺要求薄膜与基板结合面温度维持在$t_0=60$℃,试确定辐射热流密度q应为多大? 已知:薄膜导热系数为0.02W/(m·K),基板导热系数为0.06W/(m·K),投射到结合面上的辐射热流全部被结合面所吸收,薄膜对60℃的热辐射是不透明的。

图 2-26　习题 2-5 图

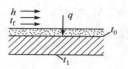

图 2-27　习题 2-6 图

2-7　在某外径为 100mm 的热力管道外拟包覆两层绝热材料,一种材料的导热系数为 0.06W/(m·K),另一种为 0.12W/(m·K),两种材料的厚度都为 75mm。假定绝热层内、外表面的总温差保持不变,试比较把导热系数小的材料紧贴管壁及把导热系数大的材料紧贴管壁对保温效果的影响,这种影响对于平壁的情形是否存在?

2-8　一直径为 d、长为 l 的细圆杆,两端分别与温度为 t_1 和 t_2 的表面接触,杆的导热系数 λ 为常数。试确定下列两种条件下杆内的稳态温度分布:

(1) 杆的侧面绝热。

(2) 杆的侧面与温度为 t_f 的流体进行稳定的对流传热,表面传热系数为 h,且流体温度 t_f 小于 t_1 和 t_2。

2-9　厚度为 δ 的大平壁具有均匀内热源 Φ_v,两侧分别与温度为 t_{f1} 和 t_{f2} 的流体进行对流换热,表面传热系数分别为 h_1 与 h_2。试:

(1) 导出平壁中温度分布的表达式,并确定平壁中最高温度的位置。

(2) 对于 $h_1=h_2$、$t_{f1}=t_{f2}$ 和 $h_1=h_2$、$t_{f1}<t_{f2}$ 的情形,定性地画出平壁中的温度分布曲线。

2-10　在温度为 260℃ 的壁面上伸出一根纯铝的圆柱形肋片,其直径为 $d=25$mm,高度为 $H=150$mm。该柱体表面受温度为 $t_1=16$℃ 的气流冷却,表面传热系数为 $h=15$W/(m²·K),肋端绝热。问:

(1) 该柱体的对流散热量为多少?

(2) 如果把柱体的长度增加一倍,其他条件都不变,柱体的对流散热量是否也增加一倍?

(3) 从节约金属耗量的角度看,是采用一个长的肋好,还是采用两个长度为其一半的较短的肋好?

2-11　一太阳能集热器截面如图 2-28 所示,用导热系数为 $\lambda=177$W/(m·K) 的铝合金制成的吸热板厚度为 $\delta=6$mm,背面除了与加热水管接触处外,绝热良好,管子之间的间距为 $L=200$mm,吸热板正面与盖板之间为真空。在设计工况下吸热板吸收太阳的净辐射能为 800W/m²,管内被加热水的平均温度为 60℃，试确定设计工况下吸热板中的最高温度。

2-12 两块不同材料的平壁组成如图 2-29 所示的大平壁，两壁的面积分别为 A_1 和 A_2，导热系数分别为 λ_1 和 λ_2。如果该大平壁的两个表面分别维持在均匀恒定温度 t_1 和 t_2，试导出通过该平壁的导热热流量的计算式。

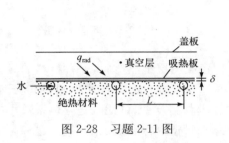

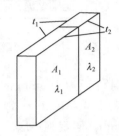

图 2-28 习题 2-11 图   图 2-29 习题 2-12 图

2-13 一根直径为 3mm 的铜导线，每米长的电阻为 $2.2 \times 10^{-3}\,\Omega$，导线外包有厚 1mm、导热系数为 $0.15\,\text{W}/(\text{m} \cdot \text{K})$ 的绝缘层。如果绝缘层的最高允许温度为 60℃，最低允许温度为 0℃，试计算导线中允许通过的最大电流。

2-14 一厚度为 δ 的大平板具有均匀内热源 Φ_v，在 $x=0$ 和 $x=\delta$ 处的表面分别与温度为 t_{f1} 和 t_{f2} 的流体进行对流传热，其表面传热系数分别为 h_1 和 h_2，试导出平板中温度分布表达式，并确定大平板中温度最高点的位置。对于 $h_1 = h_2$、$t_{f1} = t_{f2}$ 和 $h_1 = h_2$、$t_{f1} > t_{f2}$ 两种情形定性地画出大平板中温度分布曲线。

2-15 核反应堆中一个压力容器的器壁可以按照厚度为 δ 的大平壁来处理。其内表面($x=0$ 处)绝热，外表面维持恒定温度 t_2。γ 射线对该容器的加热作用可以用一个当量热源来表示，其热源强度可表示为：$\Phi_v = \Phi_0 \mathrm{e}^{-ax}$，其中，$\Phi_0$ 和 a 为常数，x 为从内表面起算的距离。在稳态条件下，试：

(1) 导出器壁中温度分布的表达式；
(2) 确定 $x=0$ 处的温度；
(3) 确定 $x=\delta$ 处的热流密度。

2-16 一半径为 r_0 的长实心圆柱体内有内热源 $\Phi_v = \Phi_0(1 + Ar)$，其中，Φ_0 和 A 为常数。已知在 $r = r_0$ 处温度 $t = t_0$，试导出圆柱体内的温度分布。

第3章 非稳态导热

3.1 基本概念

3.1.1 定义

在导热问题中,如果温度场不随时间发生变化,称为稳态导热,但是,在工程上或日常生活中,经常会遇到温度场随时间变化的导热问题,称为非稳态导热。例如,锅炉、蒸汽轮机、内燃机等动力机械在启动、停机和变工况运行时的导热,在热处理炉内工件被加热或冷却时的导热等都属于非稳态导热。

根据物体内温度随时间变化规律的不同,非稳态导热可以分为两大类:一类是物体的温度随时间的不断推移而逐渐趋于恒定值,例如,在锅炉启动过程中通过炉壁的导热就属于这一类非稳态导热;另一类是物体的温度随时间呈周期性变化,例如,在太阳辐射的周期性变化影响下通过房屋墙壁的导热(周期为 24h)、回转式空预器中蓄热体内的导热过程等。

3.1.2 传热特点

为了说明非稳态导热过程的特点,考察一个通过无内热源的大平壁内的非稳态导热过程,如图 3-1 所示。假定大平壁厚度为 δ,初始温度与环境温度 t_0 相同,在 τ_0 时刻,使平壁左侧温度突然升高到 t_1,且维持不变,而平壁右侧仍与温度为 t_0 的空气接触,于是在平壁内部发生非稳态导热过程。在紧靠平壁左侧的温度首先迅速上升,而其余部分温度仍然保持在初始温度,其温度分布为折线 PAE。经过 τ_1 时间,平壁内温度分布变为 PBE。随着时间的推移,温度变化会一层一层地向

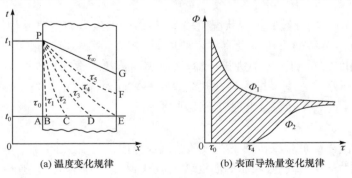

(a) 温度变化规律   (b) 表面导热量变化规律

图 3-1 大平壁内非稳态导热分析

内传递,温度上升所波及的范围不断扩大。经过 τ_4 时间后,平壁右侧的温度也会受到影响,温度分布变为曲线 PE。之后平壁右侧的温度也开始上升,经过足够长(理论上为无限长)的时间后,平壁内温度分布成为一条直线 PG,此时,非稳态导热过程结束,进入到稳态导热过程。

非稳态导热过程中物体温度随时间在不断变化,因此,任一截面上的导热量也会随时间发生变化。在平壁左侧,温度 t_1 维持恒定,平壁内由左至右,各处的温度逐渐升高,温度梯度会逐渐减小,因此,通过左侧表面处的导热量 Φ_1 会随时间的延长而逐渐减小。此外,某一时刻,由平壁左侧表面导入的热量在向右侧的传递过程中也会逐渐减小,其沿途所减少的热量等于使该处物体温度升高所需要的能量。在 τ_4 时刻前,平壁右侧温度不变,其导热量为零。之后,平壁右侧温度开始升高,通过右侧的导热量 Φ_2 也会逐渐上升。在非稳态导热过程结束、稳态导热过程建立时,有 $\Phi_1=\Phi_2$,而在整个非稳态导热过程中总有 $\Phi_1>\Phi_2$,两者的差值以内能的形式积聚在平壁内,使平壁的温度升高。图 3-1(b)中阴影部分就代表了平壁在升温过程中所积聚的能量,因此,有能量的积聚或消耗是非稳态导热区别于稳态导热的一个特点。

进一步分析可以发现,大平壁内的非稳态导热过程可以分为两个阶段:第一阶段是过程开始后的一段时间,称为非正规状况阶段,其特点是温度变化从导热体的表面逐渐深入到物体内部,物体内各点的温度随时间的变化率各不相同,温度分布主要受初始温度分布的影响,在上述大平壁非稳态导热过程 τ_4 前的阶段即为非正规状况阶段。随着导热过程的不断进行,初始温度分布的影响逐渐消失,进入到过程的第二阶段,即正规状况阶段,此时,物体内的温度分布主要受热边界条件的影响。一般来讲,非正规状况阶段较短,物体非稳态导热过程主要处于正规状况阶段。

对于周期性非稳态导热过程则不存在正规状况阶段和非正规状况阶段之分。

3.1.3　毕渥数 Bi 及其应用

在非稳态导热过程的正规状况阶段,物体内的温度分布主要受物体几何参数、物性和热边界条件的影响。设有一块厚度为 2δ 的大平壁,其初始温度为 t_0,突然将它置于温度为 t_∞ 的流体中进行冷却,两侧表面传热系数都为 h,平壁导热系数为 λ,如图 3-2 所示。根据平壁内导热热阻 δ/λ 与表面对流传热热阻 $1/h$ 的相对大小不同,平壁内的温度分布会出现以下三种情形:

1) $1/h \ll \delta/\lambda$

此时,平壁表面对流传热热阻 $1/h$ 很小,与内部导热热阻 δ/λ 相比可忽略不计,因此,过程一开始平壁表面的温度就被冷却到 t_∞。随着时间的推移,平壁内部各点的温度也会逐渐下降并趋于 t_∞,如图 3-2(a)所示。

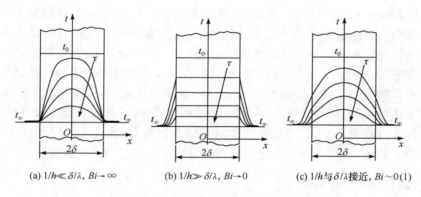

(a) $1/h \ll \delta/\lambda$, $Bi \to \infty$　　(b) $1/h \gg \delta/\lambda$, $Bi \to 0$　　(c) $1/h$ 与 δ/λ 接近, $Bi \sim 0(1)$

图 3-2　Bi 对平壁内温度分布的影响

2）$1/h \gg \delta/\lambda$

此时,平壁内部导热热阻 δ/λ 很小,与表面对流传热热阻 $1/h$ 相比可忽略不计,因此,在非稳态导热过程的任意时刻,平壁内部各点温度几乎相同。随着时间的推移,平壁内部各点温度会整体逐渐下降并趋于 t_∞,如图 3-2(b)所示。

3）$1/h$ 与 δ/λ 接近

此时,平壁内部导热热阻与表面对流传热热阻相当,平壁内部不同时刻温度分布介于上述两种极端情况之间,如图 3-2(c)所示。

由此可见,物体内部导热热阻与表面对流传热热阻的相对大小对于物体内非稳态导热温度分布的变化具有重要影响。显然,物体内部导热热阻与表面对流热阻具有相同的量纲,反映其相对大小的比值则为一无量纲参数,即 Biot(毕渥)数,其定义为

$$Bi = \frac{\delta/\lambda}{1/h} = \frac{h\delta}{\lambda} \tag{3-1}$$

毕渥数是一个反映物体内部导热热阻与表面对流热阻相对大小的无因次准则数,又称为特征数。出现在特征数中的几何尺寸称为特征长度,一般用符号 l 表示。这里取平壁的半厚度作为特征长度,即 $l = \delta$。

对于上述三种情形,分别对应于:①$1/h \ll \delta/\lambda$,$Bi \to \infty$;②$1/h \gg \delta/\lambda$,$Bi \to 0$;③$1/h$ 与 δ/λ 接近,$Bi \sim 0(1)$。

3.2　集总参数分析法

3.2.1　定义

当物体内部的导热热阻远小于表面对流热阻时,任意时刻物体内部的温度几乎均匀一致,以至于可以认为同一时刻下物体内部温度相同,这样一来,所需要求

解的温度分布就仅是时间的一元函数,而与空间坐标无关,就好像是把原来连续分布的质量和热容量都汇总到一点上,因而只有一个温度值。这种忽略物体内部导热热阻的简化分析方法称为集总参数分析法,或集中参数分析法,这种导热系统称为集总(集中)系统。尽管在实际工程中并不存在无内部导热热阻的物体,但是,近似可以略去物体内部导热热阻的非稳态导热过程却是大量存在的。例如,测量变化着的流体温度的热电偶结点的内部导热过程、金属薄板的加热或冷却过程、轴承钢珠的淬火过程等。实际上,如果物体的导热系数很大,或者几何尺寸很小,或者表面传热系数极低,则其非稳态导热过程都可以按集总参数法来处理。

3.2.2 温度变化分析解

设有一任意形状的物体,其体积为 V,表面积为 A,并具有均匀的初始温度 t_0。在初始时刻,突然将它置于温度恒为 t_∞ 的流体中冷却,假定物体表面传热系数 h 和物体所有物性参数都为常数,且物体内部热阻很小,可以忽略不计,则物体的温度仅与时间有关,即随时间逐渐降低。

在物体的冷却过程中,物体以对流传热的方式不断将热量传给周围流体,物体内能不断减少。取整个物体为控制体,并以 τ 表示任意时刻物体的温度,则可以列出物体被冷却过程中的能量平衡方程式如下:

$$-\rho c V \frac{\mathrm{d}t}{\mathrm{d}\tau} = hA(t - t_\infty)$$

初始条件为

$$\tau = 0, \quad t = t_0$$

式中,c 为物体比热容。引入过余温度 $\theta = t - t_\infty$,则上述两式可改写为

$$\rho c V \frac{\mathrm{d}\theta}{\mathrm{d}\tau} = -hA\theta \tag{3-2}$$

$$\tau = 0, \quad \theta = \theta_0 = t_0 - t_\infty \tag{3-3}$$

对式(3-2)分离变量并积分得

$$\int_{\theta_0}^{\theta} \frac{\mathrm{d}\theta}{\theta} = -\int_0^\tau \frac{hA}{\rho c V} \mathrm{d}\tau$$

则有

$$\ln\left(\frac{\theta}{\theta_0}\right) = -\frac{hA}{\rho c V}\tau$$

或

$$\tau = -\frac{\rho c V}{hA}\ln\left(\frac{\theta}{\theta_0}\right) \tag{3-4}$$

$$\frac{\theta}{\theta_0} = \frac{t - t_\infty}{t_0 - t_\infty} = \exp\left(-\frac{hA}{\rho c V}\tau\right) \tag{3-5}$$

式(3-4)可用于计算物体被冷却到某一温度所需要的时间,而式(3-5)则为物体在冷却过程中温度随时间的变化规律。

注意到上述各式中,V/A 具有长度的量纲,记为 l_c,$l_c = V/A$,则有

$$\frac{hA}{\rho c V}\tau = \frac{h l_c}{\lambda}\frac{\lambda}{\rho c}\frac{\tau}{l_c^2} = \frac{h l_c}{\lambda}\frac{a\tau}{l_c^2} = Bi_V \cdot Fo_V$$

其中,Bi_V 是以 l_c 为特征长度的毕渥数;Fo_V 称为傅里叶数,其特征长度也为 l_c。这样一来,式(3-5)又可以表示为

$$\frac{\theta}{\theta_0} = \frac{t-t_\infty}{t_0-t_\infty} = \exp(-Bi_V \cdot Fo_V) \tag{3-6}$$

由式(3-5)或式(3-6)可以看出,在物体被冷却过程中,物体与周围流体间的温差随时间按指数规律下降,如图 3-3 所示。在过程开始阶段,由于物体与周围流体温差较大,物体表面对流传热量较大,因此,物体温度下降较快。随后,由于物体温度的下降,物体与流体间对流传热量减小,温度下降速度会减慢。当 $\tau \to \infty$ 时,温差 $(t-t_\infty) \to 0$,物体温度等于流体温度。

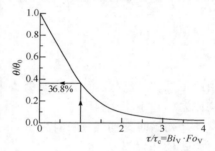

图 3-3　集总热容系统的温度变化规律

当物体被加热时,其温度变化规律也可按上述公式计算。

3.2.3　时间常数

在式(3-5)中,$\rho c V/(hA)$ 具有时间的量纲,称为时间常数,记为 τ_c,即

$$\tau_c = \frac{\rho c V}{hA} \tag{3-7}$$

引进时间常数的概念后,式(3-5)也可写为

$$\frac{\theta}{\theta_0} = \frac{t-t_\infty}{t_0-t_\infty} = \exp\left(-\frac{\tau}{\tau_c}\right) \tag{3-8}$$

若 $\tau = \tau_c$,则由式(3-8)可得

$$\theta/\theta_0 = (t-t_\infty)/(t_0-t_\infty) = \exp(-1) = 36.8\%$$

由此表明,当物体被加热(冷却)时间 τ 等于时间常数 τ_c 时,物体的过余温度已达到其初始过余温度的 36.8%。显然,时间常数越小,物体过余温度变化越快,即物体温度随时间趋于周围流体温度的速度越快,如图 3-3 所示。

由定义式(3-7)可知,时间常数的大小不仅与物体的几何参数 V/A 和物性参数 ρ、c 有关,还与外部表面传热系数 h 有关。从物理本质上来看,物体温度变化的快慢取决于物体自身的热容量 $(\rho c V)$ 和表面的传热能力 (hA)。物体的热容量越

大,储存热量的能力越大,温度变化就越慢;表面传热能力越强,单位时间内传递的热量越多,温度变化就越快。所以,在用热电偶测定流体温度变化时,热电偶的时间常数就成为反映热电偶对流体温度变化响应快慢的重要指标。时间常数越小,热电偶对流体温度变化响应越快,测量精度就越高。为了改善热电偶的测温性能,通常从减小热电偶热容量和增强表面传热能力两方面着手考虑。

3.2.4 导热量

当采用集总参数法分析时,任意时刻物体与周围流体间的热流量可按下式计算:

$$\Phi = -\rho c V \frac{\mathrm{d}t}{\mathrm{d}\tau} = -\rho c V(t_0 - t_\infty)\left(-\frac{hA}{\rho c V}\right)\exp\left(-\frac{hA}{\rho c V}\tau\right)$$

即

$$\Phi = hA(t_0 - t_\infty)\exp\left(-\frac{hA}{\rho c V}\tau\right) \tag{3-9}$$

由此可见,在过程开始时,热流量 Φ 最大,当时间足够长后,热流量 Φ 趋于零,此时物体温度趋于流体温度。

从初始时刻到某一瞬时为止的时间间隔内,物体与流体间所交换的总热量 Q 可由式(3-9)积分求得

$$Q = \int_0^\tau \Phi \mathrm{d}\tau = hA(t_0 - t_\infty)\int_0^\tau \exp\left(-\frac{hA}{\rho c V}\tau\right)\mathrm{d}\tau$$

$$Q = \rho c V(t_0 - t_\infty)\left[1 - \exp\left(-\frac{hA}{\rho c V}\tau\right)\right] \tag{3-10}$$

由此可见,在过程开始时,总热量 Q 为零,当时间足够长后,总热量 Q 为

$$Q = Q_{\max} = \rho c V(t_0 - t_\infty)$$

上述各式都是在物体被冷却的情况下导出来的,对于物体被加热的情况同样适用。

3.2.5 傅里叶数

按照前述定义,傅里叶数可表述为

$$Fo = \frac{a\tau}{l^2}$$

傅里叶数的物理意义可理解为两个时间之比所得的无量纲时间,即 $Fo = \tau/(l^2/a)$,分子 τ 是从边界上开始发生热扰动时刻起的计算时间,分母 l^2/a 可以认为是边界上的热扰动扩散到 l^2 面积上所需要的时间,因此,Fo 可以看成是表征非稳态过程进行深度的无量纲时间。在非稳态导热过程中,这一无量纲时间越大,热扰动就越深入地传

播到物体内部,因而,物体内部各点的温度就越接近周围流体温度。

3.2.6　适用范围

如前所述,采用集总参数法分析非稳态导热问题时要求 Bi 很小,那么究竟小到什么程度合适呢? 这主要取决于问题本身对计算精度的要求。可以证明,如果

$$Bi = \frac{hl}{\lambda} \leqslant 0.1 \qquad (3\text{-}11a)$$

则用集总参数法分析非稳态导热问题时误差不超过 5%。其中,l 为特征长度,按下述方法确定:

$$\begin{cases} l=\delta, & 厚度为 2\delta 的大平壁 \\ l=R, & 圆柱 \\ l=R, & 球 \end{cases}$$

如果用 l_c 作为特征长度,则式(3-11a)变为

$$Bi_V = \frac{hl_c}{\lambda} \leqslant 0.1M \qquad (3\text{-}11b)$$

其中,对大平壁 $M=1$;对长圆柱 $M=1/2$;对于球 $M=1/3$。

应该指出的是,如果工程计算精度要求不是很高,上述限制性条件可以适当放宽。

例题 3-1　一直径为 50mm 的钢球,初始温度为 $t_0 = 500℃$,突然被置于温度为 $t_\infty = 25℃$ 的环境中冷却,设钢球与周围环境间的表面传热系数为 $h = 25W/(m^2 \cdot K)$,钢球的物性参数为:比热容 $c = 480J/(kg \cdot K)$,密度 $\rho = 7753kg/m^3$,导热系数 $\lambda = 33W/(m \cdot K)$,试求:

(1) 钢球冷却到 250℃ 所需要的时间。

(2) 钢球冷却到 5min 末了时的瞬时传热量。

(3) 钢球冷却 5min 的总放热量。

解　首先需要判定是否可以采用集总参数法求解。取钢球的半径 $R = 0.025m$ 作为特征长度,由 Bi 定义可得

$$Bi = \frac{hR}{\lambda} = \frac{25 \times 0.025}{33} = 0.01894 < 0.1$$

因此,可以采用集总参数法求解。

(1) 钢球冷却到 250℃ 时,$\theta_0 = t_0 - t_\infty = 500 - 25 = 475(℃)$,$\theta = t - t_\infty = 250 - 25 = 225(℃)$。所需要的时间可根据式(3-4)计算:

$$\tau = -\frac{\rho c V}{hA} \ln\left(\frac{\theta}{\theta_0}\right) = -\frac{\rho c R}{3h} \ln\left(\frac{\theta}{\theta_0}\right)$$

$$= -\frac{7753 \times 480 \times 0.025}{3 \times 25} \ln\left(\frac{225}{475}\right) = 927(\text{s}) = 15.45(\text{min})$$

（2）钢球冷却到 5min 末了时的瞬时传热量按式(3-9)计算：

$$\Phi = hA(t_0 - t_\infty)\exp\left(-\frac{hA}{\rho c V}\tau\right)$$

$$= 25 \times 4 \times 3.14 \times 0.025^2 \times (500 - 25)\exp\left(-\frac{3 \times 25}{7753 \times 480 \times 0.025} \times 300\right)$$

$$= 73.23(\text{W})$$

（3）钢球冷却 5min 的总放热量按式(3-10)计算：

$$Q = \rho c V(t_0 - t_\infty)\left[1 - \exp\left(-\frac{hA}{\rho c V}\tau\right)\right]$$

$$= 7753 \times 480 \times \frac{4}{3} \times 3.14 \times 0.025^3$$

$$\times (500 - 25)\left[1 - \exp\left(-\frac{3 \times 25}{7753 \times 480 \times 0.025} \times 300\right)\right]$$

$$= 24.85(\text{kJ})$$

例题 3-2　测量通道内气流温度时可以采用常规的玻璃管汞温度计或热电偶。如果这两种温度计的初始温度相同，与气流间的表面传热系数也相同，都为 $h = 100\text{W}/(\text{m}^2 \cdot \text{K})$。同时假定：玻璃管汞温度计可以处理成直径为 4mm 的汞圆柱，而热电偶结点可以处理成直径为 0.5mm 的圆球。试求当过余温度达到其初始过余温度的 1% 时两种温度计所需要的时间。设汞的物性参数为：比热容 $c = 137\text{J}/(\text{kg} \cdot \text{K})$，密度 $\rho = 13300\text{kg/m}^3$，导热系数 $\lambda = 10.63\text{W}/(\text{m} \cdot \text{K})$；热电偶的物性参数为：$c = 400\text{J}/(\text{kg} \cdot \text{K})$，$\rho = 8930\text{kg/m}^3$，$\lambda = 20\text{W}/(\text{m} \cdot \text{K})$。

解　首先需要判定是否可以采用集总参数法求解。取玻璃管汞温度计和热电偶的半径作为特征长度，则有

玻璃管汞温度计：

$$Bi = \frac{hR}{\lambda} = \frac{100 \times 0.002}{10.63} = 0.01881 < 0.1$$

热电偶：

$$Bi = \frac{hR}{\lambda} = \frac{100 \times 0.00025}{20} = 0.00125 < 0.1$$

所以，都可以采用集总参数法求解。

（1）玻璃管汞温度计所需要的时间：玻璃管汞温度计时间常数为

$$\tau_c = \frac{\rho c V}{hA} = \frac{\rho c R}{2h} = \frac{13300 \times 137 \times 0.002}{2 \times 100} = 18.22(\text{s})$$

则所需时间为

$$\tau = -\tau_c \ln\left(\frac{\theta}{\theta_0}\right) = -18.22 \times \ln(0.01) = 83.91(\text{s})$$

（2）热电偶所需要的时间：热电偶时间常数为

$$\tau_c = \frac{\rho c V}{hA} = \frac{\rho c R}{3h} = \frac{8930 \times 400 \times 0.00025}{3 \times 100} = 2.98(\text{s})$$

则所需时间为

$$\tau = -\tau_c \ln\left(\frac{\theta}{\theta_0}\right) = -2.98 \times \ln(0.01) = 13.72(\text{s})$$

上述计算结果表明，由于热电偶的时间常数比玻璃管汞温度计的时间常数小得多，其过余温度达到初始过余温度的 1% 时所需要的时间也要小得多，即热电偶对环境温度的变化响应快，测温灵敏度高。

3.3　一维非稳态导热

当物体内部导热热阻不能忽略时，则不能采用集总参数法来分析，此时物体内部的温度不仅随时间发生变化，而且还与空间位置有关。对于几何形状和边界条件都比较简单的非稳态导热问题，可以采用数学分析方法求解导热微分方程，确定物体内部的温度分布及导热量的计算式。

3.3.1　温度分布的分析解

在一维非稳态导热问题中，温度不仅随空间的一个方向发生变化，而且在空间中的不同点处还会随时间变化，因此，温度分布的求解比较困难，只有在一些简单的线性边界条件下才能得到分析解，下面仅讨论三种典型的一维非稳态导热问题。

1. 大平板

设有一块厚度为 2δ 的大平板，初始温度为 t_0。在初始瞬间将其置于温度为 t_∞ 的流体中冷却，平板两侧表面传热系数都为 h。由于对称性，只需研究厚度为 δ 的半块平板即可。为此，将 x 轴的原点置于大平板的中心处，如图 3-4 所示。对于 $x \geqslant 0$ 的半块平板，其非稳态导热微分方程及其定解条件为

$$\frac{\partial t}{\partial \tau} = a \frac{\partial^2 t}{\partial x^2} \tag{3-12}$$

$$t(x, 0) = t_0 \tag{3-13}$$

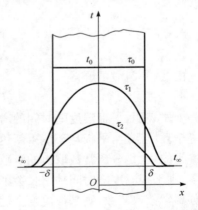

图 3-4　大平板内一维非稳态导热

$$\frac{\partial t(x,\tau)}{\partial x}\bigg|_{x=0}=0 \tag{3-14a}$$

$$-\lambda\frac{\partial t(x,\tau)}{\partial x}\bigg|_{x=\delta}=h\big[t(\delta,\tau)-t_\infty\big] \tag{3-14b}$$

引入过余温度 θ，

$$\theta=t(x,\tau)-t_\infty \tag{3-15}$$

则导热微分方程和定解条件变为

$$\frac{\partial\theta}{\partial\tau}=a\frac{\partial^2\theta}{\partial x^2} \tag{3-16}$$

$$\theta(x,0)=\theta_0 \tag{3-17}$$

$$\frac{\partial\theta(x,\tau)}{\partial x}\bigg|_{x=0}=0 \tag{3-18a}$$

$$-\lambda\frac{\partial\theta(x,\tau)}{\partial x}\bigg|_{x=\delta}=h\theta(\delta,\tau) \tag{3-18b}$$

下面利用分离变量法求解。其基本思想是将温度随时间和空间的变化规律分离成两个独立的单元函数的乘积，即令

$$\theta=X(x)\Gamma(\tau) \tag{3-19}$$

代入导热微分方程(3-16)得

$$\frac{1}{X}\frac{\mathrm{d}^2X}{\mathrm{d}x^2}=\frac{1}{a\Gamma}\frac{\mathrm{d}\Gamma}{\mathrm{d}\tau} \tag{3-20}$$

上式左边是空间位置 x 的函数，右边是时间 τ 的函数，因此，要想等式成立，其必为常数，取为 $-\beta^2$，则得

$$\frac{1}{a\Gamma}\frac{\mathrm{d}\Gamma}{\mathrm{d}\tau}=-\beta^2 \tag{3-21a}$$

$$\frac{1}{X}\frac{\mathrm{d}^2X}{\mathrm{d}x^2}=-\beta^2 \tag{3-21b}$$

由式(3-21a)可解得

$$\Gamma(\tau)=\mathrm{e}^{-a\beta^2\tau} \tag{3-22}$$

上式表明，平板温度随时间的增长而不断衰减，当 $\tau\to\infty$ 时，$\Gamma(\tau)=0$，平板温度等于环境温度，平板与环境重新达到新的热平衡状态，这与传热过程的物理本质是一致的，也是分离常数取负的实数值的根本原因。如果分离常数取正的实数值或零，则平板温度随时间的增长会不断升高，或与时间无关，这些都是不真实的；如果分离常数取复数，则平板温度会随时间周期性振荡，这与平板两侧恒定的边界条件也不相符。

改写式(3-21b)和对应的边界条件有

$$\frac{\mathrm{d}^2 X}{\mathrm{d}x^2} + \beta^2 X(x) = 0 \tag{3-23}$$

$$x = 0, \quad \frac{\mathrm{d}X}{\mathrm{d}x} = 0 \tag{3-24a}$$

$$x = \delta, \quad -\lambda \frac{\mathrm{d}X}{\mathrm{d}x} = hX \tag{3-24b}$$

则式(3-23)的通解为

$$X = c_1 \cos(\beta x) + c_2 \sin(\beta x)$$

利用边界条件式(3-24a)可知 $c_2 = 0$，所以有

$$X = c_1 \cos(\beta x) \tag{3-25}$$

式中，函数 $\cos(\beta x)$ 称为特征函数。

再利用边界条件式(3-24b)有

$$\tan(\beta\delta) = \frac{h}{\lambda\beta} \tag{3-26a}$$

令 $\mu = \beta\delta, Bi = h\delta/\lambda$，则

$$\tan\mu = \frac{Bi}{\mu} \tag{3-26b}$$

上述方程为一超越方程，称为特征方程，其一系列根 $\mu_n(n=1,2,3,\cdots)$ 称为特征根。

联立式(3-22)和式(3-25)，可得该导热问题的基本解为

$$\theta_n = \exp(-\mu_n^2 Fo)\cos(\mu_n\eta) \tag{3-27}$$

式中，$Fo = a\tau/\delta^2, \eta = x/\delta$。

由于导热微分方程和定解条件都是线性的，必然满足线性叠加原理，所以温度分布通解可表示为

$$\theta = \sum_{n=1}^{\infty} c_n \exp(-\mu_n^2 Fo)\cos(\mu_n\eta) \tag{3-28a}$$

或写为

$$\frac{\theta}{\theta_0} = \sum_{n=1}^{\infty} C_n \exp(-\mu_n^2 Fo)\cos(\mu_n\eta) \tag{3-28b}$$

式中，系数 c_n 或 C_n 为线性组合常数，$c_n = C_n\theta_0$，由初始条件确定。

由式(3-17)得

$$1 = \sum_{n=1}^{\infty} C_n \cos(\mu_n\eta)$$

用特征函数 $\cos(\mu_m\eta)$ 同乘上式两边后，在区域 $[0,1]$ 上积分有

$$\int_0^1 \cos(\mu_m\eta)\mathrm{d}\eta = \sum_{n=1}^{\infty} C_n \int_0^1 \cos(\mu_n\eta)\cos(\mu_m\eta)\mathrm{d}\eta$$

积分上式,并利用式(3-26b)可得

$$C_n = \frac{2\sin\mu_n}{\mu_n + \cos\mu_n\sin\mu_n}$$

所以,温度分布也可表示为

$$\frac{\theta}{\theta_0} = \sum_{n=1}^{\infty} \frac{2\sin\mu_n}{\mu_n + \cos\mu_n\sin\mu_n}\exp(-\mu_n^2 Fo)\cos(\mu_n\eta) \tag{3-29}$$

上式表明,对于大平板内的一维非稳态导热过程而言,温度分布的解析解为一无穷级数之和。且无因次过余温度 $\Theta = \theta/\theta_0$ 与三个无因次参数有关,即 Fo、Bi 和无因次距离 η,

$$\Theta = \frac{\theta}{\theta_0} = \frac{t-t_\infty}{t_0-t_\infty} = f(Fo, Bi, \eta)$$

2. 长圆柱

假定有一半径为 r_1 的长圆柱体,初始温度为 t_0,导热系数为 λ。在 $\tau=0$ 时刻,将它置于温度为 t_∞ 的流体中冷却,流体与圆柱体间的表面传热系数为 h。假定导热系数和表面传热系数都为常数,则描述圆柱体内温度分布的导热微分方程为

$$\frac{1}{a}\frac{\partial t}{\partial \tau} = \frac{1}{r}\frac{d}{dr}\left(r\frac{dt}{dr}\right) \tag{3-30}$$

根据对称性,可以写出相应的边界条件为

$$r=0, \quad \frac{dt}{dr}=0 \tag{3-31a}$$

$$r=r_1, \quad -\lambda\frac{dt}{dr}=h(t-t_\infty) \tag{3-31b}$$

初始条件为

$$\tau=0, \quad t=t_0 \tag{3-32}$$

同样可采用分离变量法求解,最后可得温度分布为

$$\frac{\theta}{\theta_0} = \sum_{n=1}^{\infty} C_n\exp(-\mu_n^2 Fo)J_0(\mu_n\eta) \tag{3-33}$$

式中,$Fo=a\tau/r_1^2$,$\eta=r/r_1$,J 为第一类贝塞尔(Bessel)函数。系数 C_n 由初始条件确定,可表达为

$$C_n = \frac{2}{\mu_n}\cdot\frac{J_1(\mu_n)}{J_0^2(\mu_n)+J_1^2(\mu_n)}$$

μ_n 为下述特征方程的特征根,

$$\mu_n\frac{J_1(\mu_n)}{J_0(\mu_n)}=Bi, \quad n=1,2,\cdots$$

其中,$Bi=hr_1/\lambda$。

3. 球

假定有一半径为 r_1 的实心球,初始温度为 t_0,导热系数为 λ。在 $\tau=0$ 时刻,将它置于温度为 t_∞ 的流体中冷却,流体与球表面间的表面传热系数为 h。假定导热系数和表面传热系数都为常数,则描述实心球内温度分布的导热微分方程为

$$\frac{1}{a}\frac{\partial t}{\partial \tau}=\frac{1}{r^2}\frac{\mathrm{d}}{\mathrm{d}r}\left(r^2\frac{\mathrm{d}t}{\mathrm{d}r}\right) \tag{3-34}$$

根据对称性,可以写出相应的边界条件为

$$r=0,\quad \frac{\mathrm{d}t}{\mathrm{d}r}=0 \tag{3-35a}$$

$$r=r_1,\quad -\lambda\frac{\mathrm{d}t}{\mathrm{d}r}=h(t-t_\infty) \tag{3-35b}$$

初始条件为

$$\tau=0,\quad t=t_0 \tag{3-35c}$$

同样采用分离变量法求解,可得温度分布为

$$\frac{\theta}{\theta_0}=\sum_{n=1}^{\infty}C_n\exp(-\mu_n^2 Fo)\frac{1}{\mu_n\eta}\sin(\mu_n\eta) \tag{3-36}$$

式中,$Fo=a\tau/r_1^2$,$\eta=r/r_1$。系数 C_n 由初始条件确定,可表达为

$$C_n=2\frac{\sin\mu_n-\mu_n\cos\mu_n}{\mu_n-\sin\mu_n\cos\mu_n}$$

μ_n 为下述特征方程的特征根:

$$1-\mu_n\cos\mu_n=Bi,\quad n=1,2,\cdots$$

3.3.2　分析解的简化

非稳态导热过程通常可分为两个阶段。第一阶段是过程开始后的一段时间,称为非正规状况阶段,其特点是温度变化从导热体的表面逐渐深入到物体内部,物体内各点的温度随时间的变化率各不相同,温度分布主要受初始温度分布的影响。随着导热过程的不断进行,初始温度分布的影响逐渐消失,进入过程的第二阶段,即正规状况阶段,此时物体内的温度分布主要受热边界条件的影响。

从所得到的分析解的表达式来看,随着 n 的增大,对应的特征值 μ_n 会迅速增大,级数解的每一项很快衰减。数值计算结果表明,在 Fo 大于 0.2 以后,非稳态导热进入正规状况阶段,此时,略去无穷级数中第二项及以后各项所得的计算结果与按完整级数解计算结果的偏差小于 1%。因此,当计算正规状况阶段温度分布时,可以只取第一项。

对于大平板:

$$\frac{\theta}{\theta_0} = \frac{2\sin\mu_1}{\mu_1 + \cos\mu_1\sin\mu_1}\exp(-\mu_1^2 Fo)\cos(\mu_1\eta) \tag{3-37}$$

对于长圆柱：

$$\frac{\theta}{\theta_0} = \frac{2}{\mu_1}\frac{J_1(\mu_1)}{J_0^2(\mu_1) + J_1^2(\mu_1)}\exp(-\mu_1^2 Fo)J_0(\mu_1\eta) \tag{3-38}$$

对于实心球：

$$\frac{\theta}{\theta_0} = 2\frac{\sin\mu_1 - \mu_1\cos\mu_1}{\mu_1 - \sin\mu_1\cos\mu_1}\exp(-\mu_1^2 Fo)\frac{\sin(\mu_1\eta)}{\mu_1\eta} \tag{3-39}$$

对于大平板而言，从上述简化解式(3-37)可知,平板内任意点处过余温度 θ 与中心处过余温度 θ_m 之比为

$$\frac{\theta}{\theta_m} = \cos(\mu_1\eta) \tag{3-40}$$

由此可知,这一比值与时间无关,只取决于该点在平板中的位置和特征值,而特征值只与外部传热条件有关,这与正规状况传热特点是一致的。

一维非稳态导热过程中物体的实际传热量 Q 和最大传热量 Q_0 之比可表示为

$$\frac{Q}{Q_0} = \frac{\rho c \int_V (t_0 - t)\,\mathrm{d}V}{\rho c V(t_0 - t_\infty)} = 1 - \frac{1}{V}\int_V \frac{t - t_\infty}{t_0 - t_\infty}\mathrm{d}V = 1 - \frac{\bar{\theta}}{\theta_0} \tag{3-41}$$

当 $Fo > 0.2$ 后,将式(3-37)、式(3-38)和式(3-39)分别代入式(3-41),可得

对于大平板：

$$\frac{Q}{Q_0} = 1 - \frac{\sin\mu_1}{\mu_1}\frac{2\sin\mu_1}{\mu_1 + \cos\mu_1\sin\mu_1}\exp(-\mu_1^2 Fo) \tag{3-42}$$

对于长圆柱：

$$\frac{Q}{Q_0} = 1 - \frac{2J_1(\mu_1)}{\mu_1}\frac{2}{\mu_1}\frac{J_1(\mu_1)}{J_0^2(\mu_1) + J_1^2(\mu_1)}\exp(-\mu_1^2 Fo) \tag{3-43}$$

对于实心球：

$$\frac{Q}{Q_0} = 1 - \frac{3(\sin\mu_1 - \mu_1\cos\mu_1)}{\mu_1^3}\frac{2(\sin\mu_1 - \mu_1\cos\mu_1)}{\mu_1 - \sin\mu_1\cos\mu_1}\exp(-\mu_1^2 Fo) \tag{3-44}$$

对于上述三种典型一维非稳态导热过程,其温度分布和传热量的简化公式可统一表示为

$$\frac{\theta}{\theta_0} = A\exp(-\mu_1^2 Fo)f(\mu_1\eta) \tag{3-45}$$

$$\frac{Q}{Q_0} = 1 - A\exp(-\mu_1^2 Fo)B \tag{3-46}$$

三种形状的物体所对应的 A、B 和 $f(\mu_1\eta)$ 的表达式见表 3-1。

表 3-1 A、B 和 $f(\mu_1\eta)$ 的表达式

几何形状	A	B	$f(\mu_1\eta)$
大平板	$\dfrac{2\sin\mu_1}{\mu_1+\cos\mu_1\sin\mu_1}$	$\dfrac{\sin\mu_1}{\mu_1}$	$\cos(\mu_1\eta)$
长圆柱	$\dfrac{2}{\mu_1}\dfrac{J_1(\mu_1)}{J_0^2(\mu_1)+J_1^2(\mu_1)}$	$\dfrac{2J_1(\mu_1)}{\mu_1}$	$J_0(\mu_1\eta)$
实心球	$\dfrac{2(\sin\mu_1-\mu_1\cos\mu_1)}{\mu_1-\sin\mu_1\cos\mu_1}$	$\dfrac{3(\sin\mu_1-\mu_1\cos\mu_1)}{\mu_1^3}$	$\dfrac{\sin(\mu_1\eta)}{\mu_1\eta}$

3.3.3 简化公式的应用

当利用上述简化公式计算一维非稳态导热问题的温度分布和导热量时,仍然需要求解特征方程,同时计算 A 和 B 的值,而特征方程为超越方程,求解困难。因此,为了简化起见,常将得到的特征值 μ_1,以及 A 和 B 的值拟合成易于计算的公式,如下所示:

$$\mu_1^2=\left(a+\frac{b}{Bi}\right)^{-1} \tag{3-47a}$$

$$A=a+b(1-e^{-cBi}) \tag{3-47b}$$

$$B=\frac{a+cBi}{1+bBi} \tag{3-47c}$$

式中的各项常数见表 3-2。

表 3-2 式(3-47a)~式(3-47c)中的常数

几何形状		大平板	长圆柱	实心球
特征值 μ_1	a	0.4022	0.1700	0.0988
	b	0.9188	0.4349	0.2779
系数 A	a	1.0101	1.0042	1.0003
	b	0.2575	0.5877	0.9858
	c	0.4271	0.4038	0.3191
系数 B	a	1.0063	1.0173	1.0295
	b	0.5475	0.5983	0.6481
	c	0.3483	0.2574	0.1953

第一类零阶贝塞尔函数 $J_0(x)$ 可按以下拟合公式计算:

$$J_0(x)=a+bx+cx^2+dx^3 \tag{3-47d}$$

式中,a、b、c 和 d 为系数,其值分别为 $a=0.9967$,$b=0.0354$,$c=-0.3259$,$d=0.0577$。

在计算公式中的第一类一阶贝塞尔函数 $J_1(x)$ 可根据递推公式 $J_1(x)=-J_0'(x)$ 确定,这里 $J_0'(x)$ 表示 $J_0(x)$ 对 x 的一阶导数。

例题 3-3　有一块初始温度为 $t_0=25℃$、厚度为 $\delta=100mm$ 的钢板放入温度为 $t_f=1000℃$ 的炉中加热,钢板一面受热、一面可近似为绝热,试计算钢板受热表面温度达到 $t_w=500℃$ 时所需时间、剖面最大温差以及在此过程中钢板单位表面积总吸热量。假定钢板加热面综合表面传热系数 $h=140W/(m^2 \cdot K)$,物性参数为:导热系数 $\lambda=35W/(m \cdot K)$,导温系数 $a=0.555\times10^{-5}m^2/s$。

解　此问题可处理成厚度为 200mm、两侧对称加热的大平板内的一维非稳态导热问题,其 Bi 为

$$Bi=\frac{h\delta}{\lambda}=\frac{140\times0.1}{35}=0.4$$

按近似公式计算,对大平板有

$$\mu_1^2=\left(a+\frac{b}{Bi}\right)^{-1}=\left(0.4022+\frac{0.9188}{0.4}\right)^{-1}=0.3705$$

所以,$\mu_1=0.6087rad$。

则

$$A=a+b(1-e^{-cBi})=1.0101+0.2575(1-e^{-0.4271\times0.4})=1.0505$$

$$B=\frac{a+cBi}{1+bBi}=\frac{1.0063+0.3483\times0.4}{1+0.5475\times0.4}=0.9398$$

$$f(\mu_1\eta)=\cos(\mu_1\eta)=\cos(0.6087\times1)=0.8204$$

故有

$$\frac{500-1000}{25-1000}=1.0505\exp(-0.6087^2 Fo)\times0.8204$$

解得,$Fo=1.4011$。

按定义有,$Fo=\dfrac{a\tau}{\delta^2}=\dfrac{0.555\times10^{-5}\tau}{0.1^2}=1.4011$,所以,加热时间为

$$\tau=2524s=0.701h$$

绝热表面温度 t_m 可按下式计算:

$$\frac{500-1000}{t_m-1000}=\cos(0.6087\times1)$$

由此可得 $t_m=390.5℃$。

剖面最大温差为

$$\Delta t_{max}=t_w-t_m=500-390.5=109.5(℃)$$

在此过程中钢板单位表面积总吸热量可按下式计算:

$$Q = \rho c \delta (t_f - t_0) [1 - A \exp(-\mu_1^2 Fo) B]$$

代入数据有

$$Q = \frac{35}{0.555 \times 10^{-5}} \times 0.1 \times (1000 - 25)[1 - 1.0505 \exp(-0.6087^2 \times 1.4011) \times 0.9398]$$

所以,单位表面积总吸热量为

$$Q = 2.54 \times 10^8 \mathrm{J/m^2}$$

例题 3-4 有一直径为 400mm 的钢锭,初始温度为 $t_0 = 20°C$,将它置于炉温为 900°C 的炉中加热,试计算表面温度加热到 750°C 时所需要的时间。假定钢锭可处理成无限长圆柱,综合表面传热系数 $h = 174 \mathrm{W/(m^2 \cdot K)}$,钢锭物性参数为:导热系数 $\lambda = 34.8 \mathrm{W/(m \cdot K)}$,导温系数 $a = 0.695 \times 10^{-5} \mathrm{m^2/s}$。

解 此问题可处理成长圆柱内的一维非稳态导热问题,其 Bi 为

$$Bi = \frac{hr_1}{\lambda} = \frac{174 \times 0.2}{34.8} = 1.0$$

按近似公式计算,则有

$$\mu_1^2 = \left(a + \frac{b}{Bi}\right)^{-1} = \left(0.17 + \frac{0.4349}{1}\right)^{-1}$$

所以,$\mu_1 = 1.2858 \mathrm{rad}$。

则

$$A = a + b(1 - e^{-cBi}) = 1.0042 + 0.5877(1 - e^{-0.4038 \times 1.0}) = 1.1994$$
$$J_0(\mu_1 \eta) = 0.9967 + 0.0354 \times 1.2858 - 0.3259 \times 1.2858^2$$
$$+ 0.0577 \times 1.2858^3 = 0.6261$$

故有

$$\frac{750 - 900}{20 - 900} = 1.1994 \exp(-1.2858^2 Fo) \times 0.6261$$

解得 $Fo = 0.897$。

按定义有,$Fo = \frac{a\tau}{r_1^2} = \frac{0.695 \times 10^{-5} \tau}{0.2^2} = 0.897$,所以,加热时间为

$$\tau = 5163 \mathrm{s} = 1.434 \mathrm{h}$$

例题 3-5 在温度为 $-30°C$ 的高空云层中形成了直径为 5mm 的冰雹,然后开始落下并穿过温度为 $t_f = 5°C$ 的空气层,假定冰雹导热系数 $\lambda = 2 \mathrm{W/(m \cdot K)}$,导温系数 $a = 0.107 \times 10^{-5} \mathrm{m^2/s}$,表面传热系数为 $h = 240 \mathrm{W/(m^2 \cdot K)}$,试计算冰雹需要落下多长时间其表面才开始融化,并确定此时冰雹中心的温度。

解 此问题可处理成实心球体内的一维非稳态导热问题,其 Bi 为

$$Bi = \frac{hr_1}{\lambda} = \frac{240 \times 0.0025}{2} = 0.3$$

按近似公式计算,则有

$$\mu_1^2 = \left(a + \frac{b}{Bi}\right)^{-1} = \left(0.0988 + \frac{0.2779}{0.3}\right)^{-1}$$

所以,$\mu_1 = 0.9877\text{rad}$。

则

$$A = a + b(1 - e^{-cBi}) = 1.0003 + 0.9858(1 - e^{-0.3191 \times 0.3}) = 1.0903$$

$$f(\mu_1 \eta) = \frac{\sin(\mu_1 \eta)}{\mu_1 \eta} = \frac{\sin(0.9877)}{0.9877} = 0.8452$$

故有

$$\frac{0-5}{-30-5} = 1.0903 \exp(-0.9877^2 Fo) \times 0.8452$$

解得 $Fo = 1.911$。

按定义有,$Fo = \frac{a\tau}{r_1^2} = \frac{0.107 \times 10^{-5}\tau}{0.0025^2} = 1.911$,所以,冰雹表面开始融化需要落下的时间为 $\tau = 11.2\text{s}$,此时,冰雹中心温度为

$$t = t_f + \theta_0 A \exp(-\mu_1^2 Fo) = 5 + (-30-5) \times 1.0903 \exp(-0.9877^2 \times 1.911)$$
$$= -0.92℃$$

3.3.4 诺谟图及其应用

如前所述,当 $Fo > 0.2$ 后,非稳态导热过程进入到正规状况阶段,此时,平壁内任意点处的过余温度与平壁中心处的过余温度 θ_m 之比与 Fo 无关。将 θ/θ_0 写为

$$\frac{\theta}{\theta_0} = \frac{\theta}{\theta_m} \frac{\theta_m}{\theta_0} \tag{3-48}$$

式中

$$\frac{\theta}{\theta_m} = f_1\left(Bi, \frac{x}{\delta}\right), \qquad \frac{\theta_m}{\theta_0} = f_2(Bi, Fo)$$

这样一来,用分离变量法得到的一维非稳态导热问题的分析解就可以用关于 θ/θ_m 和 θ_m/θ_0 的两组线图来表示,如图 3-5 和图 3-7 所示,这些线图称为诺谟图。

对于长圆柱体内的一维非稳态导热,其对应的诺谟图如图 3-6 和图 3-8 所示。此时,特征尺寸为圆柱体的半径。

有了诺谟图,如果外部换热条件已知,需要计算某一时刻给定位置的温度,就可以先确定 Bi 和 Fo,然后由诺谟图查取 θ/θ_m 和 θ_m/θ_0,最后由式(3-48)计算出相应温度。如果已知给定点的温度和 Bi,求所需要的加热时间,则可先查出 θ/θ_m,然后由式(3-48)计算出 θ_m/θ_0,再查出相应的 Fo,最后就可以求出加热或冷却到指定温度所需要的时间 τ。

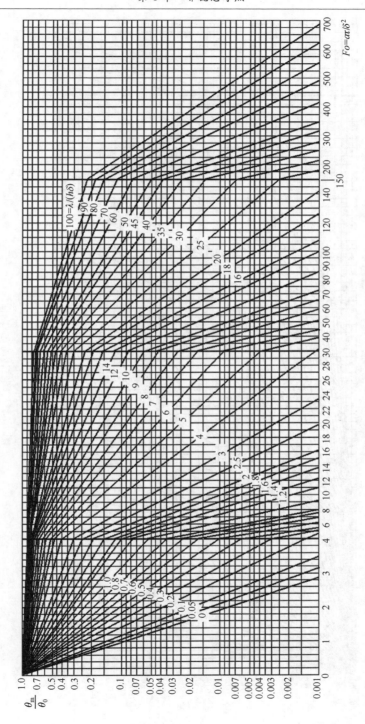

图 3-5　大平壁的 θ_m/θ_0 曲线图

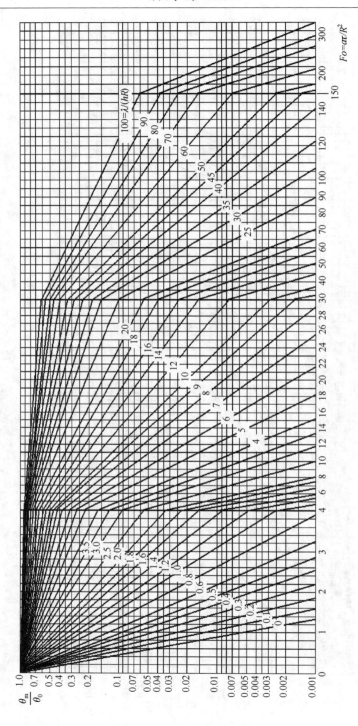

图 3-6　长圆柱体的 θ_m/θ_0 曲线图

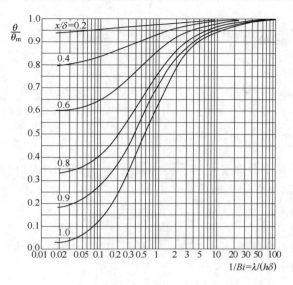

图 3-7 大平壁的 θ/θ_m 曲线图

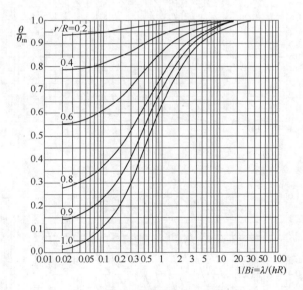

图 3-8 长圆柱体的 θ/θ_m 曲线图

在一维非稳态导热过程中,当时间足够长后,物体与周围流体处于热平衡状态,在这一过程中,物体所放出的总的热量 Q_0 为

$$Q_0 = \rho c V (t_0 - t_\infty)$$

这是非稳态导热过程中所能传递的最大热量。从初始时刻到某一时刻 τ 所传递的热量 Q 为

$$Q = \rho c \int_V [t_0 - t(x,\tau)] \mathrm{d}V$$

两者之比为

$$\frac{Q}{Q_0} = \frac{\rho c \int_V [t_0 - t(x,\tau)] \mathrm{d}V}{\rho c V(t_0 - t_\infty)} = \frac{1}{V} \int_V \frac{(t_0 - t_\infty) - (t - t_\infty)}{t_0 - t_\infty} \mathrm{d}V \qquad (3\text{-}49)$$

$$= 1 - \frac{1}{V} \int_V \frac{t - t_\infty}{t_0 - t_\infty} \mathrm{d}V = 1 - \frac{\bar{\theta}}{\theta_0}$$

这样一来,就可以根据分离变量法求得的温度分布计算出物体内的平均温度 $\bar{\theta}$,然后代入式(3-49)就可以计算出热量。由于

$$\frac{Q}{Q_0} = 1 - \frac{\bar{\theta}}{\theta_0} = f_3(Bi, Fo)$$

因此,也可以将计算结果用关于 Q/Q_0 的线图表示,对于大平壁如图 3-9 所示,对于长圆柱体可见图 3-10。

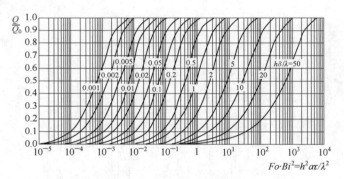

图 3-9　大平壁的 Q/Q_0 曲线图

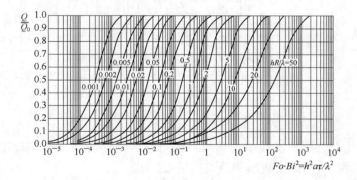

图 3-10　长圆柱体的 Q/Q_0 曲线图

诺谟图清楚地表明,物体中各点的过余温度随 Fo 的增加而减小,即随时间 τ 的增加而减小。Bi 的影响可以从两方面来看,一方面,从图 3-5 可以看出,在相同的 Fo 下,Bi 越大(即 $1/Bi$ 越小),意味着表面上的换热能力越强,物体中心的温度能迅速地接近周围流体温度,因此,θ_m/θ_0 的值就越小。在极限情况下,$Bi\to\infty$,即非稳态导热过程一开始物体表面温度就达到周围流体温度,此时,物体中心的温度变化也最快。所以,诺谟图中 $1/Bi=0$ 的线实际上代表了第一类边界条件下的结果。另一方面,Bi 的大小还决定了物体内部温度趋于均匀的程度。从图 3-6 可以看出,当 $1/Bi>10$(即 $Bi<0.1$)时,截面上过余温度的差值已小于 5%,此时,若采用忽略物体内部导热热阻的集总参数法进行分析,产生的误差也不大。由此可见,周围流体温度恒定的第三类边界条件下的解,在 $Bi\to\infty$ 的极限情况下转化为第一类边界条件下的解,在 $Bi\to0$ 的极限情况下则与集总参数法的解相同。

例题 3-6　设某厚度为 $\delta=80\text{mm}$ 的墙壁初始温度为 $t_0=25\text{℃}$,墙壁的一侧绝热,另一侧突然与温度为 $t_\infty=0\text{℃}$ 的冷空气接触,假定表面传热系数为 $h=12\text{W}/(\text{m}^2\cdot\text{K})$,墙壁的物性参数为:导热系数 $\lambda=0.48\text{W}/(\text{m}\cdot\text{K})$,导温系数 $a=0.357\times10^{-6}\text{m}^2/\text{s}$,比热容 $c=840\text{J}/(\text{kg}\cdot\text{K})$,密度 $\rho=1600\text{kg}/\text{m}^3$。试求:

(1) 3h 后墙壁两侧的温度。

(2) 在非稳态导热开始后的 3h 内,单位面积墙壁所放出的总热量。

解　此问题属于一维非稳态导热问题,且绝热壁面的温度可以看成是材料相同但厚度为 $2\times80\text{mm}$ 的墙壁、在对称冷却时中心截面的温度,因此,可以采用诺谟图求解。

(1) 3h 后墙壁两侧的温度:此时的 Fo 和 Bi 分别为

$$Fo=\frac{\alpha\tau}{\delta^2}=\frac{0.357\times10^{-6}\times3\times3600}{0.08^2}=0.6$$

$$Bi=\frac{h\delta}{\lambda}=\frac{12\times0.08}{0.48}=2$$

则有

$$1/Bi=1/2=0.5$$

根据 Fo 和 $1/Bi$,查图 3-5 可得

$$\frac{\theta_m}{\theta_0}=\frac{t_m-t_\infty}{t_0-t_\infty}=0.52$$

因此,绝热面上的温度 t_m 为

$$t_m=0+0.52\times(25-0)=13(\text{℃})$$

又由 $1/Bi=0.5$ 和 $x/\delta=1$,查图 3-7 得 $\theta/\theta_m=0.462$。这样由式(3-48)得

$$\frac{\theta}{\theta_0}=\frac{t_{\mathrm{w}}-t_{\infty}}{t_0-t_{\infty}}=\frac{\theta}{\theta_{\mathrm{m}}}\frac{\theta_{\mathrm{m}}}{\theta_0}=0.462\times0.52=0.24$$

所以,表面温度 t_{w} 为

$$t_{\mathrm{w}}=0+0.24\times(25-0)=6(℃)$$

(2) 单位面积墙壁所放出的总热量:根据 $Bi=2$ 和 $Bi^2\cdot Fo=2.4$,查图3-9得 $Q/Q_0=0.51$,其中

$$Q_0=\rho c\delta\theta_0=1600\times840\times0.08\times25=2688(\mathrm{kJ/m^2})$$

故

$$Q=0.51Q_0=0.51\times2688=1370.88(\mathrm{kJ/m^2})$$

例题 3-7　有一直径为400mm的钢锭,初始温度为 $t_0=25℃$,将它置于温度为 $t_{\infty}=1000℃$ 的炉中加热,假定钢锭表面传热系数为 $h=175\mathrm{W/(m^2\cdot K)}$,物性参数为:导热系数 $\lambda=35\mathrm{W/(m\cdot K)}$,导温系数 $a=0.695\times10^{-5}\mathrm{m^2/s}$。试求将表面温度加热到 800℃ 所需要的时间。

解　将此钢锭处理成无限长圆柱,则此问题属于一维非稳态导热问题,其 Bi 为

$$Bi=\frac{hR}{\lambda}=\frac{175\times0.2}{35}=1$$

又 $r/R=1$,由图3-8查得 $\theta_{\mathrm{w}}/\theta_{\mathrm{m}}=0.633$。

钢锭表面上无量纲过余温度为

$$\frac{\theta_{\mathrm{w}}}{\theta_0}=\frac{t_{\mathrm{w}}-t_{\infty}}{t_0-t_{\infty}}=\frac{800-1000}{25-1000}=0.2051$$

故有

$$\frac{\theta_{\mathrm{m}}}{\theta_0}=\frac{\theta_{\mathrm{w}}}{\theta_0}\Big/\frac{\theta_{\mathrm{w}}}{\theta_{\mathrm{m}}}=\frac{0.2051}{0.633}=0.324$$

根据 $1/Bi=1$ 和 $\theta_{\mathrm{m}}/\theta_0=0.324$ 查图3-6得 $Fo=0.81$,由此可得

$$\tau=0.81\frac{R^2}{a}=0.81\times\frac{0.2^2}{0.695\times10^{-5}}=4662(\mathrm{s})=1.295(\mathrm{h})$$

3.4　多维非稳态导热的乘积解

求实际的多维非稳态导热问题的分析解往往是非常困难的,但对于一些简单几何形状物体的非稳态导热问题,则可以根据几个相应的一维非稳态导热问题的分析解相乘得到,称为乘积解。

可以得到乘积解的常见几何形状物体包括无限长方柱体、短圆柱体、立方体等,如图3-11所示。下面以无限长方柱体内的二维非稳态导热问题为例进行分析。

　　假定某截面尺寸为 $2\delta_1 \times 2\delta_2$ 的无限长方柱体的初始温度为 t_0，从 $\tau = 0$ 时刻起，将其置于温度为 t_∞ 的流体中，柱体边界与流体间的表面传热系数为 h。为简化起见，以柱体截面中心为坐标原点建立坐标系，如图 3-12 所示，则柱体内各点温度随 x,y 发生变化。由于柱体四周传热强度相同，温度分布一定是关于柱体中心对称的，因此，只需研究其四分之一区域（阴影部分）即可。

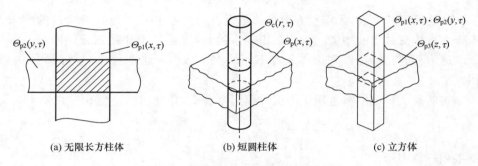

(a) 无限长方柱体　　　　　　(b) 短圆柱体　　　　　　(c) 立方体

图 3-11　乘积解的常见几何形状物体

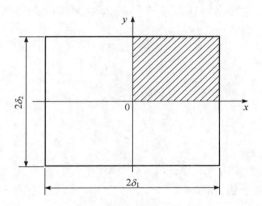

图 3-12　方形柱体内的导热

引入无因次过余温度 $\Theta = \dfrac{t(x,y,\tau) - t_\infty}{t_0 - t_\infty}$，则描述此导热问题的微分方程为

$$\frac{1}{a}\frac{\partial \Theta}{\partial \tau} = \frac{\partial^2 \Theta}{\partial x^2} + \frac{\partial^2 \Theta}{\partial y^2} \tag{3-50}$$

对应的初始条件和边界条件分别为

$$\tau = 0, \quad \Theta = 1 \tag{3-51}$$

$$x = 0, \quad \frac{\partial \Theta}{\partial x} = 0 \tag{3-52a}$$

$$y=0, \quad \frac{\partial \Theta}{\partial y}=0 \tag{3-52b}$$

$$x=\delta_1, \quad -\lambda \frac{\partial \Theta}{\partial x}=h\Theta \tag{3-52c}$$

$$y=\delta_2, \quad -\lambda \frac{\partial \Theta}{\partial y}=h\Theta \tag{3-52d}$$

从几何形状上看,无限长方形柱体可以看成是厚度分别为 $2\delta_1$ 和 $2\delta_2$ 的两块大平板垂直相交截出的物体。所谓乘积解指的是,上述二维非稳态导热问题的解可以表达为相同初始条件和边界条件下两块大平板内一维非稳态导热问题解的乘积。

将两块大平板的解也用无因次过余温度表示,并分别标注为 p1 和 p2,即

$$\Theta_{p1}=\frac{t_1(x,\tau)-t_\infty}{t_0-t_\infty}, \quad \Theta_{p2}=\frac{t_2(y,\tau)-t_\infty}{t_0-t_\infty}$$

则乘积解可表示为

$$\Theta(x,y,\tau)=\Theta_{p1}(x,\tau) \cdot \Theta_{p2}(y,\tau) \tag{3-53}$$

为了证明上式,先写出描述两块大平板内一维非稳态导热问题的微分方程和定解条件:对于厚度为 $2\delta_1$ 的大平板 p1 有

$$\frac{1}{a}\frac{\partial \Theta_{p1}}{\partial \tau}=\frac{\partial^2 \Theta_{p1}}{\partial x^2} \tag{3-54}$$

$$\tau=0, \quad \Theta_{p1}=1 \tag{3-55}$$

$$x=0, \quad \frac{\partial \Theta_{p1}}{\partial x}=0 \tag{3-56a}$$

$$x=\delta_1, \quad -\lambda \frac{\partial \Theta_{p1}}{\partial x}=h\Theta_{p1} \tag{3-56b}$$

对于厚度为 $2\delta_2$ 的大平板 p2 有

$$\frac{1}{a}\frac{\partial \Theta_{p2}}{\partial \tau}=\frac{\partial^2 \Theta_{p2}}{\partial y^2} \tag{3-57}$$

$$\tau=0, \quad \Theta_{p2}=1 \tag{3-58}$$

$$y=0, \quad \frac{\partial \Theta_{p2}}{\partial y}=0 \tag{3-59a}$$

$$y=\delta_2, \quad -\lambda \frac{\partial \Theta_{p2}}{\partial y}=h\Theta_{p2} \tag{3-59b}$$

为了证明乘积解成立,只需证明式(3-53)同时满足微分方程式(3-50)和相应的定解条件即可。为此,将式(3-53)代入式(3-50)得

$$\frac{1}{a}\left(\Theta_{p2}\frac{\partial \Theta_{p1}}{\partial \tau}+\Theta_{p1}\frac{\partial \Theta_{p2}}{\partial \tau}\right)=\Theta_{p2}\frac{\partial^2 \Theta_{p1}}{\partial x^2}+\Theta_{p1}\frac{\partial^2 \Theta_{p2}}{\partial y^2}$$

或写为

$$\Theta_{p2}\left(\frac{1}{a}\frac{\partial \Theta_{p1}}{\partial \tau}-\frac{\partial^2 \Theta_{p1}}{\partial x^2}\right)+\Theta_{p1}\left(\frac{1}{a}\frac{\partial \Theta_{p2}}{\partial \tau}-\frac{\partial^2 \Theta_{p2}}{\partial y^2}\right)=0$$

由于 Θ_{p1} 和 Θ_{p2} 分别为大平板 p1 和 p2 内一维非稳态导热问题的解，它们一定分别满足式(3-54)和式(3-57)，故上式一定成立。

同样，将式(3-53)代入边界条件式(3-52c)得

$$-\lambda \Theta_{p2}\frac{\partial \Theta_{p1}}{\partial x}=h\Theta_{p1}\Theta_{p2}$$

或写为

$$\Theta_{p2}\left(\lambda \frac{\partial \Theta_{p1}}{\partial x}+h\Theta_{p1}\right)=0$$

由式(3-56b)可知，上式也一定成立。

采用相同的方法可证明式(3-53)也满足初始条件(3-51)和其他边界条件。因此，式(3-53)的确是无限长方柱体内二维非稳态导热问题的解。

对于短圆柱体和立方体而言，其乘积解可分别表示为

$$\Theta(x,r,\tau)=\Theta_p(x,\tau)\cdot\Theta_c(r,\tau) \tag{3-60}$$

$$\Theta(x,y,z,\tau)=\Theta_{p1}(x,\tau)\cdot\Theta_{p2}(y,\tau)\cdot\Theta_{p3}(z,\tau) \tag{3-61}$$

式中，Θ_c 为无限长圆柱体内一维非稳态导热问题的分析解。

从上述分析过程可以看出，乘积解的适用条件是：①物体初始温度分布均匀；②物体表面传热系数均匀；③周围环境温度均匀；④常物性，且无内热源。当物体表面传热系数趋于无穷大时，第三类边界条件转化为第一类边界条件，乘积解也适用。

如果需要计算多维非稳态导热过程中从开始到某一时刻 τ 之间的总的导热量，则可采用下述公式。

对二维问题：

$$\frac{Q}{Q_0}=\left(\frac{Q}{Q_0}\right)_1+\left(\frac{Q}{Q_0}\right)_2\left[1-\left(\frac{Q}{Q_0}\right)_1\right] \tag{3-62}$$

对三维问题：

$$\frac{Q}{Q_0}=\left(\frac{Q}{Q_0}\right)_1+\left(\frac{Q}{Q_0}\right)_2\left[1-\left(\frac{Q}{Q_0}\right)_1\right]+\left(\frac{Q}{Q_0}\right)_3\left[1-\left(\frac{Q}{Q_0}\right)_1-\left(\frac{Q}{Q_0}\right)_2\right] \tag{3-63}$$

式中，Q_0 为物体与周围流体处于热平衡状态时所放出的总热量，$(Q/Q_0)_i (i=1,2,3)$ 为构成二维或三维非稳态导热物体的一维几何体的导热量百分数，可按式(3-46)计算。

例题 3-8　设有尺寸为 $2\delta_1\times2\delta_2\times2\delta_3=0.5\times0.6\times0.8\mathrm{m}^3$ 的某钢锭，初始温度为 $t_0=20℃$，导热系数为 $\lambda=40\mathrm{W/(m\cdot K)}$，导温系数为 $a=0.722\times10^{-5}\mathrm{m}^2/\mathrm{s}$，试

求将此钢锭置于炉温为 $t_\infty = 1200℃$ 的加热炉中 3 小时后的最低温度和最高温度。取钢锭四周综合表面传热系数为 $h = 350\text{W}/(\text{m}^2 \cdot \text{K})$。

解 此问题的解可以由三块对应的大平板的解相乘得出。最低温度位于钢锭中心,即三块大平板中心截面的交点上;最高温度位于钢锭的角上,即三块大平板表面交点上。

设 x、y 和 z 分别对应于三个尺度的坐标轴方向,则由已知条件可以计算出:

$$Bi_x = \frac{h\delta_1}{\lambda} = \frac{350 \times 0.25}{40} = 2.19$$

$$Fo_x = \frac{a\tau}{\delta_1^2} = \frac{0.722 \times 10^{-5} \times 3 \times 3600}{0.25^2} = 1.2476$$

$$Bi_y = \frac{h\delta_2}{\lambda} = \frac{350 \times 0.3}{40} = 2.63$$

$$Fo_y = \frac{a\tau}{\delta_2^2} = \frac{0.722 \times 10^{-5} \times 3 \times 3600}{0.3^2} = 0.8664$$

$$Bi_z = \frac{h\delta_3}{\lambda} = \frac{350 \times 0.4}{40} = 3.50$$

$$Fo_z = \frac{a\tau}{\delta_3^2} = \frac{0.722 \times 10^{-5} \times 3 \times 3600}{0.4^2} = 0.4874$$

对平板 1:

$$\mu_1 = \left(0.4022 + \frac{0.9188}{Bi}\right)^{-1/2} = \left(0.4022 + \frac{0.9188}{2.19}\right)^{-1/2} = 1.1031(\text{rad})$$

$A = 1.0101 + 0.2575 \times (1 - e^{-0.4271Bi}) = 1.0101 + 0.2575 \times (1 - e^{-0.4271 \times 2.19}) = 1.1663$

平板中心处:

$$\cos(\mu_1 \eta) = \cos 0 = 1$$

平板表面处:

$$\cos(\mu_1 \eta) = \cos 63.20° = 0.4508$$

$$\left(\frac{\theta_m}{\theta_0}\right)_x = A\exp(-\mu_1^2 Fo) f(\mu_1 \eta) = 1.1663\exp(-1.1031^2 \times 1.2476) \times 1 = 0.2556$$

$$\left(\frac{\theta_w}{\theta_0}\right)_x = A\exp(-\mu_1^2 Fo) f(\mu_1 \eta)$$

$$= 1.1663\exp(-1.1031^2 \times 1.2476) \times 0.4508 = 0.1152$$

对平板 2:

$$\mu_1 = \left(0.4022 + \frac{0.9188}{Bi}\right)^{-1/2} = \left(0.4022 + \frac{0.9188}{2.63}\right)^{-1/2} = 1.1535(\text{rad})$$

$A = 1.0101 + 0.2575 \times (1 - e^{-0.4271Bi}) = 1.0101 + 0.2575 \times (1 - e^{-0.4271 \times 2.63}) = 1.1839$

平板中心处:

$$\cos(\mu_1\eta)=\cos0=1$$

平板表面处：

$$\cos(\mu_1\eta)=\cos66.09°=0.4053$$

$$\left(\frac{\theta_m}{\theta_0}\right)_y=A\exp(-\mu_1^2Fo)f(\mu_1\eta)=1.1839\exp(-1.1535^2\times0.8664)\times1=0.3738$$

$$\left(\frac{\theta_w}{\theta_0}\right)_y=A\exp(-\mu_1^2Fo)f(\mu_1\eta)$$

$$=1.1839\exp(-1.1535^2\times0.8664)\times0.4053=0.1515$$

对平板 3：

$$\mu_1=\left(0.4022+\frac{0.9188}{Bi}\right)^{-1/2}=\left(0.4022+\frac{0.9188}{3.5}\right)^{-1/2}=1.2265(\text{rad})$$

$$A=1.0101+0.2575\times(1-e^{-0.4271Bi})=1.0101+0.2575\times(1-e^{-0.4271\times3.5})=1.2098$$

平板中心处：

$$\cos(\mu_1\eta)=\cos0=1$$

平板表面处：

$$\cos(\mu_1\eta)=\cos70.27°=0.3375$$

$$\left(\frac{\theta_m}{\theta_0}\right)_z=A\exp(-\mu_1^2Fo)f(\mu_1\eta)=1.2098\exp(-1.2265^2\times0.4874)\times1=0.5812$$

$$\left(\frac{\theta_w}{\theta_0}\right)_z=A\exp(-\mu_1^2Fo)f(\mu_1\eta)$$

$$=1.2098\exp(-1.2265^2\times0.4874)\times0.3375=0.1961$$

利用乘积解可得：

钢锭中心：

$$\frac{\theta_m}{\theta_0}=\left(\frac{\theta_m}{\theta_0}\right)_x\left(\frac{\theta_m}{\theta_0}\right)_y\left(\frac{\theta_m}{\theta_0}\right)_z=0.2556\times0.3738\times0.5812=0.05553$$

所以，最低温度为

$$t_{min}=0.05553\times(20-1200)+1200=1090.1(℃)$$

钢锭顶角：

$$\frac{\theta_w}{\theta_0}=\left(\frac{\theta_w}{\theta_0}\right)_x\left(\frac{\theta_w}{\theta_0}\right)_y\left(\frac{\theta_w}{\theta_0}\right)_z=0.1152\times0.1515\times0.1961=0.003422$$

所以，最高温度为

$$t_{max}=0.003422\times(20-1200)+1200=1193.2(℃)$$

例题 3-9　将一直径为 0.15m、高为 0.05m 的平板玻璃圆盘送入退火炉中消除应力，设玻璃圆盘初始温度为 $t_0=30℃$，炉内温度为 $t_f=450℃$，玻璃圆盘各表面被均匀加热，表面传热系数为 $h=10W/(m^2·K)$，按工艺要求，需要加热到盘内各处温度都在 400℃以上,如果该玻璃圆盘的导热系数为 $\lambda=0.78\mathrm{W/(m \cdot K)}$,热扩散率为 $a=3.46\times10^{-7}\mathrm{m^2/s}$,试估算所需加热时间。

解　此问题的解可以由厚度为 0.05m 的大平板和直径为 0.15mm 的长圆柱的解相乘得到。

最低温度位于圆盘中心,即大平板中心和圆柱中心的交点上,由已知条件可得

$$Bi_\mathrm{p}=\frac{h\delta}{\lambda}=\frac{10\times0.025}{0.78}=0.3205$$

$$Bi_\mathrm{c}=\frac{hr}{\lambda}=\frac{10\times0.075}{0.78}=0.9615$$

对于大平板有

$$\mu_\mathrm{1p}=\left(0.4022+\frac{0.9188}{Bi_\mathrm{p}}\right)^{-1/2}=\left(0.4022+\frac{0.9188}{0.3205}\right)^{-1/2}=0.5531(\mathrm{rad})$$

$$A_\mathrm{p}=1.0101+0.2575\times(1-\mathrm{e}^{-0.4271Bi_\mathrm{p}})=1.0101+0.2575\times(1-\mathrm{e}^{-0.4271\times0.3205})=1.0430$$

平板中心处:

$$f(\mu_\mathrm{1p}\eta)=\cos(\mu_\mathrm{1p}\eta)=\cos(0)=1$$

$$\left(\frac{\theta}{\theta_0}\right)_\mathrm{p}=A_\mathrm{p}\exp(-\mu_\mathrm{1p}^2 Fo_\mathrm{p})f(\mu_\mathrm{1p}\eta)=1.043\exp(-0.3059Fo_\mathrm{p})$$

对于长圆柱有

$$\mu_\mathrm{1c}=\left(0.1700+\frac{0.4349}{Bi_\mathrm{c}}\right)^{-1/2}=\left(0.1700+\frac{0.4349}{0.9615}\right)^{-1/2}=1.2676(\mathrm{rad})$$

$$A_\mathrm{c}=1.0042+0.5877\times(1-\mathrm{e}^{-0.4038Bi_\mathrm{c}})=1.0042+0.5877\times(1-\mathrm{e}^{-0.4038\times0.9615})=1.1933$$

圆柱中心处:

$$f(\mu_\mathrm{1c}\eta)=J_0(\mu_\mathrm{1c}\eta)=J_0(0)=0.9967$$

$$\left(\frac{\theta}{\theta_0}\right)_\mathrm{c}=A_\mathrm{c}\exp(-\mu_\mathrm{1c}^2 Fo_\mathrm{c})f(\mu_\mathrm{1c}\eta)=1.1933\exp(-1.6069Fo_\mathrm{c})$$

根据式(3-60)可得

$$\frac{\theta}{\theta_0}=\left(\frac{\theta}{\theta_0}\right)_\mathrm{p}\left(\frac{\theta}{\theta_0}\right)_\mathrm{c}=1.2446\exp(-0.3059Fo_\mathrm{p}-1.6069Fo_\mathrm{c})$$

式中

$$Fo_\mathrm{p}=\frac{a\tau}{\delta^2}=\frac{3.46\times10^{-7}\tau}{0.025^2}=5.536\times10^{-4}\tau$$

$$Fo_\mathrm{c}=\frac{a\tau}{r^2}=\frac{3.46\times10^{-7}\tau}{0.075^2}=0.615\times10^{-4}\tau$$

代入前式得

$$\frac{400-450}{30-450}=1.2446\exp[-(0.3059\times5.536+1.6069\times0.615)\times10^{-4}\tau]$$

由此解得所需加热时间为

$$\tau = 8752\text{s} = 2.43\text{h}$$

例题 3-10　一直径为 0.1m、高为 0.08m 的蔬菜罐头,初始温度为 $t_0 = 25℃$,被送入温度为 $t_f = 105℃$ 的饱和蒸汽中通过蒸汽凝结加热进行消毒,假定蔬菜罐头的物性参数为:导热系数 $\lambda = 0.66\text{W}/(\text{m}\cdot\text{K})$,密度 $\rho = 985\text{kg}/\text{m}^3$,比热容 $c = 4180\text{J}/(\text{kg}\cdot\text{K})$,热扩散率 $a = 1.603\times10^{-7}\text{m}^2/\text{s}$。试估算加热 90min 后罐头中的最低温度和所需加热量。

解　此问题的解可以由厚度为 0.08m 的大平板和直径为 0.1mm 的长圆柱的解相乘得到,其最低温度位于罐头中心。对于罐头外部蒸汽的凝结过程,由于其表面传热系数非常大,可忽略外部对流热阻,故 $Bi\to\infty$,即相当于第一类边界条件。

对于大平板有:

$$Fo_\text{p} = \frac{a\tau}{\delta^2} = \frac{1.603\times10^{-7}\times90\times60}{0.04^2} = 0.541$$

$$\mu_{1\text{p}} = \left(0.4022 + \frac{0.9188}{Bi}\right)^{-1/2} = 1.5768(\text{rad})$$

$$A_\text{p} = 1.0101 + 0.2575\times(1-\text{e}^{-0.4271Bi_\text{p}}) = 1.2676$$

$$B_\text{p} = \frac{a+cBi}{1+bBi} = \frac{c}{b} = \frac{0.3483}{0.5475} = 0.6362$$

平板中心处:

$$f(\mu_{1\text{p}}\eta) = \cos(\mu_{1\text{p}}\eta) = \cos(0) = 1$$

$$\left(\frac{\theta}{\theta_0}\right)_\text{p} = A_\text{p}\exp(-\mu_{1\text{p}}^2 Fo_\text{p})f(\mu_{1\text{p}}\eta) = 1.2676\exp(-2.4863\times0.541) = 0.3302$$

$$\left(\frac{Q}{Q_0}\right)_\text{p} = 1 - A_\text{p}\exp(-\mu_{1\text{p}}^2 Fo_\text{p})B_\text{p}$$

$$= 1 - 1.2676\exp(-2.4863\times0.541)\times0.6362 = 0.7899$$

对于长圆柱有

$$Fo_\text{c} = \frac{a\tau}{r^2} = \frac{1.603\times10^{-7}\times90\times60}{0.05^2} = 0.3462$$

$$\mu_{1\text{c}} = \left(0.1700 + \frac{0.4349}{Bi}\right)^{-1/2} = 2.4254(\text{rad})$$

$$A_\text{c} = 1.0042 + 0.5877\times(1-\text{e}^{-0.4038Bi_\text{c}}) = 1.5919$$

$$B_\text{c} = \frac{a+cBi}{1+bBi} = \frac{c}{b} = \frac{0.2574}{0.5983} = 0.4302$$

中心处:

$$f(\mu_{1c}\eta)=J_0(\mu_{1p}\eta)=J_0(0)=0.9967$$

$$\begin{aligned}\left(\frac{\theta}{\theta_0}\right)_c &=A_c\exp(-\mu_{1c}^2 Fo_p)f(\mu_{1c}\eta)\\&=1.5919\exp(-5.8824\times0.3462)\times0.9967=0.2070\end{aligned}$$

$$\begin{aligned}\left(\frac{Q}{Q_0}\right)_c &=1-A_c\exp(-\mu_{1c}^2 Fo_c)B_c\\&=1-1.5919\exp(-5.8824\times0.3462)\times0.4302=0.9106\end{aligned}$$

由此可得

$$\frac{\theta}{\theta_0}=\frac{t_m-t_f}{t_0-t_f}=\frac{t_m-105}{25-105}=\left(\frac{\theta}{\theta_0}\right)_p\left(\frac{\theta}{\theta_0}\right)_c=0.3302\times0.2070=0.06835$$

加热 90min 后罐头中的最低温度为

$$t_m=99.5℃$$

　由此可得

$$\frac{Q}{Q_0}=\left(\frac{Q}{Q_0}\right)_p+\left(\frac{Q}{Q_0}\right)_c\left[1-\left(\frac{Q}{Q_0}\right)_p\right]=0.7899+0.9106\times(1-0.7899)=0.9812$$

　90min 内罐头所需总加热量为

$$Q=0.9812Q_0$$

即

$$Q=0.9812\times985\times4180\times(105-25)\times3.14\times0.05^2\times0.08=203(kJ)$$

3.5　本　章　小　结

本章主要介绍了非稳态导热过程中温度场的变化规律及传热特点;当内部导热热阻可以忽略时的集总参数分析法;求解一维非稳态导热问题的近似公式;诺谟图的构成及应用;多维非稳态导热问题的乘积解等。

通过本章的学习,要求掌握以下内容:

(1)非稳态导热过程的基本特点,大平壁内非稳态导热的温度变化规律。

(2) Bi 与 Fo 的定义及物理意义。

(3)集总参数法适用条件及求解方法,时间常数的定义及物理意义。

(4)求解一维非稳态导热问题的分离变量法的基本思想及主要步骤,正规状况阶段解的简化,近似计算公式。

(5)利用诺谟图求解无限大平壁和长圆柱体内任意时刻、任意指定位置温度,以及与外界间的传热量。

(6)多维非稳态导热问题乘积解的基本原理及应用。

思　考　题

3-1　什么叫非稳态导热过程？为什么初始温度均匀的物体在表面突然有传热时，表面处温度梯度比物体内部温度梯度大？

3-2　举例分析物体在被冷却过程中的正规状况阶段和非正规状况阶段及其特点。

3-3　导热系数 λ 和导温系数 a 是如何影响非稳态导热过程的？

3-4　Bi 和 Fo 是如何影响非稳态导热过程的？

3-5　集总参数法的适用条件是什么？有人认为是 $Bi \leqslant 0.1$，有人认为是 $Bi_V \leqslant 0.1$，究竟哪一个准确？为什么？

3-6　何谓时间常数？试分析测量恒定流体温度时时间常数对测量准确度的影响。

3-7　设有材料和壁厚均相同的两块大平壁，其初始温度 t_0 均匀分布，平壁的右侧表面绝热，左侧表面突然被置于温度为 t_f 的高温流体中加热，其他条件如图 3-13 所示。试示意地绘制当 $Bi \rightarrow 0$ 和 $Bi \rightarrow \infty$ 时平壁内温度分布曲线的变化规律。

3-8　一圆柱体侧面绝热，如图 3-14 所示。假定初始温度 t_0 均匀，如其上、下两表面的温度突然升至 t_w 且维持不变，试分析圆柱体内的导热过程并定性地绘出任意时刻圆柱体内的温度分布。

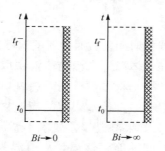
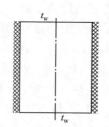

图 3-13　思考题 3-7 图　　　　图 3-14　思考题 3-8 图

3-9　将初温相同的金属薄板、细圆柱体和小球（材料相同）放在同一种介质中加热。如薄板厚度、细圆柱体直径、小球直径相等，表面传热系数相同，试分析把它们加热到同样温度时所需时间的长短。

3-10　求解非稳态导热问题的简化公式适用条件是什么？

3-11　什么是多维非稳态导热问题的乘积解？它的使用条件是什么？

习　　题

3-1　一块厚 25mm 的钢板加热到 500℃后，放入 25℃的空气中冷却。冷却过程中钢板两侧的平均表面传热系数为 $10W/(m^2 \cdot K)$,钢板的导热系数为 $45W/(m \cdot K)$,导温系数为 $1.37 \times 10^{-5} m^2/s$,试计算钢板中心被冷却到 $50℃$ 时所需的时间。

3-2 初始温度为 $25℃$ 的热电偶突然放入 $225℃$ 的气流中 30s 后,热电偶的指示温度为 $180℃$。试解答下列问题:

(1) 热电偶的时间常数是多少。

(2) 经过多长时间热电偶的指示温度会上升到 $220℃$。

(3) 要使热电偶反应更灵敏,热电偶小球半径应该变大还是变小,为什么?

3-3 用热电偶测量气流温度时,假定热电偶的初始温度为 $25℃$,气流温度为 $150℃$,时间常数为 4s,问热电偶的过余温度变为初始过余温度的 1% 及 0.1% 时分别需要多长时间?

3-4 一种火焰报警器采用低熔点的金属丝作为传感元件,当金属丝受火焰或高温烟气的作用而熔断时,报警系统即被触发。某报警系统金属丝的熔点为 $480℃$,导热系数为 $200W/(m \cdot K)$,密度为 $7200kg/m^3$,比热容为 $420J/(kg \cdot K)$,初始温度为 $25℃$。当它突然受到 $700℃$ 的烟气加热后,假定表面传热系数为 $12W/(m^2 \cdot K)$,如果希望在 1min 内发出报警信号,金属丝直径应为多少?

3-5 有一根直径为 1mm、电阻率为 $3.6\Omega/m$ 的导线,通以 3A 的电流后,在 $20℃$ 的空气中达到稳态时导线的温度为 $62℃$。试计算:

(1) 导线的表面传热系数。

(2) 导线在空气中的冷却时间等于导线的时间常数时导线的温度。

3-6 体温计的水银泡长 10mm、直径为 7mm。体温计自酒精溶液中取出时,由于酒精蒸发,体温计水银泡维持在 $18℃$。护士将体温计插入患者口中,水银泡的当量表面传热系数为 $h=100W/(m^2 \cdot K)$。设水银泡的当量物性值为:密度 $8000kg/m^3$,比热容 $430J/(kg \cdot K)$。如果测温误差要求不超过 $0.2℃$,求体温计插入患者口中后,至少要多长时间才能将体温计从体温为 $40℃$ 的患者口中取出。

3-7 某厚度为 80mm 的无限大铜质平壁,其导热系数为 $85W/(m \cdot K)$,导温系数为 $2.95 \times 10^{-5} m^2/s$,初始温度均匀分布为 $350℃$,突然将平壁置于温度为 $40℃$ 的介质中降温冷却,设表面传热系数 $h=180W/(m^2 \cdot K)$,试求降温 4min 时,离铜板表面 30mm 深处的温度。

3-8 把一块厚 100mm 的大钢板放入 $1000℃$ 的加热炉内加热,钢板的初温为 $25℃$,在加热过程中,钢板两面的平均复合表面传热系数为 $200W/(m^2 \cdot K)$,钢板的导热系数为 $42W/(m \cdot K)$,导温系数为 $6 \times 10^{-6} m^2/s$。试计算加热 5min 时板中心和板表面处的温度,并确定板中心的温度达到 $750℃$ 时所需的加热时间。

3-9 一根直径为 150mm 的长轴,在炉温为 $825℃$ 的炉中长期加热后取出放入一液体槽中淬火。槽中液体温度为 40℃,表面传热系数为 170W/(m²·K),假定轴的导热系数为 17W/(m·K),热扩散率为 0.018m²/h。试计算轴中心温度达到 100℃时所需的时间以及此刻轴表面的温度。

3-10　一厚度为 50mm 的大平壁,初始温度为 25℃,放入 1200℃的加热炉内加热。设平壁的导热系数为 50W/(m·K),导温系数为 $6×10^{-6}$ m²/s,平壁的表面传热系数为 200W/(m²·K),试分别按查图法和集总参数法计算平壁表面温度达到 1000℃时所需的时间。

3-11　一长圆柱体直径为 60mm,初始温度为 1100℃,放入温度为 40℃的恒温流体中冷却,其表面传热系数为 150W/(m²·K)。圆柱体的导热系数为 40W/(m·K),导温系数为 $7.2×10^{-6}$ m²/s,试问 30min 后圆柱体的中心温度降低了多少? 在此期间内圆柱体散失多少热量?

3-12　在测定大平壁与其上流过的流体之间的平均表面传热系数的试验中,将初始温度为 25℃、厚度为 60mm 的整块大平壁暴露于 160℃的流体中,半小时后测得平壁中心的温度为 125℃。若平壁材料的导热系数为 1W/(m·K),导温系数为 $1.86×10^{-3}$ m²/h,试计算平壁与流体之间的平均表面传热系数。

3-13　有一个二维的矩形区域,初始时刻处于均匀温度 t_0,从 $\tau=0$ 时刻起,四个表面突然受到均匀热流密度 q_w 的加热,试证明,该矩形区域中非稳态导热的过余温度场可以表示为两个相应的一维非稳态导热问题的过余温度场之和。

3-14　设有一边长为 100mm、初始温度为 20℃的人造立方体木块,突然被置于温度为 450℃的环境中,假定木块的六个表面都被均匀加热,表面传热系数为 10W/(m²·K)。经过 3 个半小时后,木块局部开始着火,试估算该木材的着火温度。已知木块为各向同性材料,物性参数为:导热系数为 $\lambda=0.65$ W/(m·K),密度为 810kg/m³,比热容为 2550J/(kg·K)。

3-15　有两块厚度均为 50mm 的大平板,分别由木料和钢制成,其热扩散率分别为 $3.15×10^{-7}$ m²/s 和 $1.2×10^{-5}$ m²/s。假定某时刻平板两侧温度突然升高至 300℃并维持不变,试计算使两板中心温度均上升到 200℃时所需的时间比。

3-16　一直径为 80mm、高为 100mm 的钢柱体,初始温度为 260℃,导热系数为 $\lambda=48$ W/(m·K),导温系数为 $a=0.955×10^{-5}$ m²/s。试求将此钢柱体置于 30℃的油槽中冷却 3min 后钢柱体内最大温差。取冷却过程中钢柱体四周表面传热系数为 $h=260$ W/(m²·K)。

3-17　一块尺寸为 40mm×60mm×100mm 的牛肉从 5℃的冷藏室中取出后置于 180℃的烘箱中烘烤,需要加热到 80℃才可食用,设牛肉表面与烘箱气流间

的表面传热系数为 $20W/(m^2 \cdot K)$，如果牛肉的物性参数按水处理，试计算所需要的加热时间。

3-18　一大型加热炉的炉底采用厚度为 50mm 的耐火材料制成。设炉子从冷态 25℃开始点火后炉内马上就形成了稳定的 1600℃ 的高温气体，气体与炉底间的表面传热系数为 $40W/(m^2 \cdot K)$，如果炉底材料的导热系数为 $\lambda = 4W/(m \cdot K)$，导温系数为 $a = 5 \times 10^{-6} m^2/s$，按工艺要求，炉内各表面均应加热到 1500℃方投入使用，试确定从开始点火到满足这一条件所需要的时间。

第 4 章　导热问题的数值解法

对于几何形状或边界条件比较复杂的导热问题,理论求解往往非常困难,甚至不可能得到分析解。随着计算技术的飞速发展,近几十年来传热问题的数值解法得到了广泛的应用。数值解是一种近似解,这种解法比较简便,计算结果能够满足计算要求。本章首先介绍数值求解的主要步骤,然后讨论节点离散方程的建立和代数方程组的求解方法,最后建立非稳态导热问题的两种离散格式。

4.1　概　　述

在给定的定解条件下直接积分导热微分方程获得的解称为导热问题的分析解,它一般只适用于单值性条件比较简单的情形。在工程实际中,人们遇到的许多几何形状或边界条件复杂的导热问题,由于数学上的困难目前还无法得到其分析解。另一方面,在近几十年中,随着计算机技术的迅速发展,对物理问题进行离散求解的数值方法发展十分迅速,并得到日益广泛的应用。特别是在计算机应用很普遍的今天,数值解法的工程应用已越来越广泛,几乎是工程技术人员必须掌握的一种基本手段。

数值求解方法是以离散数学为基础,以计算机为工具的一种求解方法,它的基本思想是用空间与时间区域内的有限个离散点上的温度近似值代替原来连续分布的温度场。这就必须按照一定的方式建立起关于节点温度的代数方程,即将导热微分方程离散为易于求解的代数方程组,然后求得温度场的近似解。

导热问题的数值求解方法主要有:有限差分法、有限元法、边界元法和有限分析法等。但就方法发展的成熟程度及应用的广泛性而言,有限差分法占有相当的优势,而且表达式简单明了。

下面以二维矩形区域内的稳态、无内热源、常物性导热问题为例,说明数值求解导热问题的主要过程。

当用数值方法求解导热问题时,大体上可分为以下六个步骤。

1. 建立物理数学模型

假定有某二维矩形区域,长为 L,高为 H,如图 4-1 所示。区域内无内热源,导热系数 λ 为常数,在 $x=0$ 处表面温度维持为常数 t_0,而其余三个表面均与温度为 t_f 的流体发生对流传热,表面传热系数为 h,则描述此矩形区域内二维稳态导热问

题的微分方程为

$$\frac{\partial^2 t}{\partial x^2}+\frac{\partial^2 t}{\partial y^2}=0 \qquad (4\text{-}1)$$

对应的边界条件为

$$x=0, \quad t=t_0 \qquad (4\text{-}2a)$$

$$x=L, \quad -\lambda\frac{\partial t}{\partial x}=h(t-t_{\mathrm{f}}) \qquad (4\text{-}2b)$$

$$y=0, \quad \lambda\frac{\partial t}{\partial y}=h(t-t_{\mathrm{f}}) \qquad (4\text{-}2c)$$

$$y=H, \quad -\lambda\frac{\partial t}{\partial y}=h(t-t_{\mathrm{f}}) \qquad (4\text{-}2d)$$

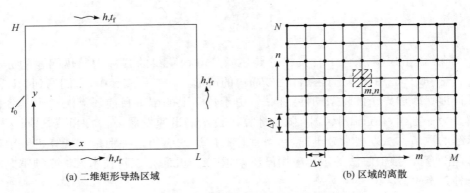

(a) 二维矩形导热区域　　　　　　　(b) 区域的离散

图 4-1　二维矩形导热区域和区域的离散

2. 区域离散化

区域离散化就是用一组与坐标轴平行的网格线将求解区域划分为许多子区域,以网格线的交点作为需要确定温度值的空间位置,称为节点,也称为结点。相邻两节点之间的距离称为空间步长,记为 Δx 和 Δy,如图 4-1 所示。在 x 方向和 y 方向的网格线可以是均匀分布的,也可以根据实际问题的需要,采用非均匀网格划分。这里为简便起见采用的是均分网格。节点的位置以该点在两个方向上的位置标号 m,n 来表示,在两个方向上的节点数可分别用 M 和 N 表示,因此,矩形区域上的总节点数为 $M\times N$。

每一个节点都可以看成是以它为中心的一个小区域的代表,图 4-1 中有阴影线的小区域即是节点 (m,n) 所代表的区域,它由相邻两节点连线的中分线构成。这些节点所代表的小区域称为元体,又称为控制容积。

3. 建立节点物理量的代数方程

节点上物理量的代数方程称为离散方程或节点方程。建立节点物理量的代数方程是数值求解过程中的重要环节，后面将详细介绍。对于图 4-1 中节点 (m, n)，当 $\Delta x = \Delta y$ 时，离散方程为

$$t_{m,n} = \frac{1}{4}(t_{m+1,n} + t_{m-1,n} + t_{m,n+1} + t_{m,n-1}) \tag{4-3}$$

上式为位于计算区域内部节点的关于温度的代数方程，内部节点简称为内节点。同样，对于温度未知的位于边界上的节点也可建立相应的代数方程。这样，对于每个节点，可以建立一个代数方程，存在一个待求未知参数，因此，所有节点上的代数方程组可以封闭起来，联立求解。

4. 设立迭代初场

代数方程组的求解方法有直接解法与迭代法两大类，在传热问题的有限差分解法中主要采用迭代法。

采用迭代法求解时需要对被求解的温度场预先假定一个解，称为初场，在求解过程中这一温度场不断得到改进。

5. 求解代数方程组

在图 4-1 中，除左边界上各节点的温度为已知外，其余 $(M-1) \times N$ 个节点都可建立起类似于式(4-3)的离散方程，一共 $(M-1) \times N$ 个代数方程，构成了一个封闭的代数方程组。

在实际传热问题的计算中，代数方程的个数一般为 $10^3 \sim 10^6$ 的量级，只有利用现代的计算机才能快速、准确地获得所需的解。图 4-1 是一个常物性、无内热源（或具有均匀内热源）的简单导热问题，因此，代数方程一经建立，其中各项的系数在整个求解过程中不再变化，称为线性问题。如果物性是温度的函数，则式(4-3)右端相邻点温度的系数不再是常数，而是温度的函数，这些系数在迭代过程中要相应地不断更新，这类问题称为非线性问题。本章仅讨论常物性导热问题，关于变物性导热问题的数值求解可参阅相关文献。

用迭代方法求解代数方程是否收敛的判断标准是，本次迭代计算所得之解与上一次迭代计算所得之解的偏差是否小于允许值。

6. 解的分析

获得物体中的温度分布常常不是工程问题的最终目的，根据具体问题要求，还需要由得到的温度场进一步计算热流量、热应力或热变形等，以获得定性或定量上

的结果。

　　总结以上六个步骤,可得导热问题的数值解法流程如图 4-2 所示。其中,控制方程及定解条件的建立已经做过详细的介绍;对于规则区域内网格的划分与节点的生成容易进行;对数值解的分析是解决实际问题过程中的重要一步,但不涉及数值解本身的技术。因此,本章主要讨论如何建立离散方程组以及如何求解离散方程组。

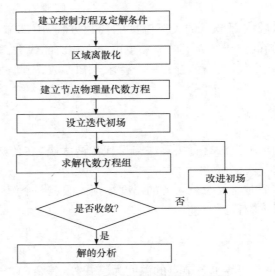

图 4-2　导热问题的数值解法流程

4.2　节点离散方程的建立

　　建立节点离散方程的方法很多,这里主要介绍两种:一种是泰勒级数展开法;另一种是热平衡法。

4.2.1　泰勒级数展开法

　　以图 4-1 所示的二维稳态导热问题为例,用泰勒级数展开法导出内节点 (m,n) 处的二阶偏导数。

　　对内节点 (m,n),其 x 方向上左、右相邻节点分别为 $(m-1,n)$ 和 $(m+1,n)$,如图 4-3 所示。因此,对节点 $(m+1,n)$ 和节点 $(m-1,n)$,可分别写出温度函数 t 对 (m,n) 点的泰勒级数展开式:

$$t_{m+1,n}=t_{m,n}+\frac{\partial t}{\partial x}\bigg|_{m,n}\Delta x+\frac{1}{2!}\frac{\partial^2 t}{\partial x^2}\bigg|_{m,n}\Delta x^2+\frac{1}{3!}\frac{\partial^3 t}{\partial x^3}\bigg|_{m,n}\Delta x^3+\frac{1}{4!}\frac{\partial^4 t}{\partial x^4}\bigg|_{m,n}\Delta x^4+\cdots$$

$$t_{m-1,n}=t_{m,n}-\frac{\partial t}{\partial x}\Big|_{m,n}\Delta x+\frac{1}{2!}\frac{\partial^2 t}{\partial x^2}\Big|_{m,n}\Delta x^2-\frac{1}{3!}\frac{\partial^3 t}{\partial x^3}\Big|_{m,n}\Delta x^3+\frac{1}{4!}\frac{\partial^4 t}{\partial x^4}\Big|_{m,n}\Delta x^4+\cdots$$

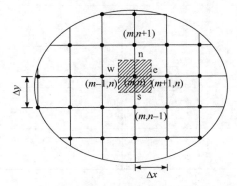

图 4-3　内节点离散方程的建立

将上述两式相加得

$$t_{m+1,n}+t_{m-1,n}=2t_{m,n}+\frac{\partial^2 t}{\partial x^2}\Big|_{m,n}\Delta x^2+\frac{1}{12}\frac{\partial^4 t}{\partial x^4}\Big|_{m,n}\Delta x^4+\cdots$$

上式也可改写为

$$\frac{\partial^2 t}{\partial x^2}\Big|_{m,n}=\frac{t_{m+1,n}-2t_{m,n}+t_{m-1,n}}{\Delta x^2}+O(\Delta x^2)$$

该式即为用三个离散点上的值来计算二阶导数的严格表达式,其中符号 $O(\Delta x^2)$ 称为截断误差,表示省略掉的级数余项中 Δx 的最低阶数为 2。在数值计算中,常常用三个相邻节点上的值来近似表示二阶导数,为此略去其中的 $O(\Delta x^2)$,可得

$$\frac{\partial^2 t}{\partial x^2}\Big|_{m,n}=\frac{t_{m+1,n}-2t_{m,n}+t_{m-1,n}}{\Delta x^2} \tag{4-4}$$

上式就是二阶导数的差分表达式,称为中心差分。略去的级数余项中 Δx 的最低阶数为 2,因此,常称为具有二阶精度的差分格式。

同理可得

$$\frac{\partial^2 t}{\partial y^2}\Big|_{m,n}=\frac{t_{m,n+1}-2t_{m,n}+t_{m,n-1}}{\Delta y^2} \tag{4-5}$$

将上述两式代入式(4-1)可得节点 (m,n) 的离散方程为

$$\frac{t_{m+1,n}-2t_{m,n}+t_{m-1,n}}{\Delta x^2}+\frac{t_{m,n+1}-2t_{m,n}+t_{m,n-1}}{\Delta y^2}=0 \tag{4-6}$$

如果 $\Delta x=\Delta y$,则上式变为式(4-3)。

在传热问题的数值求解中,控制方程中包含的主要是一阶导数和二阶导数。在均分网格中,常用的离散表达式见表 4-1,其中,下标 i 表示差分格式是对 i 点建立的。

表 4-1　一阶导数和二阶导数常用离散表达式

导数	差分表达式	截断误差	备注
$\left(\dfrac{\partial t}{\partial x}\right)_i$	$\dfrac{t_{i+1}-t_i}{\Delta x}$	$O(\Delta x)$	i 点的向前差分
	$\dfrac{t_i-t_{i-1}}{\Delta x}$	$O(\Delta x)$	i 点的向后差分
	$\dfrac{t_{i+1}-t_{i-1}}{2\Delta x}$	$O(\Delta x^2)$	i 点的中心差分
$\left(\dfrac{\partial^2 t}{\partial x^2}\right)_i$	$\dfrac{t_{i+1}-2t_i+t_{i-1}}{\Delta x^2}$	$O(\Delta x^2)$	i 点的中心差分

4.2.2　热平衡法

　　每个节点所代表的元体都应该满足能量守恒,因此,可以直接根据能量守恒定律写出节点离散方程,这种方法称为热平衡法。热平衡法物理意义明确,推导过程简捷,易于理解。在热平衡法中,相邻两节点代表的元体通过界面(图 4-3 中的虚线)传导的热量可以根据傅里叶导热定律直接写出。

　　1. 内部节点

　　对图 4-3 中的内节点(m,n)所代表的元体,能量守恒方程可写为

$$\Phi_{\mathrm{w}}+\Phi_{\mathrm{e}}+\Phi_{\mathrm{s}}+\Phi_{\mathrm{n}}=0 \qquad (4\text{-}7)$$

式中,Φ_{w}、Φ_{e}、Φ_{s} 和 Φ_{n} 分别为通过界面 w、e、s 和 n 传导到元体内的热量。根据傅里叶导热定律有

$$\Phi_{\mathrm{w}}=\lambda\Delta y\,\frac{t_{m-1,n}-t_{m,n}}{\Delta x}$$

$$\Phi_{\mathrm{e}}=\lambda\Delta y\,\frac{t_{m+1,n}-t_{m,n}}{\Delta x}$$

$$\Phi_{\mathrm{s}}=\lambda\Delta x\,\frac{t_{m,n-1}-t_{m,n}}{\Delta y}$$

$$\Phi_{\mathrm{n}}=\lambda\Delta x\,\frac{t_{m,n+1}-t_{m,n}}{\Delta y}$$

将上述各式代入元体能量守恒方程式(4-7)得

$$\lambda\Delta y\,\frac{t_{m-1,n}-t_{m,n}}{\Delta x}+\lambda\Delta y\,\frac{t_{m+1,n}-t_{m,n}}{\Delta x}+\lambda\Delta x\,\frac{t_{m,n-1}-t_{m,n}}{\Delta y}+\lambda\Delta x\,\frac{t_{m,n+1}-t_{m,n}}{\Delta y}=0$$

$$(4\text{-}8)$$

此式即为用热平衡法导出的内节点(m,n)的离散方程,其中的各项导热量都是假定进入元体的方向为正。

如果 $\Delta x = \Delta y$,则式(4-8)可简化为式(4-3)。如果导热体内部存在内热源 Φ_v,则式(4-8)变为

$$\lambda \Delta y \frac{t_{m-1,n}-t_{m,n}}{\Delta x}+\lambda \Delta y \frac{t_{m+1,n}-t_{m,n}}{\Delta x}+\lambda \Delta x \frac{t_{m,n-1}-t_{m,n}}{\Delta y}+\lambda \Delta x \frac{t_{m,n+1}-t_{m,n}}{\Delta y}$$
$$+\Phi_{v,m,n}\Delta x\Delta y=0 \tag{4-9}$$

2. 边界节点

对于第一类边界条件下的导热问题,所有内节点的离散方程构成了一个封闭的代数方程组,可以立即求解。但是,对于第二类或第三类边界条件下的导热问题,由内节点的离散方程组成的代数方程组是不封闭的,因为其中包含了未知的边界温度,因而必须对位于边界上的节点补充相应的节点方程,使方程组封闭。

假定导热体内部存在内热源 Φ_v,从外部进入到边界节点所代表的元体内的热流密度为 q_w。对于位于平直边界上的节点,如图 4-4 所示,节点(m,n)代表半个元体,即图中的阴影部分,于是该元体的能量守恒定律可表示为

$$\lambda \Delta y \frac{t_{m-1,n}-t_{m,n}}{\Delta x}+\lambda \frac{\Delta x}{2}\frac{t_{m,n-1}-t_{m,n}}{\Delta y}+\lambda \frac{\Delta x}{2}\frac{t_{m,n+1}-t_{m,n}}{\Delta y}+\Phi_{v,m,n}\frac{\Delta x\Delta y}{2}+q_w\Delta y=0 \tag{4-10a}$$

当 $\Delta x = \Delta y$ 时有

$$t_{m,n}=\frac{1}{4}\left(2t_{m-1,n}+t_{m,n-1}+t_{m,n+1}+\frac{\Phi_{v,m,n}}{\lambda}\Delta x^2+\frac{2q_w}{\lambda}\Delta x\right) \tag{4-10b}$$

对于角上节点,又有内部角点与外部角点之分。如图 4-5 所示,其中,角点 A、B、C、D 和 F 称为外部角点,其特点是每个节点仅代表四分之一个以 Δx、Δy 为边长的元体;角点 E 称为内部角点,其特点是节点代表四分之三个以 Δx、Δy 为边长的元体。

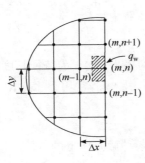

图 4-4　平直边界节点

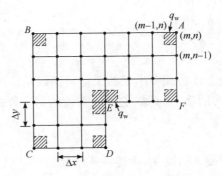

图 4-5　内部角点与外部角点

对于外部角点,如角点 A,其热平衡式为

$$\lambda\frac{\Delta y}{2}\frac{t_{m-1,n}-t_{m,n}}{\Delta x}+\lambda\frac{\Delta x}{2}\frac{t_{m,n-1}-t_{m,n}}{\Delta y}+\Phi_{v,m,n}\frac{\Delta x\Delta y}{4}+q_{w}\frac{\Delta x+\Delta y}{2}=0 \quad (4\text{-}11a)$$

当 $\Delta x=\Delta y$ 时有

$$t_{m,n}=\frac{1}{2}\left(t_{m-1,n}+t_{m,n-1}+\frac{\Phi_{v,m,n}}{2\lambda}\Delta x^2+\frac{2q_w}{\lambda}\Delta x\right) \quad (4\text{-}11b)$$

对于内部角点 E,其热平衡式为

$$\lambda\Delta y\frac{t_{m-1,n}-t_{m,n}}{\Delta x}+\lambda\Delta x\frac{t_{m,n+1}-t_{m,n}}{\Delta y}+\lambda\frac{\Delta y}{2}\frac{t_{m+1,n}-t_{m,n}}{\Delta x}$$

$$+\lambda\frac{\Delta x}{2}\frac{t_{m,n-1}-t_{m,n}}{\Delta y}+\Phi_{v,m,n}\frac{3\Delta x\Delta y}{4}+q_w\frac{\Delta x+\Delta y}{2}=0 \quad (4\text{-}12a)$$

当 $\Delta x=\Delta y$ 时有

$$t_{m,n}=\frac{1}{6}\left(2t_{m-1,n}+2t_{m,n+1}+t_{m+1,n}+t_{m,n-1}+\frac{3\Phi_{v,m,n}}{2\lambda}\Delta x^2+\frac{2q_w}{\lambda}\Delta x\right) \quad (4\text{-}12b)$$

在上述各式中,q_w 取决于边界条件的具体情况。对于绝热边界,则 $q_w=0$。对于给定热流密度的第二类边界条件,只需直接将 q_w 值代入即可,但要注意以传入计算区域的热量为正。对于第三类边界条件,则有 $q_w=h(t_f-t_{m,n})$,其中,h 为表面传热系数,t_f 为周围流体温度。将此表达式代入前述各式,则对于 $\Delta x=\Delta y$ 情形有:

平直边界

$$2\left(\frac{h\Delta x}{\lambda}+2\right)t_{m,n}=2t_{m-1,n}+t_{m,n-1}+t_{m,n+1}+\frac{\Phi_{v,m,n}}{\lambda}\Delta x^2+\frac{2h\Delta x}{\lambda}t_f \quad (4\text{-}10c)$$

外部角点

$$2\left(\frac{h\Delta x}{\lambda}+1\right)t_{m,n}=t_{m-1,n}+t_{m,n-1}+\frac{\Phi_{v,m,n}}{2\lambda}\Delta x^2+\frac{2h\Delta x}{\lambda}t_f \quad (4\text{-}11c)$$

内部角点

$$2\left(\frac{h\Delta x}{\lambda}+3\right)t_{m,n}=2(t_{m-1,n}+t_{m,n+1})+t_{m+1,n}+t_{m,n-1}+\frac{3\Phi_{v,m,n}}{2\lambda}\Delta x^2+\frac{2h\Delta x}{\lambda}t_f$$

$$(4\text{-}12c)$$

在上述各式中出现的无量纲参数 $h\Delta x/\lambda$ 是以网格步长 Δx 为特征长度的 Biot 数,称为网格 Biot 数,它是在对流边界条件的离散中引入的,常用 Bi_Δ 表示

$$Bi_\Delta=\frac{h\Delta x}{\lambda}$$

需要说明的是,上述各式都是能量守恒定律在各种微元体上的具体应用,对于其他形式的元体,也可采用类似方法得到相应的节点方程。

例题 4-1　试采用热平衡法写出一细长杆内稳态导热时内部节点 i 的离散方程式并化简。设杆的导热系数为 λ，截面积为 A，周长为 P，步长取为 Δx，细杆表面与流体间的表面传热系数为 h，流体温度为 t_f。

解　对于内部节点 i，其左右相邻节点分别为 $i-1$ 和 $i+1$，因此，采用热平衡法可写出内部节点 i 所代表的元体的能量平衡关系为

$$\lambda A\frac{t_{i-1}-t_i}{\Delta x}+\lambda A\frac{t_{i+1}-t_i}{\Delta x}+hP\Delta x(t_\mathrm{f}-t_i)=0$$

化简整理得

$$t_{i-1}+t_{i+1}-\left(\frac{hP}{\lambda A}\Delta x^2+2\right)t_i+\frac{hP}{\lambda A}\Delta x^2 t_\mathrm{f}=0$$

例题 4-2　如图 4-6 所示为一扇形区域中的二维、稳态、无内热源的导热问题，其一侧平直表面维持均匀恒定温度 t_w，$r=r_1$ 处的表面绝热，其余表面与温度为 t_∞ 的环境传热，表面传热系数为 h，为用数值解法确定区域中的温度分布，在径向和周向分别用 Δr 和 $\Delta\varphi$ 划分计算区域，节点布置如图 4-6 所示。假定区域的物性参数已知且为常数，试用热平衡法建立节点 1 和节点 7 的离散方程。

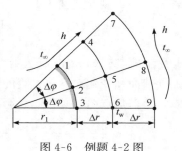

图 4-6　例题 4-2 图

解　节点 1 所代表的元体的热平衡式为

$$\lambda\frac{\Delta r}{2}\frac{t_2-t_1}{r_i\Delta\varphi}+\lambda(r_i+0.5\Delta r)\frac{\Delta\varphi}{2}\frac{t_4-t_1}{\Delta r}+h\frac{\Delta r}{2}(t_\infty-t_1)=0$$

节点 7 所代表的元体的热平衡式为

$$\lambda(r_i+1.5\Delta r)\frac{\Delta\varphi}{2}\frac{t_4-t_7}{\Delta r}+\lambda\frac{\Delta r}{2}\frac{t_8-t_7}{(r_i+2\Delta r)\Delta\varphi}+h\left[\frac{\Delta r}{2}+\frac{(r_i+2\Delta r)\Delta\varphi}{2}\right](t_\infty-t_7)=0$$

由此可得其离散方程分别为

$$\left[\lambda\frac{\Delta r/2}{r_i\Delta\varphi}+\lambda\frac{(r_i+0.5\Delta r)\Delta\varphi/2}{\Delta r}+h\frac{\Delta r}{2}\right]t_1=\lambda\frac{\Delta r/2}{r_i\Delta\varphi}t_2+\lambda\frac{(r_i+0.5\Delta r)\Delta\varphi/2}{\Delta r}t_4+h\frac{\Delta r}{2}t_\infty$$

$$\left\{\lambda\frac{(r_i+1.5\Delta r)\Delta\varphi/2}{\Delta r}+\lambda\frac{\Delta r/2}{(r_i+2\Delta r)\Delta\varphi}+h\left[\frac{\Delta r}{2}+\frac{(r_i+2\Delta r)\Delta\varphi}{2}\right]\right\}t_7$$

$$=\lambda\frac{(r_i+1.5\Delta r)\Delta\varphi/2}{\Delta r}t_4+\lambda\frac{\Delta r/2}{(r_i+2\Delta r)\Delta\varphi}t_8+h\left[\frac{\Delta r}{2}+\frac{(r_i+2\Delta r)\Delta\varphi}{2}\right]t_\infty$$

例题 4-3　如图 4-7 所示为垂直放置的短圆柱体，上部绝热，下部维持恒定温度 t_w，侧壁与温度为 t_f 的流体发生对流传热，表面传热系数为 h，假定物性参数已知且为常数，短圆柱体内发生的是二维稳态导热，在径向和轴向分别用 Δr 和 Δz

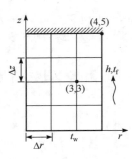

图 4-7　例题 4-3 图

划分计算区域，节点布置如图 4-7 所示，试用热平衡法建立内节点(3,3)和上部角点(4,5)的离散方程。

解　内节点(3,3)所代表的元体的能量平衡关系为

$$\lambda\frac{3\Delta r\Delta z}{2}\frac{t_{2,3}-t_{3,3}}{\Delta r}+\lambda\frac{5\Delta r\Delta z}{2}\frac{t_{4,3}-t_{3,3}}{\Delta r}$$

$$+2\lambda(\Delta r)^2\frac{t_{3,4}-t_{3,3}}{\Delta z}+2\lambda(\Delta r)^2\frac{t_{3,2}-t_{3,3}}{\Delta z}=0$$

整理可得内节点(3,3)的离散方程为

$$\left(\frac{4\Delta r}{\Delta z}+\frac{4\Delta z}{\Delta r}\right)t_{3,3}=\frac{3\Delta z}{2\Delta r}t_{2,3}+\frac{5\Delta z}{2\Delta r}t_{4,3}+\frac{2\Delta r}{\Delta z}t_{3,4}+\frac{2\Delta r}{\Delta z}t_{3,2}$$

若 $\Delta r=\Delta z$，则此式变为

$$t_{3,3}=\frac{1}{4}\left(\frac{3}{4}t_{2,3}+\frac{5}{4}t_{4,3}+t_{3,4}+t_{3,2}\right)$$

上式与式(4-3)略有区别，其中的系数 3/4 和 5/4 反映了柱坐标中沿径向截面上导热面积变化对导热过程的影响。

上部角点(4,5)所代表的元体的能量平衡关系为

$$\lambda\frac{5\Delta r}{2}\frac{\Delta z}{2}\frac{t_{3,5}-t_{4,5}}{\Delta r}+3\lambda\Delta r\frac{\Delta r}{2}\frac{t_{4,4}-t_{4,5}}{\Delta z}+3h\Delta r\frac{\Delta z}{2}(t_{\mathrm{f}}-t_{4,5})=0$$

整理可得上部角点的离散方程为

$$\left(\frac{5\Delta z}{4\Delta r}+\frac{3\Delta r}{2\Delta z}+\frac{3h\Delta z}{2\lambda}\right)t_{4,5}=\frac{5\Delta z}{4\Delta r}t_{3,5}+\frac{3\Delta r}{2\Delta z}t_{4,4}+\frac{3h\Delta z}{2\lambda}t_{\mathrm{f}}$$

4.3　代数方程组的求解

线性代数方程组解的存在和唯一性以及求解联立线性代数方程组的方法，在线性代数中有详细的论述。从物理意义上说，物体具有稳态温度分布的条件是，单位时间内在全部边界上流出的热量应等于物体内部发出的热量；或者在没有内热源的情况下，在全部边界上流出的总热量应等于零。

线性代数方程组的数值解法可分为直接法和迭代法两大类，分述如下。

4.3.1　直接法

直接法是指在没有舍入误差的条件下经过有限次的运算即可得到方程组的精确解的方法。高斯消元法和系数矩阵求逆的方法就是常用的直接法，有不少现成的计算程序可供选用。对于阶数不是很高的方程组，采用直接法是很有效的。但是 n 阶代数方程组的系数矩阵有 n^2 个元素，因此，随着节点个数的增加，即方程组

阶数的增加,所需的计算机存储单元和运算次数都迅速增加,用一般的直接法求解大型代数方程组会受到一定的限制。

对于一维导热问题,有一种非常简捷的直接求解方法,称为追赶法。

一维导热问题节点离散方程的特点是,每一个内节点的方程中只包含 3 个未知温度,边界节点的方程中只包含 2 个未知温度。在方程的系数矩阵中只有主对角线及相邻的两条对角线上有非零元素,方程组可以整理成以下形式:

$$\begin{cases} b_1 t_1 + c_1 t_2 = d_1 \\ a_2 t_1 + b_2 t_2 + c_2 t_3 = d_2 \\ \vdots \\ a_i t_{i-1} + b_i t_i + c_i t_{i+1} = d_i \\ \vdots \\ a_n t_{n-1} + b_n t_n = d_n \end{cases} \tag{4-13}$$

其系数矩阵称为三对角线矩阵,可以用一种比较简单的直接解法——追赶法求解。整个求解分为两个阶段,首先是顺追赶求系数。对于方程组中的第一个方程,可以改写为

$$t_1 = U_1 t_2 + V_1 \tag{a}$$

其中

$$U_1 = -\frac{c_1}{b_1}, \quad V_1 = \frac{d_1}{b_1} \tag{b}$$

将式(a)代入方程组的第二个方程,可以消去其中的 t_1,整理得

$$(a_2 U_1 + b_2) t_2 + c_2 t_3 = d_2 - a_2 V_1 \tag{c}$$

也可改写为

$$t_2 = U_2 t_3 + V_2 \tag{d}$$

其中

$$U_2 = -\frac{c_2}{a_2 U_1 + b_2}, \quad V_2 = \frac{d_2 - a_2 V_1}{a_2 U_1 + b_2} \tag{e}$$

再将式(d)代入方程组的第三个方程,可以消去其中的 t_2,并依此类推。

一般地,可以得到

$$t_i = U_i t_{i+1} + V_i, \quad i = 2, 3, \cdots, n-1 \tag{4-14}$$

其中,顺追赶求系数的递推公式为

$$U_i = -\frac{c_i}{a_i U_{i-1} + b_i}, \quad i = 2, 3, \cdots, n-1 \tag{4-15a}$$

$$V_i = \frac{d_i - a_i V_{i-1}}{a_i U_{i-1} + b_i}, \quad i = 2, 3, \cdots, n-1 \tag{4-15b}$$

最后,将 t_{n-1} 的表达式代入方程组的最后一个方程,就可以得到最后一个节点

的温度 t_n

$$t_n = \frac{d_n - a_n V_{n-1}}{a_n U_{n-1} + b_n} \qquad (4\text{-}16)$$

将上式代入式(4-14)就可以得到 t_{n-1}。不断重复这一过程,最终可以得到各节点的温度 $t_i(i=n-2, n-3, \cdots, 2, 1)$,这一过程称为逆追赶。

4.3.2　迭代法

迭代法是把求解方程组的问题转化为构造一个无限序列来逐步逼近所求的精确解,因而在有限步的迭代中将只能得到方程组的近似解。

用有限差分法求解稳态导热问题时,不管总节点数是多少,每个节点方程中未知数的个数对二维问题不超过 5 个,对三维问题不超过 7 个。因此,产生的代数方程组的系数矩阵中包含大量的零元素,这样的系数矩阵称为稀疏矩阵。采用迭代法求解这样的代数方程组往往是方便的,其优点之一是可以节省用以存放系数矩阵的大量的存储空间并减少运算量。对于稳态导热的有限差分法得到的线性方程组,用迭代法求解时收敛较快,计算程序也比较简单,因而被广泛采用。

1. 简单迭代法

假定有下述线性代数方程组:

$$\begin{cases} a_{11}t_1 + a_{12}t_2 + \cdots + a_{1n}t_n = b_1 \\ a_{21}t_1 + a_{22}t_2 + \cdots + a_{2n}t_n = b_2 \\ \vdots \\ a_{n1}t_1 + a_{n2}t_2 + \cdots + a_{nn}t_n = b_n \end{cases} \qquad (4\text{-}17)$$

可以把其中任一方程改写为

$$t_i = \frac{1}{a_{ii}} \left(b_i - \sum_{j=1, j \neq i}^{n} a_{ij}t_j \right), \quad i = 1, 2, \cdots, n \qquad (4\text{-}18)$$

采用迭代法求解时需要对被求解的温度场预先假定一个解,称为初场,记为 $t_i^{(0)}(i=1, 2, \cdots, n)$。将初始温度场代入式(4-18)的右端,可计算得到第一次迭代后的解的近似值 $t_i^{(1)}(i=1, 2, \cdots, n)$。把第一次近似值再次代入式(4-18)的右端,可得到解的第二次近似值。

一般地,在得到解的第 k 次近似值后,可由式(4-18)得到第 $k+1$ 次近似值为

$$t_i^{(k+1)} = \frac{1}{a_{ii}} \left(b_i - \sum_{j=1, j \neq i}^{n} a_{ij}t_j^{(k)} \right), \quad i = 1, 2, \cdots, n \qquad (4\text{-}19)$$

可以证明,只要原方程组存在唯一解,当迭代次数 k 趋于无穷时,序列 $t_i^{(k)}(i=1, 2, \cdots, n)$ 趋于原代数方程组的解。在实际计算中,迭代次数是有限的,当相邻两次迭代值之差小于允许值时,迭代计算终止。

2. 高斯-赛德尔迭代法

在简单迭代法中,计算 $k+1$ 次迭代值时全部采用各节点的第 k 次近似值。实际上,在进行第 $k+1$ 次迭代的过程中,有一部分先计算的节点温度已经得到了第 $k+1$ 次近似值,显然,它们优于第 k 次近似值,应优先被采用。因此,可对式(4-19)进行改进得

$$t_i^{(k+1)} = \frac{1}{a_{ii}}\Big[b_i - \sum_{j=1}^{i-1} a_{ij}t_j^{(k+1)} - \sum_{j=i+1}^{n} a_{ij}t_j^{(k)}\Big], \quad i=1,2,\cdots,n \qquad (4\text{-}20)$$

这种迭代过程称为高斯-赛德尔迭代。与简单迭代相比,它的收敛速度加快。此外,由于高斯-赛德尔迭代不需要用两套工作单元存放节点温度的旧值和新值,而只需一套工作单元,因此,可以节省计算机的存储单元。

当节点的个数很多时,通常收敛速度较慢,需要的迭代次数很多。因此提出了各种改进收敛速度的措施。其中之一是基于高斯-赛德尔迭代的超松弛迭代法,即在每一次迭代中,首先按高斯-赛德尔迭代计算得到节点温度的新值 $T_i^{(k+1)}$,然后再用一个适当选取的松弛因子 ω 来改善这一结果,其迭代可表示为

$$t_i^{(k+1)} = (1-\omega)t_i^{(k)} + \omega T_i^{(k+1)} \qquad (4\text{-}21)$$

当 $\omega=1$ 时,就相当于普通的高斯-赛德尔迭代;当 $0<\omega<1$ 时,称为欠松弛,不利于收敛;当 $\omega>1$ 时,称为超松弛。对于特定的问题可以找出一个收敛最快的 ω 值,称为最佳松弛因子 ω^*。最佳松弛因子的取值范围为 $1<\omega^*<2$。

在处理节点个数很多的问题时,另一个加快收敛的方法是先采用大网格进行粗略的计算。用计算结果对小网格的节点温度进行插值,作为迭代的初值。由于选取的迭代初值比较接近精确解,迭代过程能大大加快。

3. 迭代收敛标准

常用的迭代是否收敛的判据有以下三种:

$$\max|t_i^{(k)} - t_i^{(k+1)}| \leqslant \varepsilon \qquad (4\text{-}22a)$$

$$\max\left|\frac{t_i^{(k)} - t_i^{(k+1)}}{t_i^{(k)}}\right| \leqslant \varepsilon \qquad (4\text{-}22b)$$

$$\max\left|\frac{t_i^{(k)} - t_i^{(k+1)}}{t_{max}^{(k)}}\right| \leqslant \varepsilon \qquad (4\text{-}22c)$$

式中,$t_{max}^{(k)}$ 为第 k 次迭代计算所得的计算区域中的最高温度值。

一般采用相对偏差小于规定数值的判据(4-22b)比较合理;然而,当计算区域中有接近于零的值时,宜采用式(4-22c)。

允许的相对偏差 ε 之值常在 $10^{-3}\sim10^{-6}$,视具体情况而定。

4. 迭代收敛条件

需要指出的是,并不是所有的迭代格式都是收敛的,那么怎样构造迭代格式才能获得收敛的解呢? 对于常物性导热问题所组成的差分方程组,迭代公式的选择应使每一个迭代变量的系数总是大于或等于该式中其他变量系数绝对值之和,此时,用迭代法求解代数方程一定收敛。这一条件在数学上称为主对角线占优,简称对角占优,可表示为

$$\frac{\sum_{j=1,j\neq i}^{n}|a_{ij}|}{a_{ii}} \leqslant 1, \quad i=1,2,\cdots,n \tag{4-23}$$

当用热平衡法导出差分方程时,若每一个方程都选用导出该方程的中心节点的温度作为迭代变量,则上述条件必定满足,迭代一定收敛。

例题 4-4 试用高斯-赛德尔迭代法求解下列方程组:

$$\begin{cases} 8t_1+2t_2+t_3=29 \\ t_1+5t_2+2t_3=32 \\ 2t_1+t_2+4t_3=28 \end{cases}$$

解 将方程组改写成如下迭代形式:

$$\begin{cases} t_1=\dfrac{1}{8}(29-2t_2-t_3) \\ t_2=\dfrac{1}{5}(32-t_1-2t_3) \\ t_3=\dfrac{1}{4}(28-2t_1-t_2) \end{cases}$$

显然,上述迭代格式满足收敛条件。假设迭代初值都为 0,如果只保留 4 位有效数字,则经过 7 次迭代后就可以得到与精确解一致的结果。迭代过程见表 4-2。

表 4-2 收敛的迭代过程

迭代次数	t_1	t_2	t_3
0	0	0	0
1	3.625	5.675	3.769
2	1.735	4.545	4.996
3	1.864	4.038	5.058
4	1.983	3.980	5.013
5	2.003	3.994	5.000
6	2.001	4.000	5.000
7	2.000	4.000	5.000

如果将方程组改写成另一种迭代形式：

$$\begin{cases} t_1 = 32 - 5t_2 - 2t_3 \\ t_2 = 28 - 2t_1 - 4t_3 \\ t_3 = 29 - 8t_1 - 2t_2 \end{cases}$$

显然，对代数方程组来说，上式与前两式是完全等价的，但该式不满足收敛条件，因此，仍假设迭代初值都为 0，则迭代计算的结果却有着天壤之别，迭代过程见表 4-3。

表 4-3　发散的迭代过程

迭代次数	t_1	t_2	t_3
0	0	0	0
1	32	−36	−155
2	522	−396	−3355
3	8722	−3996	−61755
4	143522	−39996	−1068155

此时，得不到收敛的解，称为迭代过程发散。因此，同一个代数方程组，如果选择的迭代格式不合适，则可能导致迭代过程发散。

例题 4-5　假定有一正方形物体，其导热系数为常数，三面温度维持恒定 $t_w = 100℃$，上表面与温度为 $t_f = 500℃$ 的流体发生对流传热，网格 Biot 数为 $Bi_\Delta = 0.5$，如图 4-8 所示，试分别用简单迭代法和高斯-赛德尔迭代法求网格节点 1、2、3、4、5 和 6 的温度值，并对迭代过程进行比较。

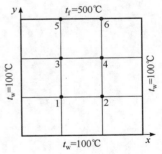

图 4-8　例题 4-5 图

解　该问题是一个无内热源的二维稳态导热问题，对于内节点 1、2、3 和 4，式（4-3）适用，因此，节点方程可写为

$$t_1 = \frac{1}{4}(200 + t_2 + t_3)$$

$$t_2 = \frac{1}{4}(200 + t_1 + t_4)$$

$$t_3 = \frac{1}{4}(100 + t_1 + t_4 + t_5)$$

$$t_4 = \frac{1}{4}(100 + t_2 + t_3 + t_6)$$

对于边界节点 5 和 6，节点方程与式(4-10c)类似，根据热平衡法可导得

$$t_5 = \frac{1}{5}(600 + 2t_3 + t_6)$$

$$t_6 = \frac{1}{5}(600 + 2t_4 + t_5)$$

上述节点方程都满足收敛条件，因此，可以采用迭代法求解。

为加快收敛速度，假定迭代初值为：$t_1^{(0)} = t_2^{(0)} = 125℃$，$t_3^{(0)} = t_4^{(0)} = 150℃$ 和 $t_5^{(0)} = t_6^{(0)} = 200℃$，用简单迭代法和高斯-赛德尔迭代法的迭代过程及结果分别见表 4-4 和表 4-5。

由于节点 1 和 2、节点 3 和 4、节点 5 和 6 所代表的元体的传热条件完全相同，由表 4-4 可见，采用简单迭代法求解时，每次迭代温度变化完全相同。如果迭代收敛条件是每次迭代与上次迭代之间所有节点的温度最大绝对偏差不超过 0.01℃，则采用简单迭代法时的迭代次数为 21 次，采用高斯-赛德尔迭代时是 9 次，因此，采用高斯-赛德尔迭代能大大加快收敛速度。

表 4-4　简单迭代法的迭代过程　　　　　　（单位：℃）

迭代次数	t_1	t_2	t_3	t_4	t_5	t_6
0	125	125	150	150	200	200
1	50	50	25	25	120	120
2	68.75	68.75	73.75	75.75	154.00	154.00
3	85.63	85.63	99.13	99.13	180.30	180.30
4	96.19	96.19	116.26	116.26	195.71	195.71
5	103.11	103.11	127.04	127.04	205.65	205.65
⋮	⋮	⋮	⋮	⋮	⋮	⋮
17	115.33	115.33	146.07	146.07	223.00	223.00
18	115.35	115.35	146.10	146.10	223.03	223.03
19	115.36	115.36	146.12	146.12	223.04	223.04
20	115.37	115.37	146.13	146.13	223.06	223.06
21	115.38	115.38	146.14	146.14	223.06	223.06

表 4-5　高斯-赛德尔迭代法的迭代过程　　　　　　　　（单位：℃）

迭代次数	t_1	t_2	t_3	t_4	t_5	t_6
0	125	125	150	150	200	200
1	118.75	117.19	142.19	139.85	216.88	219.32
2	114.85	113.67	142.89	143.97	221.02	221.79
3	114.14	114.53	144.78	145.28	222.27	222.56
4	114.83	115.03	145.59	145.80	222.75	222.87
5	115.15	115.24	145.93	146.01	222.94	222.99
6	115.29	115.32	146.06	146.09	223.02	223.04
7	115.35	115.36	146.12	146.13	223.05	223.06
8	115.37	115.37	146.14	146.14	223.07	223.07
9	115.38	115.38	146.15	146.15	223.07	223.07

例题 4-6　试采用数值方法计算等截面一维直肋的肋片效率，并与理论解进行比较。

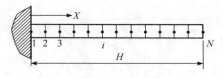

图 4-9　例题 4-6 图

解　如图 4-9 所示，假定某等截面肋片肋基处温度为 t_0，肋片长为 H，周围流体温度为 t_f，且 $t_0 > t_f$，肋片表面与周围流体间有热量的交换，其表面传热系数为 h，肋片周长 P 和导热横截面积 A 均为常数，肋片顶端绝热，即在肋片的顶端有 $dt/dx=0$。

引入无因次过余温度 $\Theta=(t-t_f)/(t_0-t_f)$ 和无因次坐标 $X=x/H$，并定义 $m^2=hP/(\lambda A)$，则通过等截面肋片导热的微分方程为

$$\frac{d^2\Theta}{dX^2}-(mH)^2\Theta=0$$

相应的边界条件为

$$X=0, \quad \Theta=1$$
$$X=1, \quad d\Theta/dX=0$$

采用理论分析方法可得肋片效率计算式为

$$\eta_f=\frac{\text{th}(mH)}{mH}$$

采用数值方法求解时，根据式（4-4）可写出节点方程为

$$\Theta_1=1$$
$$[2+(mH)^2\Delta X^2]\Theta_i=\Theta_{i+1}+\Theta_{i-1}, \quad i=2,3,\cdots,N-1$$
$$\Theta_N=\Theta_{N-1}$$

在获得肋片温度分布后,肋片效率可表示为

$$\eta_f = \frac{\sum_i \Delta X_i \Theta_i}{\sum_i \Delta X_i}$$

式中,ΔX_i 为节点 i 所代表的元体与周围流体间的传热长度。

当 $mH = 1.0$ 时,取不同的节点数进行计算,结果见表 4-6。由此可见,随着节点数的增加,肋片效率 η_f 逐渐接近一个恒定值,当 $N \geqslant 50$ 后,η_f 几乎不再变化,此时,可以认为获得了与网格无关的解。

当 $N = 50$ 时,取不同的 mH 值,计算结果见表 4-7,由此可见,随着 mH 值的增大,η_f 逐渐减小。表中同时也给出了理论解的结果,与数值解的结果比较,两者非常接近,最大偏差不超过 0.5%,说明数值计算方法是正确的。

表 4-6　当 $mH = 1.0$ 时不同节点数下的肋片效率

N	5	10	20	30	50	100	200
η_f	0.7979	0.7758	0.7679	0.7657	0.7640	0.7627	0.7620

表 4-7　$N = 50$ 时不同 mH 下的肋片效率

mH		0.1	0.2	0.5	1.0	1.5	2.0	3.0
η_f	数值解	0.9967	0.9871	0.9253	0.7640	0.6060	0.4841	0.3328
	理论解	0.9967	0.9869	0.9242	0.7616	0.6034	0.4820	0.3317

4.4　非稳态导热问题的数值解法

在非稳态导热微分方程中,除了扩散项外,多了一个非稳态项。其中,扩散项的离散可按前述方法进行,这里将重点讨论非稳态项的离散以及扩散项离散时所取时间层的不同对计算过程的影响。

4.4.1　非稳态项的离散

以一维非稳态导热问题为例讨论时间-空间区域的离散化。如图 4-10 所示,x 为空间坐标,可将计算的空间区域划分为 $N-1$ 等份,得到 N 个空间节点。τ 为时间坐标,将时间坐标上的计算区域划分为 $I-1$ 等份,得到 I 个时间节点。从一个时间层到下一个时间层的间隔 $\Delta\tau$ 称为时间步长。空间网格线与时间网格线的交点,如 (n,i),代表了时间-空间区域中一个节点的位置,相应的温度记为 $t_n^{(i)}$。

将温度函数 $t(x,\tau)$ 在节点 $(n,i+1)$ 对点 (n,i) 作泰勒级数展开,有

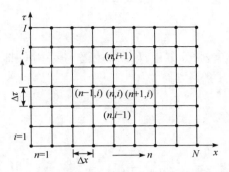

图 4-10　一维非稳态导热时间-空间区域的离散化

$$t_n^{(i+1)} = t_n^{(i)} + \left.\frac{\partial t}{\partial \tau}\right|_{n,i} \Delta\tau + \frac{1}{2}\left.\frac{\partial^2 t}{\partial \tau^2}\right|_{n,i} \Delta\tau^2 + \cdots$$

由此可得

$$\left.\frac{\partial t}{\partial \tau}\right|_{n,i} = \frac{t_n^{(i+1)} - t_n^{(i)}}{\Delta\tau} + O(\Delta\tau)$$

式中，$O(\Delta\tau)$ 表示余项中的最低阶数为一阶，忽略之，则可得在点 (n,i) 处一阶导数的一种差分表达式：

$$\left.\frac{\partial t}{\partial \tau}\right|_{n,i} = \frac{t_n^{(i+1)} - t_n^{(i)}}{\Delta\tau} \tag{4-24}$$

式(4-24)称为 $\left.\dfrac{\partial t}{\partial \tau}\right|_{n,i}$ 的向前差分。

类似地，将温度在节点 $(n,i-1)$ 对点 (n,i) 作泰勒级数展开，可得 $\left.\dfrac{\partial t}{\partial \tau}\right|_{n,i}$ 的向后差分表达式：

$$\left.\frac{\partial t}{\partial \tau}\right|_{n,i} = \frac{t_n^{(i)} - t_n^{(i-1)}}{\Delta\tau} \tag{4-25}$$

将式(4-24)和式(4-25)相加，则可得 $\left.\dfrac{\partial t}{\partial \tau}\right|_{n,i}$ 的中心差分表达式：

$$\left.\frac{\partial t}{\partial \tau}\right|_{n,i} = \frac{t_n^{(i+1)} - t_n^{(i-1)}}{2\Delta\tau} \tag{4-26}$$

4.4.2　一维非稳态导热问题的两种差分格式

对于常物性、无内热源的一维非稳态导热问题，其导热微分方程为

$$\frac{\partial t}{\partial \tau} = a\frac{\partial^2 t}{\partial x^2}$$

当用数值方法求解时，离散方程中的扩散项取不同时间层的值就有不同的差分格式，分述如下。

1. 显式格式

对于一维非稳态导热微分方程,如果非稳态项采用向前差分,扩散项采用中心差分且取第 i 时间层上的值,则有

$$\frac{t_n^{(i+1)} - t_n^{(i)}}{\Delta\tau} = a\frac{t_{n+1}^{(i)} - 2t_n^{(i)} + t_{n-1}^{(i)}}{\Delta x^2}$$

或写为

$$t_n^{(i+1)} = \frac{a\Delta\tau}{\Delta x^2}\left[t_{n+1}^{(i)} + t_{n-1}^{(i)}\right] + \left(1 - \frac{2a\Delta\tau}{\Delta x^2}\right)t_n^{(i)} \qquad (4\text{-}27)$$

采用数值方法求解非稳态导热问题,就是从已知的初始温度分布出发,根据边界条件依次求得以后各个时间层上各节点处的温度值,式(4-27)就是一维导热体各内节点温度计算公式。由该式可见,一旦 i 时间层上各节点的温度已知,可立即算出 $i+1$ 时层上各节点的温度,而不必求解联立方程,因而这种计算格式称为显式格式。

显式格式的优点是计算工作量小,缺点是对时间步长及空间步长有一定的限制,否则会出现不合理的振荡的解,甚至发散的解。

2. 隐式格式

如果把扩散项中的温度值也用第 $i+1$ 时间层上的值来表示,则有

$$\frac{t_n^{(i+1)} - t_n^{(i)}}{\Delta\tau} = a\frac{t_{n+1}^{(i+1)} - 2t_n^{(i+1)} + t_{n-1}^{(i+1)}}{\Delta x^2} \qquad (4\text{-}28)$$

上式中已知的是 i 时间层的值 $t_n^{(i)}$,而未知量有 3 个,因此,不能直接由式(4-28)立即算出 $t_n^{(i+1)}$ 的值,而必须联立求解 $i+1$ 时间层上的各节点代数方程组才能得出各节点的温度,因而式(4-28)称为隐式格式。

隐式格式的缺点是计算工作量大,但它对步长没有限制,一定能够得到收敛的解。

4.4.3　非稳态导热问题离散的热平衡法

对于非稳态导热问题的离散方程,也可采用热平衡法得到。下面以一维非稳态导热问题为例加以说明。

1. 内部节点

如图 4-11 所示,对于内部节点 n 所代表的元体,根据能量守恒定律有

$$\rho c\Delta x\frac{t_n^{(i+1)} - t_n^{(i)}}{\Delta\tau} = \lambda\frac{t_{n-1}^{(i)} - t_n^{(i)}}{\Delta x} + \lambda\frac{t_{n+1}^{(i)} - t_n^{(i)}}{\Delta x}$$

整理得

$$t_n^{(i+1)} = \frac{a\Delta\tau}{\Delta x^2}\left[t_{n+1}^{(i)} + t_{n-1}^{(i)}\right] + \left(1 - \frac{2a\Delta\tau}{\Delta x^2}\right)t_n^{(i)} \tag{4-29}$$

式中,$\dfrac{a\Delta\tau}{\Delta x^2}$ 称为网格傅里叶数,记为 Fo_Δ。故式(4-29)也可写为

$$t_n^{(i+1)} = Fo_\Delta\left[t_{n+1}^{(i)} + t_{n-1}^{(i)}\right] + (1 - 2Fo_\Delta)t_n^{(i)} \tag{4-30}$$

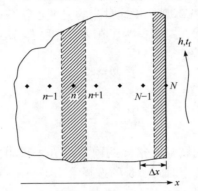

图 4-11　一维非稳态导热离散方程的建立

2. 边界节点

假定导热体右侧边界受到周围流体的冷却,表面传热系数为 h,此处的边界节点 N 代表宽度为 $\Delta x/2$ 的元体,如图 4-11 中阴影部分所示。对该元体运用能量守恒定律有

$$\rho c \frac{\Delta x}{2}\frac{t_N^{(i+1)} - t_N^{(i)}}{\Delta\tau} = \lambda\frac{t_{N-1}^{(i)} - t_N^{(i)}}{\Delta x} + h\left[t_f - t_N^{(i)}\right]$$

整理得

$$t_N^{(i+1)} = \frac{2a\Delta\tau}{\Delta x^2}t_{N-1}^{(i)} + \left(1 - \frac{2a\Delta\tau}{\Delta x^2} - \frac{2h\Delta\tau}{\rho c\Delta x}\right)t_N^{(i)} + \frac{2h\Delta\tau}{\rho c\Delta x}t_f \tag{4-31}$$

式中,$\dfrac{h\Delta\tau}{\rho c\Delta x}$ 可改写为

$$\frac{h\Delta\tau}{\rho c\Delta x} = \frac{a\Delta\tau}{\Delta x^2}\cdot\frac{h\Delta x}{\lambda} = Fo_\Delta\cdot Bi_\Delta$$

这样式(4-31)也可写为

$$t_N^{(i+1)} = 2Fo_\Delta t_{N-1}^{(i)} + (1 - 2Fo_\Delta - 2Fo_\Delta\cdot Bi_\Delta)t_N^{(i)} + 2Fo_\Delta\cdot Bi_\Delta t_f \tag{4-32}$$

4.4.4　一维非稳态导热显式格式稳定性

式(4-29)和式(4-31)一起构成了数值求解一维非稳态导热问题的封闭的离

散方程组。一旦初始分布 t_0 给定,就可以利用该方程组依次求得第 2 时层、第 3 时层、直到第 I 时层上的温度值。关于空间步长 Δx 及时间步长 $\Delta \tau$ 的选取,原则上步长越小,计算结果越接近于精确解,但所需的计算机内存及计算时间则相应增加。此外,Δx 及 $\Delta \tau$ 二者之间的关系还受到显式格式稳定性的限制。

由式(4-30)可知,节点 n 上 $i+1$ 时刻的温度是在该点 i 时刻温度的基础上,考虑了左右两邻点温度的影响后得出的。假如两邻点的影响保持不变,合理的情况是:i 时刻点 n 的温度越高,则其相继时刻的温度也较高;反之,i 时刻点 n 的温度越低,则其相继时刻的温度也越低。为了在离散方程中满足这一条件,则式(4-30)中 $t_n^{(i)}$ 前的系数必须大于或等于零,即

$$1-2Fo_\Delta \geqslant 0$$

或写为

$$Fo_\Delta = \frac{a\Delta\tau}{\Delta x^2} \leqslant \frac{1}{2} \tag{4-33}$$

式(4-33)是从一维问题显式格式的内节点方程得出的对时间和空间步长的限制性条件。这一条件对于时间步长的选择给出了限制:在给定的空间步长下,最大的时间步长必须满足该式。

对于显式格式的对流边界节点方程(4-32),也必须满足同样的条件,即

$$1-2Fo_\Delta - 2Fo_\Delta \cdot Bi_\Delta \geqslant 0$$

或写为

$$Fo_\Delta \leqslant \frac{1}{2(1+Bi_\Delta)} \tag{4-34}$$

显然,这一要求比内节点的限制要苛刻。当由边界条件及内节点的稳定性条件得出的 Fo_Δ 不同时,应以较小的 Fo_Δ 为依据来确定所允许采用的时间步长。

对于具有第一类或第二类边界条件的非稳态导热问题,则只有内部节点的限制条件。

例题 4-7　假定有厚度为 0.1m 的大平板,初始温度为 $t_0 = 20℃$,平板左侧突然被温度为 $t_f = 200℃$ 的流体加热,表面传热系数为 $h = 400W/(m^2 \cdot K)$,平板右侧为绝热。设平板的导热系数为 $\lambda = 40W/(m \cdot K)$,导温系数为 $a = 0.722 \times 10^{-5}$ m^2/s,试采用数值方法计算大平板非稳态导热过程中的温度分布。

解　该问题为一维非稳态导热问题,采用数值方法求解时,可将平板分成 10 等分,共 11 个节点,因此,$\Delta x = 0.01m$。

采用显式差分格式求解时,内部节点方程按式(4-29)确定:

$$t_n^{(i+1)} = 0.0722\Delta\tau[t_{n+1}^{(i)} + t_{n-1}^{(i)}] + (1-0.1444\Delta\tau)t_n^{(i)}, \quad n = 2, 3, \cdots, 10$$

左侧边界节点方程按式(4-31)确定:

$$t_1^{(i+1)} = 0.1444\Delta\tau t_2^{(i)} + (1-0.15884\Delta\tau)t_1^{(i)} + 0.01444\Delta\tau t_f$$

右侧节点方程为

$$t_{11}^{(i+1)} = t_{10}^{(i+1)}$$

为了保证显式格式的稳定性,时间步长必须满足:

$$\Delta\tau \leqslant 1/0.15884 = 6.3(\text{s})$$

这里,取 $\Delta\tau = 0.1\text{s}$ 计算不同时刻的温度分布如图 4-12 所示。

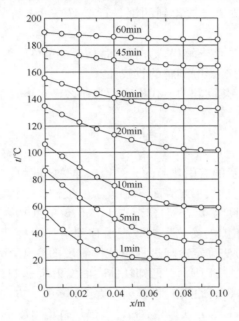

图 4-12　平板中的瞬态温度分布

4.5　本章小结

数值解是一种近似解,由于这种解法比较简便,且其计算结果在很多情况下能较好地描述客观实际,故在工程上得到了广泛的应用。本章主要介绍了数值求解的主要步骤、节点离散方程的建立方法、代数方程组的求解以及非稳态导热问题的两种离散格式。通过本章的学习,要求掌握以下内容:

(1)节点离散方程的两种建立方法:泰勒级数展开法和热平衡法;针对各种节点在不同坐标系下元体热平衡法的正确应用。

(2)代数方程组的两种求解方法:直接法和迭代法;追赶法的基本原理,两种迭代格式,迭代收敛标准和收敛条件。

(3)非稳态项的离散,一维非稳态导热问题的两种差分格式,非稳态导热问题离散的热平衡法,一维非稳态导热显式格式稳定性等。

思　考　题

4-1　简要说明采用数值方法求解导热问题的基本思想和主要步骤。

4-2　简述用热平衡法建立节点温度离散方程的基本思想。

4-3　为什么说采用数值方法得到的解是近似解？影响解的精度的主要因素有哪些？

4-4　用高斯-赛德尔迭代求解代数方程组时是否一定可以得到收敛的解？

4-5　迭代初始场是否会影响到解的收敛性？

4-6　什么是非稳态导热问题的显式格式？为什么显式格式存在稳定性问题？

习　　题

4-1　在如图 4-13 所示的有内热源的二维稳态导热区域中，一个界面绝热，一个界面保持恒温 t_0，其余两个界面与温度为 t_f 的流体发生对流传热，假定 λ 和 h 均匀，内热源强度为 Φ_v，试写出节点 1、2、5、6、9 和 10 的离散方程式。

4-2　一金属短圆柱在炉内受热后被竖直地移到空气中冷却，底面可认为是绝热的。为用数值方法确定冷却过程中柱体温度的变化，取中心角为 1rad 的区域来研究，如图 4-14 所示。已知柱体表面发射率 ε、自然对流表面传热系数 h，环境温度 t_∞，金属的热扩散率 a。假定在 r 和 z 方向上都采用均分网格，试列出图中节点 (m,n)、$(1,1)$、$(m,1)$、(M,n) 及 (M,N) 的离散方程式。

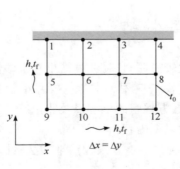

图 4-13　习题 4-1 图

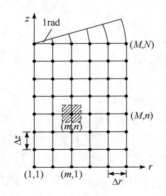

图 4-14　习题 4-2 图

4-3　试用元体热平衡法导出具有非均匀内热源强度 Φ_v 的二维非稳态导热内部节点的离散方程。

4-4　一等截面直肋，高为 H，厚为 δ，肋根温度为 t_0，侧面流体温度为 t_f，表面传热

系数为 h，肋片导热系数为 λ。将其均分为 4 个节点，如图 4-15 所示，试分别写出肋端为绝热和对流边界两种情况时节点 2、3 和 4 的离散方程式。如果 $H=45\text{mm}$，$\delta=10\text{mm}$，$t_0=100℃$，$t_\text{f}=25℃$，$h=50\text{W}/(\text{m}^2\cdot\text{K})$，$\lambda=25\text{W}/(\text{m}\cdot\text{K})$，试分别计算两种肋端边界条件下各节点的温度值。

4-5　一矩形截面的空心电流母线的内、外表面分别与温度为 $t_{\text{f}1}$ 和 $t_{\text{f}2}$ 的流体发生对流传热，表面传热系数分别为 h_1 和 h_2，且各自沿周界是均匀的，如图 4-16 所示。电流通过壁内产生均匀内热源 Φ_v，如果要对母线内的稳态温度场进行数值计算，试：①建立该问题的物理模型，并写出相应的导热微分方程和边界条件；②当 $\Delta x\neq\Delta y$ 时，写出内角点、外角点及内部任意节点的离散方程式。

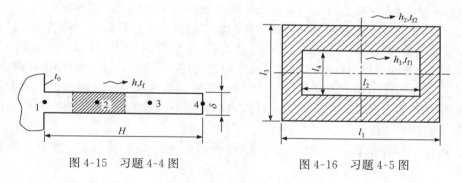

图 4-15　习题 4-4 图　　　　　　图 4-16　习题 4-5 图

4-6　试用数值解法计算等截面矩形直肋片在 $Bi=h\delta/\lambda=0.01$、0.1 和 1.0 时肋片的效率，并将计算结果与理论解 $\eta=\text{th}(mH)/(mH)$ 进行比较。

4-7　一厚紫铜板初始温度为 $t_0=100℃$，当它的一个表面突然受到净热流密度为 $q_\text{w}=300\text{kW}/\text{m}^2$ 的热辐射时，试用数值方法计算 1min 后其表面及离辐射面 50mm 处的温度，并与精确解进行比较［紫铜导热系数 $\lambda=398\text{W}/(\text{m}\cdot\text{K})$，按半无限大物体处理］。

第 5 章　单相介质对流传热

5.1　对流传热概述

5.1.1　定义

运动着的流体与温度不同的固体表面直接接触时所发生的热量传递过程称为对流传热。它既有流体分子间的微观导热作用,也有流体宏观相对位移的热对流作用,所以,对流传热过程必然受到流体导热规律和运动特征的共同影响。

工程上大量换热设备中的传热过程都属于对流传热过程,例如,锅炉中的过热器、空预器、制冷设备中的蒸发器、冷凝器等,其换热管内、外壁都与不同温度的流体相接触,其间所发生的传热过程都属于对流传热。再比如各种建筑物墙体内、外表面总是与温度不同的空气接触,墙体与空气间的传热也属于对流传热。研究对流传热过程的主要目的是分析影响对流传热过程的因素,确定固体表面与流体间传热量的计算方法。

流体与固体表面间的对流传热量可根据牛顿冷却公式计算,对于单位面积有

$$q = h\Delta t \tag{5-1a}$$

对于面积为 A 的固壁表面则有

$$\Phi = hA\Delta t_m \tag{5-1b}$$

式中,Δt_m 为换热面 A 上流体与固壁间的平均对流传热温差。在工程计算中,无论流体是被加热还是被冷却,传热量总是取正值,Δt 和 Δt_m 也总取正值。

由式(5-1)可知,对流传热量计算的关键是确定表面传热系数 h。事实上,牛顿冷却公式把所有影响对流传热的因素都归纳到表面传热系数 h 中,因此,研究对流传热的主要任务是揭示表面传热系数与影响它的相关物理量间的关系,确定表面传热系数的计算方法。

5.1.2　影响因素

影响对流传热的因素很多,归纳起来主要有以下五个方面。

1. 流动驱动力

根据流体流动驱动力的不同,对流传热可以分为强制对流传热和自然对流传热两大类。所谓强制对流是指依靠泵、风机或其他外部动力源驱动的流体流动,而

自然对流是指由于流体内部密度差而产生的浮力驱动的流动。由于驱动力的不同,流体中的速度场和温度场就有差别,传热规律也就不一样。通常情况下,对同一种流体而言,强制对流传热时流体运动速度较快,因此,其表面传热系数比自然对流表面传热系数要大。

2. 流体有无相变

所谓流体相变是指在对流传热过程中流体发生了由液相到汽相或由汽相到液相的变化。如果流体在对流传热过程中没有发生相的变化,称为单相介质的对流传热过程,此时,交换的热量是伴随着流体温度变化所释放或吸收的显热。如果流体在对流传热过程中发生了相的变化,如沸腾或凝结,则称为相变对流传热过程,此时,交换的热量主要是流体相变时所释放或吸收的汽化潜热,所以,有相变和无相变时的传热规律是完全不同的。一般来说,对于同一种流体,有相变时的传热强度比无相变时大得多。

3. 流体流动状态

流体流动状态通常有两种,即层流和湍流。由于两种流动状态的机理不同,传热规律也就不一样。层流时,流体流速较慢,热量的传递主要依靠分子扩散,因此,传热能力较弱;湍流时,流体流速较快,除紧靠壁面的层流底层外,流体横向脉动较强,热量的传递主要依靠横向的剧烈混合,因此,传热能力较强。在对流传热过程中,相同条件下湍流时的表面传热系数比层流时大。

4. 换热表面几何因素

换热表面几何因素的影响主要包括表面粗糙度、几何尺寸、表面形状以及流体相对于表面的流动方向等。一般而言,表面粗糙度越大、几何尺寸(特征长度)越小,换热能力越强。表面形状和流体相对于表面的流动方向的影响比较复杂,如图 5-1 所示。其中,图 5-1(a)中分别为流体在管外表面沿轴向(纵掠)的对流传热、流体在管内表面沿轴向的对流传热和流体在管外表面垂直于轴向(横掠)的对流传热,虽然这三种对流传热都是管表面的对流传热,但由于外部流动与内部流动的差别、流体与表面的相对流向不同,它们分别属于三种不同的流动过程,其对流传热性能也不一样。在图 5-1(b)所示的三种自然对流传热中,由于板的热面位置不同,流体与表面间的相对流动情况截然不同,它们的传热规律也差别很大。

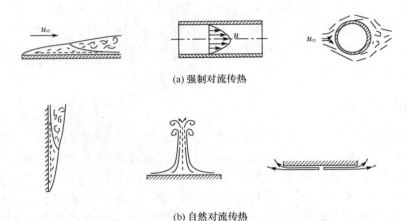

(a) 强制对流传热

(b) 自然对流传热

图 5-1　换热表面几何因素的影响

5. 流体物性参数

流体的物性参数对对流传热过程的影响很大。对于无相变的单相介质对流传热过程而言,主要包括流体的密度 ρ、动力黏度 η、导热系数 λ 及定压比热容 c_p 等,它们主要通过改变速度场和温度场来影响对流传热过程表面传热系数 h。例如,相同条件下水的对流传热能力比空气强,就是因为水的密度、导热系数和定压比热容等都要比空气的大。

如果是自然对流传热,影响的物性参数还包括流体的热膨胀系数;如果是有相变的对流传热,则物性参数还包括流体的汽化潜热。

由此可知,影响对流传热过程的因素很多,因此,表面传热系数 h 是受诸多因素制约的复杂函数。对于常规的单相介质对流传热过程而言,表面传热系数可表示为

$$h = f(u, l, \rho, \eta, \lambda, c_p) \tag{5-2}$$

5.1.3　分类

由于影响对流传热过程的因素很多,不同条件下对流传热规律差别很大,因此,有必要对对流传热过程进行分类,然后,分门别类地研究表面传热系数的计算方法。

图 5-2 为常见对流传热问题的分类汇总,其中,除了沸腾传热以外,每一类对流传热过程又有层流、过渡流和湍流之分。

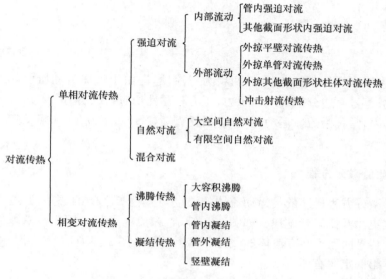

图 5-2　常见对流传热问题的分类

5.2　对流传热的控制方程及定解条件

对流传热过程是流体热对流和导热联合作用的热量传递过程，它不仅取决于流体的热物性与固壁的几何结构，还与流体流动引起的质量、动量和能量传递过程有关。因此，对流传热过程的控制方程应包括质量守恒方程、动量守恒方程和能量守恒方程，分述如下。为简便起见，这里只涉及物性为常数、流速不太高且无内热源的二维、不可压缩牛顿流体的对流传热过程。

5.2.1　连续性方程

根据质量守恒定律可导出流体流动的连续性方程为

$$\frac{\partial u}{\partial x}+\frac{\partial v}{\partial y}=0 \qquad (5\text{-}3)$$

连续性方程又称为质量守恒方程。式(5-3)中左边第一项表示 x 方向流体质量的变化，第二项表示 y 方向流体质量的变化，两个方向净的质量变化为零。

5.2.2　动量微分方程

根据动量定理可导出流体流动的动量微分方程为

$$\begin{cases} \rho\left(\dfrac{\partial u}{\partial \tau}+u\dfrac{\partial u}{\partial x}+v\dfrac{\partial u}{\partial y}\right)=F_x-\dfrac{\partial p}{\partial x}+\eta\left(\dfrac{\partial^2 u}{\partial x^2}+\dfrac{\partial^2 u}{\partial y^2}\right) \\[3mm] \rho\left(\dfrac{\partial v}{\partial \tau}+u\dfrac{\partial v}{\partial x}+v\dfrac{\partial v}{\partial y}\right)=F_y-\dfrac{\partial p}{\partial y}+\eta\left(\dfrac{\partial^2 v}{\partial x^2}+\dfrac{\partial^2 v}{\partial y^2}\right) \end{cases} \tag{5-4}$$

式中,左边第一项为非稳态项,后两项为对流项,即由于流体流动所引起的流体动量的变化;等号右边分别表示体积力、压力和黏性切应力(或称扩散项)。

式(5-4)常称为流体运动的纳维-斯托克斯(Navier-Stokes)方程,或简称为 N-S 方程。

5.2.3　能量微分方程

能量微分方程描述的是运动流体的温度与其他参数间的关系,其物理基础是能量守恒定律及傅里叶定律。如图 5-3 所示,在流场中某一固定位置取微元控制体 $\mathrm{d}x\mathrm{d}y$,其界面上不断有流体的流进和流出,因而,属于热力学上的开口系统。根据热力学第一定律有

$$\Phi=\frac{\partial U}{\partial \tau}+q_{\mathrm{m,out}}\left(h+\frac{1}{2}v^2+gz\right)_{\mathrm{out}}-q_{\mathrm{m,in}}\left(h+\frac{1}{2}v^2+gz\right)_{\mathrm{in}}+W_{\mathrm{net}} \tag{5-5}$$

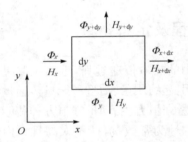

图 5-3　流场中的微元控制体

式中,Φ 为通过边界由外部导入的热流量,即以导热方式进入到控制体内的能量;U 为微元体内流体的内能;q_{m} 为流体质量流量;h 为比焓;W_{net} 为流体所做的净功。下标"in"和"out"分别表示进口和出口。

考虑到流体流过微元体时的动能和位能变化都很小,同时,流体也不对外做功,因此,式(5-5)可变为

$$\Phi\mathrm{d}\tau=\mathrm{d}U+(q_{\mathrm{m,out}}h_{\mathrm{out}}-q_{\mathrm{m,in}}h_{\mathrm{in}})\mathrm{d}\tau=\mathrm{d}U+(H_{\mathrm{out}}-H_{\mathrm{in}}) \tag{5-6}$$

对于二维问题,以导热方式进入到控制体内的热量为

$$\Phi\mathrm{d}\tau=\lambda\left(\frac{\partial^2 t}{\partial x^2}+\frac{\partial^2 t}{\partial y^2}\right)\mathrm{d}x\mathrm{d}y\mathrm{d}\tau \tag{a}$$

在 $\mathrm{d}\tau$ 时间内,微元体内流体的温度变化为 $(\partial t/\partial \tau)\mathrm{d}\tau$,其内能的变化量为

$$\mathrm{d}U=\rho c_{\mathrm{p}}\frac{\partial t}{\partial \tau}\mathrm{d}x\mathrm{d}y\mathrm{d}\tau \tag{b}$$

流体流进、流出微元控制体所带入、带出的总的焓差等于 x 方向和 y 方向的焓差之和。在 x 方向,在 $\mathrm{d}\tau$ 时间间隔内由 x 处的截面进入微元体的焓为

$$H_x=\rho c_{\mathrm{p}}ut\mathrm{d}y\mathrm{d}\tau \tag{c}$$

由 $x+\mathrm{d}x$ 处的截面流出微元体的焓为

$$H_{x+\mathrm{d}x}=\rho c_{\mathrm{p}}\left(u+\frac{\partial u}{\partial x}\mathrm{d}x\right)\left(t+\frac{\partial t}{\partial x}\mathrm{d}x\right)\mathrm{d}y\mathrm{d}\tau \tag{d}$$

将式(c)和式(d)相减并略去高阶小量,可得 $\mathrm{d}\tau$ 时间间隔内在 x 方向由于流体流出、流进带出微元体的焓差为

$$H_{x+\mathrm{d}x}-H_x=\rho c_{\mathrm{p}}\left(u\frac{\partial t}{\partial x}+t\frac{\partial u}{\partial x}\right)\mathrm{d}x\mathrm{d}y\mathrm{d}\tau \tag{e}$$

同理,在 y 方向有

$$H_{y+\mathrm{d}y}-H_y=\rho c_{\mathrm{p}}\left(v\frac{\partial t}{\partial y}+t\frac{\partial v}{\partial y}\right)\mathrm{d}x\mathrm{d}y\mathrm{d}\tau \tag{f}$$

于是,在 $\mathrm{d}\tau$ 时间间隔内流体流出、流进带出微元体的总焓差为

$$H_{\mathrm{out}}-H_{\mathrm{in}}=\rho c_{\mathrm{p}}\left[\left(v\frac{\partial t}{\partial y}+t\frac{\partial v}{\partial y}\right)+\left(u\frac{\partial t}{\partial x}+t\frac{\partial u}{\partial x}\right)\right]\mathrm{d}x\mathrm{d}y\mathrm{d}\tau$$

考虑到连续性方程(5-3),上式可简化为

$$H_{\mathrm{out}}-H_{\mathrm{in}}=\rho c_{\mathrm{p}}\left(u\frac{\partial t}{\partial x}+v\frac{\partial t}{\partial y}\right)\mathrm{d}x\mathrm{d}y\mathrm{d}\tau \tag{g}$$

将式(a)、式(b)和式(g)代入式(5-6),整理可得二维、常物性、无内热源时的能量微分方程为

$$\rho c_{\mathrm{p}}\left(\frac{\partial t}{\partial \tau}+u\frac{\partial t}{\partial x}+v\frac{\partial t}{\partial y}\right)=\lambda\left(\frac{\partial^2 t}{\partial x^2}+\frac{\partial^2 t}{\partial y^2}\right) \tag{5-7}$$

式(5-7)左边第一项代表流体温度随时间的变化,称为非稳态项;后两项代表由于流体的运动所引起的能量传递,称为对流项。等号右边的两项代表由于导热所传递的热量,称为导热项或扩散项。因此,在流体的运动过程中,热量的传递除了依靠流体的流动外,还有导热引起的扩散作用,即对流传热一方面依靠流体的宏观位移进行,另一方面则依靠流体的导热,正是由于这两种机制的共同作用来完成对流热量传递过程。

当流体静止时,$u=v=0$,式(5-7)退化为常物性、无内热源时的二维导热微分方程。

如果流体内存在内热源,且内热源强度为 Φ_{v},则式(5-7)变为

$$\rho c_{\mathrm{p}}\left(\frac{\partial t}{\partial \tau}+u\frac{\partial t}{\partial x}+v\frac{\partial t}{\partial y}\right)=\lambda\left(\frac{\partial^2 t}{\partial x^2}+\frac{\partial^2 t}{\partial y^2}\right)+\Phi_{\mathrm{v}} \tag{5-8}$$

5.2.4　定解条件

为了求解对流传热问题,还必须给出控制方程的定解条件,包括初始时刻的速度和温度分布、边界上的流动及换热状况等。对能量微分方程而言,可以规定边界上流体的温度分布(第一类边界条件)或边界上的热流密度分布(第二类边界条件)。由于求解对流传热过程的主要目的是获取表面传热系数,因此,对流传热问

题的求解没有第三类边界条件。

5.2.5　表面传热系数计算

利用分析解法或数值解法求解对流传热的控制方程时得到的是流体中的速度

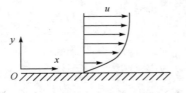

图 5-4　固体壁面附近的速度分布

分布和温度分布,因此,必须要确定表面传热系数 h 与流体温度场之间的关系。

当黏性流体流过固体表面时,越靠近壁面,由于黏性的作用流体的流速会越低,在贴近壁面处,流体流速为零,满足无滑移条件,如图 5-4 所示。也就是说,贴近壁面的流体是

不运动的,穿过这层流体的传热方式只有导热,因此,由傅里叶定律有

$$q = -\lambda \frac{\partial t}{\partial y}\bigg|_{y=0} \qquad (5-9)$$

式中,λ 为流体的导热系数,$(\partial t/\partial y)|_{y=0}$ 为贴壁处沿壁面法向方向流体温度梯度。将牛顿冷却公式(5-1a)与式(5-9)联立,可得以下关系式:

$$h = -\frac{\lambda}{\Delta t} \frac{\partial t}{\partial y}\bigg|_{y=0} \qquad (5-10)$$

此式将对流传热表面传热系数 h 与流体的温度场联系起来,在对流传热的计算中具有极其重要的意义,不论是分析解法、数值解法还是实验法都要用到它。

如前所述,在对流传热问题的求解过程中,通常有两类边界条件,即第一类边界条件和第二类边界条件。在第一类边界条件的问题中,壁面温度是已知的,分析求解的目的是确定贴壁处沿壁面法向方向流体温度梯度 $(\partial t/\partial y)|_{y=0}$;在第二类边界条件的问题中,壁面热流密度是已知的,分析求解的目的是确定壁面温度 t_{w}。其共同之处是都需要确定流体内的温度分布,即温度场。

从形式上看,式(5-10)与导热问题的第三类边界条件式(2-19)具有类似之处,但是,两者具有本质的区别,主要表现在:①式(5-10)中导热系数为流体的值,而式(2-19)中为固体的值;②式(5-10)中的表面传热系数 h 为待求的未知量,而在式(2-19)中 h 是作为已知参数给出的;③一般情况下,式(5-10)中的表面传热系数 h 是一个局部参数,而式(2-19)中 h 是沿整个固体表面的平均值。

5.3　边界层理论

从已建立的对流传热的控制方程及定解条件出发,对整个固壁表面外的流场和温度场进行理论求解是非常困难的,只有少数的非常简单的对流传热问题才有可能。普朗特在仔细观察了黏性流体流过固体表面的特性后建立了边界层理论,

该理论的提出对于外掠固壁表面对流传热理论模型的简化和求解起到了决定性的
作用。

5.3.1　流动边界层

当黏性流体流过固体表面时,存在着两个性质完全不同的区域。一个是远离
壁面的势流区,或称主流区,在这一区域中,速度梯度很小,流体中的黏性切应力可
以忽略不计,因此,可以按理想流体处理。另一个区域就是紧贴固体壁面的速度梯
度较大的区域,这一区域称为速度边界层或流动边界层,如图 5-5 所示。

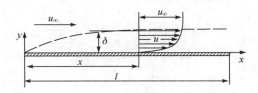

图 5-5　流动边界层示意图

由黏性流体的无滑移条件可知,固体壁面处流体流速为零。从固体表面出发,
经过沿表面的法向方向的很短距离,流体流速就增大到势流区的速度,通常规定达
到主流速度的 99% 处的距离就称为该处边界层的厚度,用符号 δ 表示。在速度边
界层内,沿表面法线方向存在很大的速度梯度,必须考虑与这一速度梯度有关的切
应力,而其余方向的速度梯度可忽略不计。与流动方向的长度 l 相比,边界层厚度
δ 都很薄,图 5-6 给出了空气以不同速度流过平板表面时的边界层厚度变化规律。
由此可见,与平板长度相比,边界层厚度至少要小一个数量级。

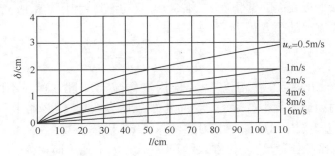

图 5-6　空气以不同速度流过平板表面时的边界层厚度

边界层内流体的流动也会出现层流和湍流两类不同的状态,图 5-7 给出了
纵掠平板表面边界层的形成和发展过程。当流体以速度 u_∞ 沿平板表面流动时,
在平板的起始段,边界层很薄。随着 x 的增加,壁面黏滞力的影响逐渐向流体内
部传递,边界层逐渐增厚,但流体的流动呈有秩序的分层流动,各层互不干扰,此

时的边界层称为层流边界层。但是,随着边界层厚度的增加,边界层内流体流动的惯性力逐渐增大,促使边界层内流体的流动变得不稳定起来。自距前缘 x_c 处起,流动会向着湍流过渡,并最终发展为旺盛湍流。此时流体质点在沿 x 方向流动的同时,在流动的横向还做紊乱的不规则脉动,故称湍流边界层。边界层开始从层流向湍流过渡的距离 x_c 由临界雷诺数 $Re_c = u_\infty x_c/\nu$ 确定。临界雷诺数与来流的湍流度、壁面粗糙度等很多因素有关,对于纵掠平板表面的流动而言,通常可取 $Re_c = 5 \times 10^5$。

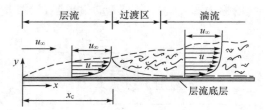

图 5-7　纵掠平板表面边界层的形成和发展过程

对于湍流边界层而言,尽管边界层的主体核心已处于湍流状态,但紧靠壁面处的流体流速仍然很小,黏滞力仍占据着主导地位,致使紧贴壁面的一极薄层内仍然保持着层流的性质,这一层称为湍流边界层的层流底层。在湍流核心层和层流底层之间还存在起过渡性质的缓冲层。

当流动边界层处于层流状态时,边界层内的速度分布呈抛物线状。当处于湍流状态时,层流底层内的速度梯度较大,近似于直线分布,而在湍流核心层,流体质点的横向脉动强化了动量传递,故速度变化较平缓。

对于纵掠平板表面的常物性、二维、稳态流动而言,利用数量级分析方法,可得边界层内流体流动动量方程为

$$u \frac{\partial u}{\partial x} + v \frac{\partial u}{\partial y} = -\frac{1}{\rho} \frac{\mathrm{d}p}{\mathrm{d}x} + \nu \frac{\partial^2 u}{\partial y^2}$$

与二维 Navier-Stokes 方程相比,边界层内流体流动动量方程的不同之处在于:①在 x 方向的动量方程中忽略了 x 方向上的二阶导数项;②忽略了 y 方向的动量方程;③认为边界层中 $\mathrm{d}p/\mathrm{d}y = 0$,因此,用 $\mathrm{d}p/\mathrm{d}x$ 代替了 $\partial p/\partial x$。

如果主流区流体速度 u_∞ 为常数,则 $\mathrm{d}p/\mathrm{d}x = 0$,上式可简化为

$$u \frac{\partial u}{\partial x} + v \frac{\partial u}{\partial y} = \nu \frac{\partial^2 u}{\partial y^2}$$

5.3.2　温度边界层

当流体与温度不同的固体表面发生对流传热时,实验观察发现,在壁面附近的一个薄层内,流体温度在沿壁面法线方向变化很快,而在此薄层外,流体的温度梯

度几乎等于零,通常将固体表面附近温度变化较大的这一薄层称为温度边界层或热边界层。在温度边界层内,沿表面法向温度梯度很大,而其余方向温度梯度很小,可忽略不计。沿固体表面法线方向,当流体的过余温度变化到来流过余温度的99%时,此处距固体壁面的距离就定义为温度边界层的厚度,记为δ_t。这样一来,对流传热问题的温度场也可分为两个区域:热边界层区和主流区。在主流区,流体内部没有温差,因而不存在传热,所以,研究对流传热问题只需考虑温度边界层内的热量传递就够了。

　　只要流体与固体表面之间存在相对运动,就一定存在速度边界层;只有当运动的流体与固体表面间存在温度差时,才会形成温度边界层。图 5-8 给出了纵掠平板表面的速度边界层和温度边界层的形成和发展过程,除了液态金属和高黏性的流体外,温度边界层的厚度δ_t在数量级上是一个与速度边界层厚度δ相当的小量。

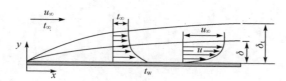

图 5-8　纵掠平板表面的速度边界层和温度边界层

5.3.3　边界层能量微分方程

　　对于任何二维、常物性、稳态对流传热过程,其能量微分方程的一般形式都是式(5-7),对于温度边界层内的能量方程,可在此基础上运用数量级分析方法进行简化得到。

　　所谓数量级分析是指通过比较方程中各项数量级的相对大小,将数量级大的项保留下来,而将数量级小的项舍去,从而实现方程式的合理简化。数量级分析方法在工程实际问题的分析中具有重要的实用价值。

　　各项数量级的确定应具体问题具体分析,这里采用比较各量在作用区间的积分平均绝对值相对大小的方法确定。例如,在速度边界层内,主流方向的流速u的积分平均绝对值远远大于垂直主流方向的流速v的积分平均绝对值,因此,如果把边界层内u的数量级定义为1,则v的数量级必定是一个小量,用符号δ表示。至于导数的数量级,则可将因变量与自变量的数量级代入导数的表达式中而得到,例如$\dfrac{\partial t}{\partial x}$的数量级为$1/1=1$,而$\dfrac{\partial}{\partial y}\left(\dfrac{\partial t}{\partial y}\right)$的数量级则为$\dfrac{1}{\delta}/\delta=\dfrac{1}{\delta^2}$。

　　对于如图 5-8 所示的纵掠平板表面的温度边界层,设边界层内主流方向坐标x的数量级为1,速度u和温度t的数量级也为1,则坐标y和速度v的数量级为

δ,于是边界层内二维稳态能量方程的各项数量级分析如下:

$$u\frac{\partial t}{\partial x}+v\frac{\partial t}{\partial y}=a\left(\frac{\partial^2 t}{\partial x^2}+\frac{\partial^2 t}{\partial y^2}\right) \tag{5-11}$$

$$1\ \frac{1}{1}\quad \delta\ \frac{1}{\delta}\quad \delta^2\left(\frac{1}{1^2}\quad \frac{1}{\delta^2}\right)$$

式(5-11)表明,热扩散率必须具备 δ^2 的数量级,且 $\partial^2 t/\partial y^2\gg\partial^2 t/\partial x^2$,因而可以把主流方向的二阶导数项 $\partial^2 t/\partial x^2$ 略去。这样一来,边界层内的能量方程就可简化为

$$u\frac{\partial t}{\partial x}+v\frac{\partial t}{\partial y}=a\frac{\partial^2 t}{\partial y^2}$$

至此,对于二维、稳态、无内热源的纵掠平板表面的边界层型问题,描述对流传热的微分方程组可归纳为

质量守恒方程

$$\frac{\partial u}{\partial x}+\frac{\partial v}{\partial y}=0 \tag{5-12}$$

动量守恒方程

$$u\frac{\partial u}{\partial x}+v\frac{\partial u}{\partial y}=\nu\frac{\partial^2 u}{\partial y^2} \tag{5-13}$$

能量守恒方程

$$u\frac{\partial t}{\partial x}+v\frac{\partial t}{\partial y}=a\frac{\partial^2 t}{\partial y^2} \tag{5-14}$$

表面对流传热系数方程

$$h=-\frac{\lambda}{t_w-t_\infty}\frac{\partial t}{\partial y}\Big|_{y=0} \tag{5-15}$$

对于上述微分方程组配上定解条件即可求解。当平板壁面温度 t_w 给定时,定解条件可表示为

$$y=0\ \text{时},\quad u=0,\quad v=0,\quad t=t_w$$

$$y\to\infty\text{时},\quad u=u_\infty,\quad t=t_\infty$$

最后,需要特别说明几点:①上述分析只针对单相介质的强迫对流传热过程,自然对流传热和有相变的对流传热有很大的不同,其数学描述也不一样;②由于对流传热过程的数学描述一般由复杂的偏微分方程组和定解条件构成,因此,理论求解异常困难,目前,只能得到一些简单的对流传热问题的理论解;③通过对流传热过程的数学描述可以揭示其传热机理,确定影响对流传热过程的主要因素。

5.3.4　Pr

在对流传热过程中,速度边界层的厚度反映了流体动量扩散能力的大小,速度

边界层越厚,即表面对流体速度的影响区域越远,流体的动量扩散能力就越强。流体运动黏性系数的大小是流体动量扩散能力的定量标志。由式(5-13)可知,运动黏性系数越大的流体,其速度边界层越厚。温度边界层的厚度反映了流体热量扩散能力大小,温度边界层越厚,即表面对流体温度的影响区域越远,热量扩散能力就越强。流体热扩散率的大小是流体热量扩散能力的定量标志,由式(5-14)可知,热扩散率越大的流体,其温度边界层越厚。

　　由于对流传热过程是流体热对流和导热联合作用的热量传递过程,因此,速度边界层必然对对流传热产生影响,所以,对流传热计算中必须考虑速度边界层和温度边界层的相对厚度。由以上分析可知,速度边界层和温度边界层的相对厚度应该与流体运动黏性系数和热扩散率的比值有关,因此,定义普朗特(Prandtl)数 Pr 为

$$Pr = \frac{\nu}{a} = \frac{\eta c_p}{\lambda} \tag{5-16}$$

Pr 由流体物性参数组合而成,因此,Pr 也是一个物性参数。对于液态金属 Pr 为 10^{-2} 数量级,常用流体 Pr 在 $0.6 \sim 4000$,各种气体的 Pr 为 $0.6 \sim 0.7$。同时,Pr 还是一个没有量纲的数,称其为特征数,可根据其大小直观地判断出速度边界层和温度边界层的相对厚度。例如,对于 Pr 约等于 1 的空气,两个边界层的厚度大致相等;对于 Pr 远大于 1 的黏性油,其速度边界层厚度远大于温度边界层厚度;而对于 Pr 远小于 1 的液态金属,情况则正好相反,如图 5-9 所示。

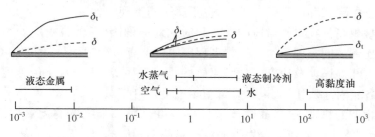

图 5-9　流体 Pr 变化范围与边界层相对厚度

5.4　对流传热实验研究方法

　　如前所述,对于绝大多数对流传热问题,理论求解是非常困难的,需要通过实验来求解此类传热问题。首先,对具体的对流传热问题进行分析,找出与该传热现象有关的物理量,然后,分别改变某一物理量的大小而维持其他物理量不变,直接通过实验找出各有关物理量间的定量函数关系,最后,对实验结果进行整理,得到相应的传热计算式。但是,对于一些复杂的传热现象,这样做往往很困难,有时甚至是不可能的。例如,对管内强迫对流传热过程,其表面传热系数受到 6 个因素的

影响,即

$$h=f(u,d,\eta,\lambda,c_p,\rho) \qquad (5-17)$$

由上式可知,实验时在保持其他 5 个参数不变的条件下,每一个物理量变化 10 次,则共需要做一百万次(10^6)实验,这个实验次数是惊人的、不可能完成的。这就迫使人们去寻找一种简化的方法,使实验次数减少。其次,由于种种原因,例如,实物太大或新设计的设备还处于研制状态,这样在实物上做实验无法进行,必须在模型上实验。由此还必须解决如何建立实验模型,使模型上获得的实验关联式能用到实物上去等。相似原理使上述问题得到了圆满解决。

5.4.1 相似原理

相似原理所研究的是相似物理现象之间的关系。必须指出,只有同类的物理现象之间才可能相似,因此,在讨论相似现象之前,首先必须明确什么是同类现象。

所谓同类现象,是指由相同形式并具有相同内容的微分方程式所描写的现象。描写电场与导热物体内温度场的微分方程虽然形式相仿,但内容不同,因此不是同类现象。电场与温度场之间只能"类比"或者"比拟",但不存在相似。同样,微分方程式(5-13)与式(5-14)虽然形式相同,但内容不同,一个描述的是边界层内的动量传输过程,一个描述的是能量传输过程,因此,速度场与温度场之间也只能比拟,不存在相似。自然对流传热和强迫对流传热虽然同属单相流体对流传热,但它们的微分方程的形式和内容都有差异,也不属于同类现象。

相似现象是指在空间对应的点上和时间对应的瞬间,其各对应的物理量分别成一定的比例的同类现象。一个物理现象中可能有多个物理量,例如,对流传热除了时间与空间外还涉及速度、温度,流体的物理性质等,两个对流传热现象相似要求这些量各自对应成比例,也就是每个物理量各自相似。

凡是相似的物理现象,其物理量场一定可以用一个统一的无量纲场来表示。例如,两个圆管内的层流充分发展的流动是两个相似的流动现象,其截面上的速度分布可以用一个统一的无量纲场 $u/u_{max}=f(r/r_0)$ 来表示,如图 5-10 所示。

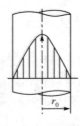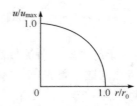

图 5-10　管内层流充分发展区速度分布

两个物理现象相似的一个重要条件是描述该现象的同名特征数(或称准则数)对应相等。例如,对于流体与固体表面间的对流传热过程而言,在固体壁面上按牛顿冷却定律与傅里叶定律有

$$h(t_w - t_f) = -\lambda \frac{\partial t}{\partial y}\Big|_{y=0} \tag{5-18}$$

以 $t_w - t_f$ 作为温度标尺,以换热表面的某一特征尺寸 l 作为长度标尺将式(5-18)无量纲化,则有

$$\frac{hl}{\lambda} = \frac{\partial \left[(t_w - t)/(t_w - t_f) \right]}{\partial (y/l)}\Big|_{y=0} \tag{5-19}$$

按相似现象的定义,其无量纲的同名物理量的场是相同的,因而,无量纲的梯度也相等。式(5-19)右端是无量纲温度场在壁面上的梯度,因而对两个相似的对流传热现象 1 和 2 有

$$\left(\frac{hl}{\lambda}\right)_1 = \left(\frac{hl}{\lambda}\right)_2 \tag{5-20}$$

式中,hl/λ 为努塞尔(Nusselt)数,因而相似的对流传热现象 Nu 相等,即 $Nu_1 = Nu_2$。

两个物理现象相似的另一个条件是单值性条件相似。所谓单值性条件是指使所研究的问题能被唯一确定下来的条件,包括初始条件、边界条件、几何条件和物性条件等。

对于任何一个物理现象,描述物理现象的各个物理量不是独立的,而是与其他物理量相互影响、相互制约的。如果能够确定描述该物理现象的微分方程组和单值性条件,或影响该现象的物理量数目,就可以根据相似分析法或量纲分析法得到一组描述该物理现象的特征数。如果两物理现象相似,则描述物理现象的特征数之间的函数关系相同,该函数关系又称为特征数方程,习惯上称为准则方程。因此,对某个具体的物理过程所获得的特征数方程也适用于所有其他与之相似的同类物理现象。例如,对于所有管内对流传热过程而言,其特征数间的函数关系都为

$$Nu = f(Re, Pr) \tag{5-21}$$

相似原理对实验研究具有重要指导意义,主要表现在:①使实验次数大大减少,如果要得到如式(5-21)所示的特征数方程,只需改变 Re 和 Pr 即可。如果每个参数变化 10 次,则只需要进行 100 次实验;②实验研究不一定非要在实物上进行,可以在与实物相似的模型上进行,在模型上进行的实验常称为模化实验。显然,在模型上做实验比在实物上做实验要方便得多,不仅各物理量便于控制,而且耗资少、节省时间。但是,模化实验要求实验模型必须与实物完全相似,即不仅单值性条件相似,而且所有物理量场也要相似,这在实践中是很难做到的,因此,不得不放弃一些次要因素来进行近似模化。近似模化只要求主要的单值性条件相似即

可。例如,对管内强迫对流传热而言,式(5-21)中 Re 和 Pr 对 Nu 的影响程度不一样,Re 的影响占主导地位,而 Pr 的影响是次要的,因此,实验时可以用 Pr 相近的流体代替原流体,这将给实验带来很大的方便。最典型的例子是做锅炉烟气或热空气强迫对流传热实验时,常用常温下的空气作为流体代替烟气或热空气,这样不但实验设备简单多了,设备费和实验费大大减少,而且操作方便得多。这种近似模化带来的误差很小,工程上是允许的。

5.4.2　获取特征数的相似分析法

对于任何物理现象,如果知道描写该物理现象的微分方程组及定解条件,就可以采用相似分析法得到描述该物理现象的特征数。下面以一维非稳态导热问题为例来说明获取特征数及其相互关系的方法。

假定有一常物性、无内热源、第三类边界条件的一维非稳态导热问题,如图 3-4 所示,引入过余温度 $\theta=t-t_\infty$,则其数学描述为

$$\frac{\partial \theta}{\partial \tau}=a\frac{\partial^2 \theta}{\partial x^2} \tag{a}$$

$$x=0,\quad \frac{\partial \theta}{\partial x}=0 \tag{b}$$

$$x=\delta,\quad -\lambda\frac{\partial \theta}{\partial x}=h\theta \tag{c}$$

$$\tau=0,\quad \theta=\theta_0 \tag{d}$$

以 $\theta_0=t_0-t_\infty$ 为温度标尺,以平壁半厚度 δ 为长度标尺,以 δ^2/a 为时间标尺,将式(a)~式(d)无量纲化,得

$$\frac{\partial(\theta/\theta_0)}{\partial(a\tau/\delta^2)}=\frac{\partial^2(\theta/\theta_0)}{\partial(x/\delta)^2} \tag{e}$$

$$\frac{x}{\delta}=0,\quad \frac{\partial(\theta/\theta_0)}{\partial(x/\delta)}=0 \tag{f}$$

$$\frac{x}{\delta}=1,\quad \frac{\partial(\theta/\theta_0)}{\partial(x/\delta)}=-\frac{h\delta}{\lambda}\frac{\theta}{\theta_0} \tag{g}$$

$$\frac{a\tau}{\delta^2}=0,\quad \frac{\theta}{\theta_0}=1 \tag{h}$$

其中,θ/θ_0 为无量纲过余温度,记为 Θ;$h\delta/\lambda$ 为 Bi;$a\tau/\delta^2$ 为 Fo;x/δ 为无量纲空间坐标,因而,上述各式也可写为

$$\frac{\partial \Theta}{\partial Fo}=\frac{\partial^2 \Theta}{\partial(x/\delta)^2}$$

$$\frac{x}{\delta}=0,\quad \frac{\partial \Theta}{\partial(x/\delta)}=0$$

$$\frac{x}{\delta}=1, \quad \frac{\partial \Theta}{\partial (x/\delta)}=-Bi\Theta$$

$$Fo=0, \quad \Theta=1$$

由此可见,无量纲过余温度 Θ 与 Fo、Bi 及 x/δ 有关,故有

$$\Theta=f\left(Fo,Bi,\frac{x}{\delta}\right) \tag{5-22}$$

式(5-22)表明,描述一维无限大平壁的非稳态导热问题的特征数有 4 个,它们以一定的函数形式联系在一起,而且对两个一维无限大平壁的非稳态导热问题而言,只要单值性条件相似,Fo、Bi 及 x/δ 之值对应相等,则两个平壁的 Θ 值必相同,即非稳态导热现象相似。

相似分析法的另一种做法是根据相似现象的基本特性导出相应的相似准则数。如前所述,两个现象相似时,其对应的物理量场应成比例,这样就可以对与过程有关的量引入两个现象之间的一系列比例系数(也称相似倍数),然后应用描述该过程的一些数学关系式来导出制约这些相似倍数间的关系,从而得出相应的相似准则数。下面以通过两个平板表面边界层内的对流传热现象 1 和 2 为例说明,此时,其能量传递方程可分别写为

$$u'\frac{\partial t'}{\partial x'}+v'\frac{\partial t'}{\partial y'}=a'\frac{\partial^2 t'}{\partial y'^2} \tag{i}$$

$$u''\frac{\partial t''}{\partial x''}+v''\frac{\partial t''}{\partial y''}=a''\frac{\partial^2 t''}{\partial y''^2} \tag{j}$$

与现象有关的各物理量场应对应成比例,引入比例系数 C_u、C_t、C_l 和 C_a,即

$$\frac{u'}{u''}=\frac{v'}{v''}=C_u, \quad \frac{x'}{x''}=\frac{y'}{y''}=C_l, \quad \frac{t'}{t''}=C_t, \quad \frac{a'}{a''}=C_a$$

将上述各式代入式(i),整理可得

$$u''\frac{\partial t''}{\partial x''}+v''\frac{\partial t''}{\partial y''}=\frac{C_a}{C_u C_l}a''\frac{\partial^2 t''}{\partial y''^2} \tag{k}$$

比较式(j)和式(k)有

$$\frac{C_a}{C_u C_l}=1 \tag{l}$$

上式给出了传热现象相似倍数间的制约关系,由此可得

$$\frac{u'l'}{a'}=\frac{u''l''}{a''}$$

即

$$Pe'=Pe''$$

这说明,如两传热现象相似,其贝克莱(Peclet)数 Pe 一定相等。Pe 也可表示为

$$Pe = \frac{ul}{a} = \frac{ul}{\nu} \frac{\nu}{a} = Re \cdot Pr$$

5.4.3　获取特征数的量纲分析法

对于有些物理现象，如果不能写出描述该物理现象的数学关系式，但可以确定影响该现象物理量的数目，则可以采用量纲分析法确定描述该物理现象的特征数。量纲分析法的基础是量纲和谐原理和 π 定理。

量纲和谐原理：在一个物理意义明确的方程中，由"＋"、"－"、"＜"、"＞"和"＝"等符号连接起来的各项量纲相同。

π 定理：一个表示 n 个物理量间关系的量纲一致的方程式，一定可以转换成包含 $n-r$ 个独立的无量纲特征数间的关系式，r 是 n 个物理量中所涉及的基本量纲的数目。基本量纲为 4 个，即时间的量纲 T、长度的量纲 L、质量的量纲 M 及温度的量纲 Θ。

无量纲准则数是由若干个物理量构成的，这些物理量的量纲一定是不独立的。所谓量纲的独立性是指：在一个由若干个物理量构成的集合中，若其中任何一个物理量的量纲都不能由其他的物理量的量纲经过幂运算得到，则称该物理量的集合量纲是独立的。只有量纲不独立的物理量的集合方能构成无量纲准则数。

下面以单相介质管内强迫对流传热问题为例，介绍应用量纲分析法导出有关无量纲准则数的过程，其具体步骤如下。

1. 找出与本问题有关的所有物理量，确定基本量纲及基本物理量

对单相介质管内强迫对流传热问题而言，与过程有关的物理量有 7 个

$$h = f(u, d, \eta, \lambda, c_p, \rho)$$

这 7 个物理量包含了 4 个基本量纲，即 $n=7$，$r=4$，故可以组成 $7-4=3$ 个无量纲准则数。同时，选定 4 个物理量作为基本物理量，这些基本物理量的量纲必须包括 4 个基本量纲，且它们的量纲一定是独立的。本例中取 u、d、λ 和 η 为基本物理量。

2. 将基本物理量逐一与其余各量一起组成无量纲量

无量纲量总是由各物理量经幂运算得到，其中指数值待定。用字母 π 表示无量纲量，则有

$$\pi_1 = h u^{a_1} d^{b_1} \lambda^{c_1} \eta^{d_1} \tag{m}$$

$$\pi_2 = \rho u^{a_2} d^{b_2} \lambda^{c_2} \eta^{d_2} \tag{n}$$

$$\pi_3 = c_p u^{a_3} d^{b_3} \lambda^{c_3} \eta^{d_3} \tag{o}$$

3. 应用量纲和谐原理决定上述所有待定指数

以 π_1 为例,可列出各物理量的量纲如下:

$$\dim h = \mathrm{M\Theta^{-1}T^{-3}}$$
$$\dim u = \mathrm{LT^{-1}}$$
$$\dim d = \mathrm{L}$$
$$\dim \lambda = \mathrm{ML\Theta^{-1}T^{-3}}$$
$$\dim \eta = \mathrm{ML^{-1}T^{-1}}$$

其中,dim 代表量纲。将上述各式代入式(m),并将量纲相同的项合并得

$$\dim \pi_1 = \mathrm{L}^{a_1+b_1+c_1-d_1}\mathrm{M}^{c_1+d_1+1}\Theta^{-1-c_1}\mathrm{T}^{-a_1-d_1-3c_1-3}$$

上式等号左侧的 π_1 为无量纲量,由量纲和谐原理知,等号右边各量纲的指数必为零,故得

$$\begin{cases} a_1+b_1+c_1-d_1=0 \\ c_1+d_1+1=0 \\ -1-c_1=0 \\ -a_1-d_1-3c_1-3=0 \end{cases}$$

由此解得 $a_1=0, b_1=1, c_1=-1, d_1=0$。故有

$$\pi_1 = hu^0 d^1 \lambda^{-1} \eta^0 = \frac{hd}{\lambda} = Nu$$

同理可得

$$\pi_2 = \frac{\rho u d}{\eta} = Re, \quad \pi_3 = \frac{\eta c_p}{\lambda} = Pr$$

π_1 及 π_2 分别是以管子内径为特征长度的 Nu 和 Re。至此,单相介质管内强迫对流传热问题的无量纲准则数关系可表述为

$$Nu = f(Re, Pr) \tag{5-23}$$

5.4.4　特征数实验关联式的确定

当采用实验方法获取对流传热特征数间的关联式时,通常采取如下步骤:

(1) 对实际的对流传热现象进行合理简化,建立相应的物理模型,采用量纲分析法或相似分析法得到描述该对流传热现象的特征数,并从中确定已定特征数和待定特征数。

(2) 根据每个特征数的构成,分析实验中需要测量的物理量,并确定哪些可以直接测量,哪些需要间接测量,哪些是物性参数,可以根据定性温度确定。

(3) 根据相似原理,设计实验系统,拟定待测物理量的变化范围和测点分布,并进行系统的实验。一般来讲,物理量变化范围越宽,实验点越多,传热关联式的

准确性越高。

(4) 将原始实验数据整理成各实验点相关的特征数,然后,通过最小二乘法或作图法求出待定特征数与已定特征数函数关联式的系数和指数,并给出传热关联式适用范围。

下面以管内湍流强迫对流传热为例,说明如何根据实验结果确定传热特征数间的关联式。

单相介质管内湍流强迫对流传热特征数函数关系式为式(5-23),也可写成以下指数形式:

$$Nu = cRe^n Pr^m \tag{5-24a}$$

式中,c 为系数,n 和 m 为指数,都可以通过整理实验数据确定。将式(5-24a)两边取对数得

$$\lg Nu = \lg c + n\lg Re + m\lg Pr \tag{5-24b}$$

这种传热关联式形式的一个最大好处是:在横坐标和纵坐标都是对数的双对数坐标图上,实验数据表现为一条直线,这样便于采用作图法确定待定系数和指数。

采用式(5-24)整理实验数据时通常分两步进行。首先,根据不同种类流体在相同 Re 下的实验数据确定 m 值,如图 5-11 所示,当流体在管内被加热时有

$$m = \frac{\lg 200 - \lg 40}{\lg 62 - \lg 1.15} \approx 0.4$$

然后,再以 $\lg(Nu/Pr^{0.4})$ 为纵坐标,用不同 Re 下的实验数据确定 c 和 n,如图 5-12 所示。由此可得:$c=0.023$,$n=0.8$。于是,当流体被加热时,管内湍流对流传热关联式为

$$Nu = 0.023 Re^{0.8} Pr^{0.4} \tag{5-25}$$

当实验点的数据很多时,常采用逐步线性回归方法确定关联式中的常数和各

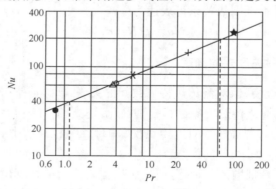

图 5-11 Pr 对管内湍流强迫对流传热的影响

●—空气; △—水; ○—丙酮; ×—苯; +—n-烯醇; ★—石油

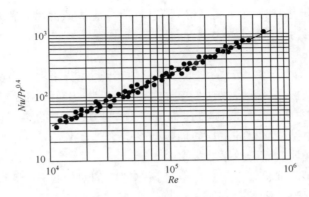

图 5-12 Re 对管内湍流强迫对流传热的影响

指数。实验点与关联式的偏差有两种表示方法：一是用大部分实验点与关联式偏差的正负百分数表示，例如，90％的实验点偏差在±10％以内，二是用全部实验点与关联式偏差绝对值的平均百分数以及最大偏差的百分数来表示。

在对流传热的特征数方程式中，待定量表面传热系数 h 包含在 Nu 中，所以 Nu 是个待定数，而其他特征数都是已定数。

5.4.5 传热关联式的正确选用

对流传热的形式很多，不同类型的对流传热有不同的关联式，即使是同一类型的对流传热问题，当参数范围不同时其传热关联式也不相同，因此，在选择传热关联式时，应特别注意以下几点：

（1）分清对流传热问题的类型，根据相关参数的范围选择传热关联式。一般当相关参数已超越关联式的使用范围时，不能将关联式外推后使用，这也是实验关联式的一个局限。

（2）按规定选取定性温度。定性温度是指用来计算流体物性参数的温度。对同样的实验数据，采用不同的定性温度进行整理时所得到的传热关联式也不一样，因此，在选用传热关联式时必须按规定选取定性温度。常用定性温度选取方式有：通道内流体进、出口温度平均值，流体温度与壁面温度平均值等。

（3）按规定选取特征尺寸。特征数中的几何尺寸称为特征尺寸。在整理传热关联式时，应取对对流传热影响最大的几何尺寸作为特征尺寸。例如，管内强迫对流时应取管内径、纵掠平壁时应选沿流动方向上的平壁长度、横掠单管和管束时应选管外径等。在选用已有传热关联式时，应按规定的方式选取特征尺寸。对一些较复杂的几何系统，不同的传热关联式可能会采用不同的特征尺寸。

（4）按规定计算特征流速。强迫对流传热关联式中计算雷诺数 Re 时所选用的流速称为特征流速。不同的对流传热类型，特征流速的选择是不一样的。例如，纵掠平壁对流传热选来流速度,管内强迫对流选流体截面平均流速,横掠管束时选流体平均温度下的管间最大流速等。在选用传热关联式时,应按规定的流速计算 Re。

例题 5-1   为了了解设计的空气预热器的传热性能,用尺寸为实物 1/5 的模型来进行试验研究。在试验模型中空气的平均温度为 40℃。实际空气预热器中空气平均温度为 140℃,空气实际流速为 6m/s,试验模型中的空气流速应为多少?如果试验模型中试验测得的平均表面传热系数为 280W/(m²·K),则实际空气预热器中空气的平均表面传热系数为多少?

解   为了保证试验模型与实际空气预热器内的对流传热过程相似,要求其同名特征数必须相等。

（1）试验模型中的空气流速:用上标"′"代表模型参数,用"″"代表实物参数,则根据相似原理,有

$$Re' = Re''$$

即

$$\frac{u'l'}{\nu'} = \frac{u''l''}{\nu''}$$

查物性参数表得,40℃时空气的运动黏度 $\nu' = 16.96 \times 10^{-6}$ m²/s,导热系数 $\lambda' = 0.0276$ W/(m·K);140℃时空气的运动黏度 $\nu'' = 27.80 \times 10^{-6}$ m²/s,导热系数 $\lambda'' = 0.0349$ W/(m·K)。因此,试验模型中空气的流速为

$$u' = u'' \frac{\nu'}{\nu''} \frac{l''}{l'} = 6 \times \frac{16.96 \times 10^{-6}}{27.8 \times 10^{-6}} \times 5 = 18.3 (\text{m/s})$$

（2）空气预热器中的平均表面传热系数:根据相似原理,有

$$Nu' = Nu''$$

即

$$\frac{h'l'}{\lambda'} = \frac{h''l''}{\lambda''}$$

因此,实际空气预热器中的平均表面传热系数为

$$h'' = h' \frac{l'}{l''} \frac{\lambda''}{\lambda'} = 280 \times \frac{1}{5} \times \frac{0.0349}{0.0276} = 70.81 [\text{W/(m}^2 \cdot \text{K)}]$$

5.5 管内强制对流传热计算

内部流动与外部流动的主要区别在于流动边界层与流道壁面之间的相对关系不同:在外部流动中,换热壁面上的流体边界层可以自由地发展,不会受到流道壁面的阻碍或限制,因此,在外部流动中往往存在一个边界层外的区域,在那里无论

速度梯度还是温度梯度都可以忽略。而在内部流动中,换热壁面上边界层的发展受到流道壁面的限制,因此其换热规律就与外部流动有明显的区别。

5.5.1 管内强制对流传热基本特性

1. 流动状态

管内的单相介质对流传热是工程上一种常见的传热现象,其对流传热强弱与流体的流动状态有关。流体在管内的流动有层流和湍流两种状态,层流向湍流过渡的临界 Re 为 2300。一般认为,Re 大于 10000 后为旺盛湍流,而在 $2300 \leqslant Re \leqslant 10000$ 范围内则为过渡区。

2. 入口段效应

流体流入管道后,从入口处开始,沿流动方向边界层逐渐增厚,最终边界层会在管道中心处汇合,边界层厚度即为管道半径。因此,管道内的对流传热可以分成两部分:入口段和充分发展段,如图 5-13 所示。在入口段,速度边界层和温度边界层逐步形成并不断发展,管道截面上的速度分布和温度分布沿轴向不断变化,局部表面传热系数会逐渐减小。而在充分发展段,速度分布几乎不再变化,局部表面传热系数也维持不变。如果在边界层的发展过程中发生了层流向湍流的转变,则因湍流的扰动和混合作用会使在转化点附近局部表面传热系数有所提高,然后再趋于某一定值。这种入口段局部表面传热系数较大的现象称为入口段效应,工程上常常利用这一效应来强化管内的对流传热过程。

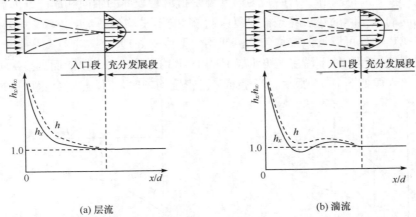

(a) 层流   (b) 湍流

图 5-13 管内对流传热局部表面传热系数 h_x 和平均表面传热系数 h 的沿程变化规律

对于层流,试验研究表明,入口段长度 l 可由下式计算:

$$l/d \approx 0.05 RePr \tag{5-26}$$

对于湍流,只要 $l/d > 60$,则表面传热系数就不再受入口段的影响。

3. 特征速度与平均温度

在管内对流传热过程中,无论是在入口段,还是在充分发展段,在任意截面总存在速度分布。在计算管内流动 Re 时,常常取截面平均速度 u_m 作为特征速度计算,即

$$u_m = \frac{1}{A_c} \int_{A_c} u \mathrm{d}A \qquad (5\text{-}27)$$

同样,任意截面流体平均温度 t_f 可按下式计算:

$$t_f = \frac{\int_{A_c} \rho c_p u t \, \mathrm{d}A}{\int_{A_c} \rho c_p u \mathrm{d}A} \qquad (5\text{-}28)$$

对管内单相介质的对流传热过程而言,流体的温度是不断变化的,通常取进出口温度的平均值作为计算流体物性参数的定性温度,即

$$t_f = \frac{1}{2}(t_f' + t_f'') \qquad (5\text{-}29)$$

式中,t_f' 和 t_f'' 分别为进口、出口截面的平均温度。

4. 温度变化规律

当流体在管内被加热或被冷却时,管壁的热状况称为热边界条件。典型的热边界条件有两类,即均匀热流和均匀壁温,所谓均匀热流是指沿管表面的轴向和周向热流密度 q_w 都是相同的,所谓均匀壁温是指沿管表面的轴向和周向壁面温度 t_w 都是相同的。实际的热边界条件要复杂得多,既不是均匀热流,也不是均匀壁温,但有些换热过程可以近似按均匀热流或均匀壁温来处理。

典型热边界条件下沿主流方向流体截面平均温度 $t_f(x)$ 和壁面温度 $t_w(x)$ 的定性变化规律如图 5-14 所示。当壁面热流密度均匀时,流体温度会随加热过程的

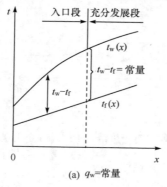

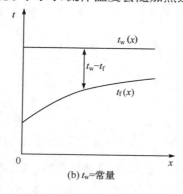

图 5-14　均匀热流和均匀壁温下流体平均温度与壁面温度的变化规律

进行而线性增加,在入口段,由于局部表面传热系数会逐渐减小,因此,对流传热温差会逐渐增大,在充分发展段,表面传热系数不再变化,因此,对流传热温差也维持为常数。当壁面温度均匀时,流体温度会随着加热过程的进行而逐渐升高。

5.5.2　层流对流传热

对于管槽内的层流对流传热过程而言,如果已进入充分发展段,则对流传热过程的 Nu 保持为常数,而与流动过程的 Re 无关,两种典型热边界条件下的结果如表 5-1 所示。由此可以看出,对于同一截面形状的流道,均匀热流条件下的 Nu 总是高于均匀壁温下的 Nu,即层流条件下不能忽略热边界条件的影响;不同截面形状的流道层流充分发展段的 Nu 也不相等,也就是说,对于层流,当量直径仅仅只是一个几何参数,不能用它来统一不同截面流道的传热与阻力计算关联式。

表 5-1　不同截面形状的管槽内层流充分发展段传热 Nu

截面形状	$Nu=hd_e/\lambda$		$fRe\left(Re=\dfrac{ud_e}{\nu}\right)$
	均匀热流	均匀壁温	
正三角形	3.11	2.47	53
正方形	3.61	2.98	57
正六边形	4.00	3.34	60.22
圆形	4.36	3.66	64
长方形			
$b/a=2$	4.12	3.39	62
$b/a=3$	4.79	3.96	69
$b/a=4$	5.33	4.44	73
$b/a=8$	6.49	5.60	82
$b/a=\infty$	8.23	7.54	96

实际工程换热设备中,层流时的传热常常处于入口段范围,此时,建议采用列齐德-泰特(Sieder-Tate)关联式来计算平均表面传热系数:

$$Nu_f=1.86\left(\frac{Re_f Pr_f}{l/d}\right)^{1/3}\left(\frac{\eta_f}{\eta_w}\right)^{0.14} \tag{5-30}$$

式(5-30)的定性温度为流体平均温度,特征尺寸为管内径,其适用范围为

$$Pr=0.5\sim17000,\qquad \frac{\eta_f}{\eta_w}=0.044\sim9.8,\qquad \frac{Re_f Pr_f}{l/d}>10$$

如果 $\dfrac{Re_f Pr_f}{l/d}<10$,则用下述关联式计算:

$$Nu_f = 3.66 + \cfrac{0.0668 \cfrac{Re_f Pr_f}{l/d}}{1 + 0.04 \left(\cfrac{Re_f Pr_f}{l/d} \right)^{2/3}} \left(\frac{\eta_f}{\eta_w} \right)^{0.14} \qquad (5\text{-}31)$$

例题 5-2　流量为 $q_m = 150 \text{kg/h}$ 的油在 $\phi 19\text{mm} \times 2\text{mm}$ 的管内流过,管子内壁温度为 $t_w = 20 ℃$,要求将油从 $100 ℃$ 冷却到 $60 ℃$。已知油在平均温度 $t_f = 80 ℃$ 时物性参数为:$\rho_f = 852 \text{kg/m}^3$,$c_p = 2.13 \text{kJ/(kg · K)}$,$\lambda_f = 0.138 \text{W/(m · K)}$,$\nu_f = 3.75 \times 10^{-5} \text{m}^2/\text{s}$,$\eta_f = 0.032 \text{kg/(m · s)}$,$Pr_f = 493$;在 $t_w = 20 ℃$ 时,$\eta_w = 0.8 \text{kg/(m · s)}$。试估算管内表面传热系数及所需管长。

解　此题中,牛顿冷却公式里的两个重要参数:表面传热系数和换热面积都是未知的,因此,管内表面传热系数及所需管长必须联立求解。

管子内直径为 $d_i = 19 - 2 \times 2 = 15 \text{mm}$,故管内油的流速为

$$u_f = \frac{4 q_m}{\pi d_i^2 \rho_f} = \frac{4 \times 150}{3.14 \times 0.015^2 \times 852 \times 3600} = 0.2767 (\text{m/s})$$

流动雷诺数为

$$Re_f = \frac{u_f d_i}{\nu_f} = \frac{0.2767 \times 0.015}{3.75 \times 10^{-5}} = 110.7 < 2200$$

因此,管内流动为层流。假定 $\dfrac{Re_f Pr_f}{l/d} > 10$,则可选用式(5-30)计算:

$$Nu_f = 1.86 \left(\frac{Re_f Pr_f}{l/d} \right)^{1/3} \left[\frac{\eta_f}{\eta_w} \right]^{0.14}$$

代入已知参数得

$$\frac{0.015 h}{0.138} = 1.86 \left(\frac{110.7 \times 493 \times 0.015}{l} \right)^{1/3} \left(\frac{0.032}{0.8} \right)^{0.14}$$

由此可得

$$h = 102/l^{1/3} \qquad (\text{a})$$

管内对流传热过程平均温差为

$$\Delta t = t_f - t_w = 80 - 20 = 60 (℃)$$

由热平衡关系得

$$h \pi d_i l \Delta t = q_m c_p (t_f' - t_f'')$$

代入数据有

$$3.14 \times 0.015 \times 60 hl = \frac{150}{3600} \times 2130 \times (100 - 60)$$

由此可得

$$hl = 1256 \qquad (\text{b})$$

联立式(a)和式(b)可解得

$$h = 29.1\text{W}/(\text{m}^2 \cdot \text{K}), \quad l = 43.2\text{m}$$

此时,有 $\dfrac{Re_f Pr_f}{l/d} = \dfrac{110.7 \times 493 \times 0.015}{43.2} = 18.95 > 10$,因此,结果是有效的。

5.5.3　湍流对流传热

对管内的湍流对流传热过程而言,常用的传热关联式为 Dittus-Boelter 公式:

$$Nu_f = 0.023 Re_f^{0.8} Pr_f^m \tag{5-32}$$

式中,当流体被加热时,$m = 0.4$;当流体被冷却时,$m = 0.3$。

式(5-32)适用范围为:$Re_f = 10^4 \sim 1.2 \times 10^5$,$Pr_f = 0.7 \sim 120$,$l/d \geqslant 60$;传热温差:对于气体不超过 50℃,对于水不超过 30℃,对于高黏度油类介质不超过 10℃。

对于非圆形截面流道内的湍流对流传热过程,也可用上述关联式计算,但其特征尺寸为流道的当量直径,即 $d_e = 4A_c/P$,其中,A_c 为流道截面积,P 为流道湿周。

如果流道长度或传热温差不满足上述要求,就必须对式(5-32)进行修正,分述如下。

1. 变物性影响的修正

由于流体的物性参数会随温度发生变化,因此,对管内的对流传热过程而言,热流方向会影响管内的速度分布,进而影响对流传热过程表面传热系数。

在对流传热过程中,管子截面上的温度分布是不均匀的。因为温度要影响黏度,所以截面上的速度分布与等温流动的分布有所不同,图 5-15 给出了传热时速度分布的变化,其中,曲线 1 为等温流动的速度分布。如果流体为液体,其黏度会随温度的降低而升高,液体被冷却时,近壁处的黏度较管心处为高,因而壁面速度梯度小于等温曲线,变成曲线 2。若液体被加热,则速度分布变成曲线 3,近壁处速度梯度大于等温曲线。近壁处速度梯

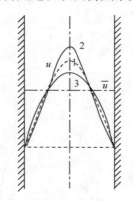

图 5-15　热流方向对速度分布的影响
1—等温流动;　2—液体被冷却;　3—液体被加热

度增大会加强传热,反之会削弱传热,因此,不均匀物性场会对传热产生影响。

当对流换热温差不大时,这种不均匀物性场的影响可通过式(5-32)中 Pr 的指数值来修正,然而,当温差较大时,则必须引入相应的温差修正系数 c_t。此时,m 恒取 0.4,温差修正系数 c_t 按下述各式计算:

对气体

被加热时　　　　　　　　　　$c_t = (T_f/T_w)^{0.5}$　　　　　　　　　　　(5-33a)

被冷却时　　　　　　　　　　$c_t = 1$　　　　　　　　　　　　　　　(5-33b)

　　　对液体

被加热时　　　　　　　　　　$c_t = (\eta_f/\eta_w)^{0.11}$　　　　　　　　　　(5-34a)

被冷却时　　　　　　　　　　$c_t = (\eta_f/\eta_w)^{0.25}$　　　　　　　　　　(5-34b)

式中,T 为热力学温度;η 为动力黏度;下标 f 和 w 分别表示流体平均温度及壁面温度下流体的动力黏度。

2. 入口段修正

如前所述,对于管内对流传热过程的入口段,由于热边界层较薄而具有比充分发展段高的表面传热系数,因此,如果换热管较短,必须要考虑入口段修正。入口段修正系数 c_l 与相对管长 l/d、雷诺数 Re、管道入口形状等因素有关,可按下式计算:

$$c_l = 1 + (d/l)^{0.7}$$　　　　　　　　　　(5-35)

3. 弯曲流道修正

在实际的螺旋管或盘管式换热器中,流体在螺旋管内向前运动的过程中连续地改变方向,因此会在横截面上引起二次环流而强化换热。所谓二次环流,是指垂直于主流方向的流动,如图 5-16 所示。对于流体在螺旋管内的对流传热的计算,工程上的一种实用做法是,应用前述的准则式计算出平均 Nu 后再乘以一个修正系数 c_r。其中,c_r 按下式计算:

对气体

$$c_r = 1 + 1.77 \frac{d}{R}$$　　　　　　　　(5-36a)

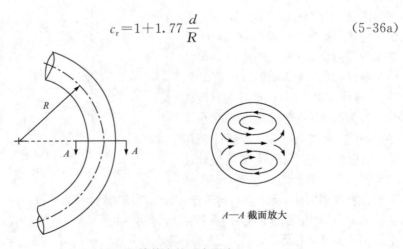

A—A 截面放大

图 5-16　螺旋管内的二次环流

对液体

$$c_r = 1 + 10.3\left(\frac{d}{R}\right)^3 \tag{5-36b}$$

5.5.4　过渡区对流传热

当管内流体流动雷诺数 $Re_f = 2300 \sim 10^4$ 时，管内流动可能是层流，也可能转变为湍流，还有可能时而为层流，时而为湍流，主要取决于来流的湍流程度和管道内表面粗糙度。这种流动的复杂性也导致了传热计算的困难，使应用实验特征数关联式的可靠性相对较差。

当流动处于该区域时，表面对流传热系数可按以下关联式计算：

$$Nu_f = 0.116\left(Re_f^{2/3} - 125\right) Pr_f^{1/3}\left[1 + \left(\frac{d}{l}\right)^{2/3}\right]\left(\frac{\eta_f}{\eta_w}\right)^{0.14} \tag{5-37}$$

式(5-37)已考虑了温度和管长的修正。

例题 5-3　考虑水在某内径为 $d_i = 20\text{mm}$、壁温均匀的直管内的加热过程，已知管长 $l = 5\text{m}$，水的进口温度为 $t_f' = 25\text{℃}$，出口温度为 $t_f'' = 35\text{℃}$，流速为 1.5m/s，试计算管内平均表面传热系数。

解　由所给条件可知，$l/d_i = 5000/20 = 250 \geqslant 60$，同时假定换热处于小温差范围。

管内水的平均温度为

$$t_f = \frac{t_f' + t_f''}{2} = \frac{25 + 35}{2} = 30(\text{℃})$$

查物性参数得

$\lambda_f = 0.618\text{W/(m·K)}, \quad \nu_f = 0.805 \times 10^{-6}\text{m}^2/\text{s}, \quad \rho_f = 995.7\text{kg/m}^3$

$c_p = 4177\text{J/(kg·K)}, \quad Pr_f = 5.42$

故管内水的流动雷诺数为

$$Re_f = \frac{ud_i}{\nu_f} = \frac{1.5 \times 0.02}{0.805 \times 10^{-6}} = 37267 > 10^4$$

因此，流动处于旺盛湍流区。利用式(5-32)计算：

$$Nu_f = 0.023Re_f^{0.8}Pr_f^{0.4} = 0.023 \times 37267^{0.8} \times 5.42^{0.4} = 205.3$$

所以

$$h_m = \frac{\lambda_f}{d_i}Nu_f = \frac{0.618}{0.02} \times 205.3 = 6344[\text{W/(m}^2\text{·K)}]$$

水在被加热过程中的吸热量为

$$\Phi = \rho u \frac{\pi d_i^2}{4} c_p (t_f'' - t_f')$$

$$=995.7\times1.5\times\frac{3.14\times0.02^2}{4}\times4177\times(35-25)$$

$$=1.96\times10^4(\text{W})$$

则平均传热温差为

$$t_\text{w}-t_\text{f}=\frac{\Phi}{hA}=\frac{1.96\times10^4}{6344\times3.14\times0.02\times5}=9.8(\text{℃})<30\text{℃}$$

因此，计算结果是有效的。

5.6　外部强制对流传热计算

在外部强制对流传热过程中，传热表面上的流动边界层与热边界层能自由发展，不会受到其他表面的限制，因此，在外部强制对流传热过程中，在边界层外总是存在一个速度梯度和温度梯度都可以忽略的区域，此时，对流传热表面传热系数主要取决于边界层的结构和边界层的厚度。

5.6.1　纵掠平板表面的对流传热

流体纵掠平板表面的对流传热是工程上一种常见的对流传热现象，也是最简单的一种对流传热现象，其理论研究比较成熟，实验结果也很准确，且两者吻合很好。当流动为层流时，理论分析和实验研究都表明，纵掠平板表面的对流传热局部表面传热系数 h_x 和平均表面传热系数 h 可分别根据下列传热关联式计算：

$$Nu_x=\frac{h_x x}{\lambda}=0.332Re_x^{1/2}Pr^{1/3} \qquad (5\text{-}38)$$

$$Nu=\frac{hl}{\lambda}=0.664Re^{1/2}Pr^{1/3} \qquad (5\text{-}39)$$

式中，特征温度取边界层平均温度 $t_\text{m}=(t_\text{w}+t_\infty)/2$；特征尺寸分别为 x 和平板长度 l，适用范围为 $Re<5\times10^5$，$Pr=0.6\sim50$。

如果整个平板表面上的边界层都处于湍流状态，根据热量传递和动量传递的普朗特类比关系，可以得到局部表面传热系数 h_x 和平均表面传热系数 h 的关联式为

$$Nu_x=\frac{h_x x}{\lambda}=0.0296Re_x^{4/5}Pr^{1/3} \qquad (5\text{-}40)$$

$$Nu=\frac{hl}{\lambda}=0.037Re^{4/5}Pr^{1/3} \qquad (5\text{-}41)$$

式中，特征温度仍为 t_m；特征长度也分别为 x 和 l，适用范围为 $Pr=0.6\sim60$。

在实际的纵掠平板表面的对流传热过程中，湍流边界层往往发生在平板后部，前部仍为层流边界层，常称混合边界层，如图 5-7 所示。此时，整个平板表面的平

均表面传热系数以 x_c 为界、分两部分积分再求平均值得到,即

$$h_m = \frac{1}{l} \left(\int_0^{x_c} h_{lx} \, dx + \int_{x_c}^l h_{tx} \, dx \right)$$

式中,h_{lx} 为层流边界层局部表面传热系数,可按式(5-38)计算;h_{tx} 为湍流边界层局部表面传热系数,可按式(5-40)计算。将式(5-38)和式(5-40)代入上式,整理可得混合边界层平均表面传热系数为

$$Nu_m = \frac{h_m l}{\lambda} = \left[0.664 Re_c^{1/2} + 0.037 (Re^{4/5} - Re_c^{4/5}) \right] Pr^{1/3} \tag{5-42a}$$

式中,Re_c 为流动转化的临界雷诺数。如果取 $Re_c = 5 \times 10^5$,则式(5-42a)变为

$$Nu_m = (0.037 Re^{4/5} - 871) Pr^{1/3} \tag{5-42b}$$

其中,特征长度为全板长 l。

5.6.2　横掠单管的对流传热

横掠单管是指流体流动方向与管子轴线垂直的流动。当流体流过管子表面时,除了具有边界层特征外,还要发生绕流脱体而产生回流、漩涡和涡街,如图 5-17(a)所示。当流体流过圆管所在位置时,由于流通截面缩小,流速增加,压力下降,而在后半部由于流通截面增加,压力又回升。对于压力升高条件(即 $dp/dx \geq 0$)下边界层的流动,流体在边界层内靠自身的动量克服压力升高而向前流动,速度分布趋于平缓。在近壁处,流体动量不大,在克服上升的压力时显得越来越困难,在壁面处速度梯度最终会变为 0,即 $(\partial u / \partial y)_{y=0} = 0$。随后产生与原流动方向相反的回流,如图 5-17(b)所示。这一转折点称为绕流脱体的起点,或称分离点。从此点起边界层内缘脱离壁面,故称流动边界层脱体或分离。分离点的位置取决于 Re 的大小,当 $Re \leq 10$ 时不出现分离;当 $10 < Re \leq 1.5 \times 10^5$ 时边界层为层流,边界层分离发生在 $\varphi = 80° \sim 85°$ 处;而当 $Re > 1.5 \times 10^5$ 时,边界层在分离前已转变为湍流,分离的发生推后到 $\varphi = 140°$ 处。

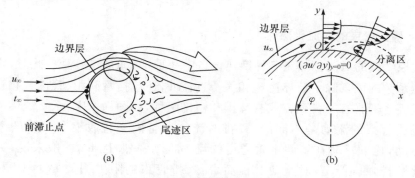

(a)　　　　　　　　　　　　　　　　(b)

图 5-17　横掠单管时边界层的分离

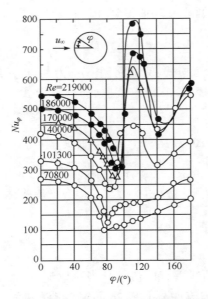

图 5-18　横掠单管时恒热流条件下局部传热性能

边界层的发展及其分离决定了横掠圆管传热的基本特征。当壁面热流恒定时,在 $\varphi = 0° \sim 80°$ 范围内,由于边界层不断增厚,局部 Nu_φ 随 φ 的增加会下降,如图 5-18 所示。低 Re 下,当边界层脱离壁面时,分离形成的扰动会强化传热,因此,Nu_φ 会有所回升。高 Re 下,第一次回升是由于转变成湍流的原因,第二次回升约在 $\varphi = 140°$ 处,则是由于分离所致。

横掠单管的对流传热关联式可表示为

$$Nu = CRe^n Pr^{1/3} \qquad (5\text{-}43)$$

式中,定性温度为 $(t_w + t_\infty)/2$,特征尺寸为管外径 d_o,特征速度为来流速度 u_∞,C 和 n 的值如表 5-2 所示。

表 5-2　式(5-43)中 C 和 n 的值

Re	C	n
0.4~4	0.989	0.330
4~40	0.911	0.385
40~4000	0.683	0.466
4000~40000	0.193	0.618
40000~400000	0.0266	0.805

5.6.3　横掠管束的对流传热

横掠管束的对流传热是各种换热设备中一种常见的传热现象,此时,影响表面传热系数的因素除了流体流速和管子直径外,还包括管间距、管排数和管子排列方式等。通常管子排列方式有叉排和顺排两种,如图 5-19 所示。流体冲刷叉排和顺排管束的流动是不同的,叉排时流体在管间交替收缩和扩张的弯曲通道中流动,比顺排时在管间走廊通道的流动扰动强烈,因此,一般来说,叉排的换热比顺排强。但是,对流动过程而言,叉排管束的阻力损失要大于顺排,且对于需要冲刷清洗的管束,顺排有易于清洗的优点,所以叉排、顺排的选择要全面权衡。

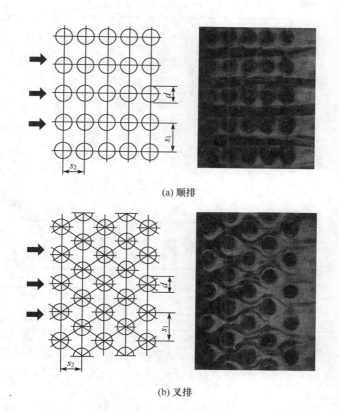

(a) 顺排

(b) 叉排

图 5-19　叉排和顺排管束

当流体流过管束时,沿流动方向流体的平均流速会不断地发生变化,因此,要选定一个特征流速以计算 Re,通常取为管束中的最大流速。同时,沿着主流方向流体流过每一排管子时,流体的运动不断地周期性重复,当流过主流方向的管排数达到一定数目后,流动与传热会进入周期性的充分发展阶段,此后,每排管子的平均表面传热系数就保持为常数。

流体横掠管束的平均表面传热系数可按下式计算:

$$Nu_f = CRe_f^n Pr_f^{0.36}\left(\frac{Pr_f}{Pr_w}\right)^{0.25}\left(\frac{s_1}{s_2}\right)^p \varepsilon_n \tag{5-44}$$

式中,定性温度为管束进、出口流体温度的平均值;特征尺寸为管外径 d_o;特征速度为管束中的最大流速 u_{max};C、n 和 p 的值如表 5-3 所示;ε_n 为管排修正系数,其值如表 5-4 所示。

表 5-3 式(5-44)中 C、n 和 p 的值

排列方式	Re_f	C	n	p	备注
顺排	$1\sim10^2$	0.90	0.40	0	
	$10^2\sim10^3$	0.52	0.50	0	
	$10^3\sim2\times10^5$	0.27	0.63	0	
	$2\times10^5\sim2\times10^6$	0.033	0.80	0	
叉排	$1\sim5\times10^2$	1.04	0.40	0	
	$5\times10^2\sim10^3$	0.71	0.50	0	
	$10^3\sim2\times10^5$	0.35	0.60	0.2	$s_1/s_2\leqslant2$
	$10^3\sim2\times10^5$	0.40	0.60	0	$s_1/s_2>2$
	$2\times10^5\sim2\times10^6$	0.031	0.80	0.2	

表 5-4 管排修正系数 ε_n 的值

排数	1	2	3	4	5	6	8	12	16	20
顺排	0.69	0.80	0.86	0.90	0.93	0.95	0.96	0.98	0.99	1.00
叉排	0.62	0.76	0.84	0.88	0.92	0.95	0.96	0.98	0.99	1.00

例题 5-4 温度为 $t_f=25℃$、流速为 $u=8m/s$ 的空气,分别横掠和纵掠外径为 $d=48mm$、长度为 $l=1m$ 的圆管,已知管外壁温度为 $t_w=175℃$,试计算两种情况下的表面传热系数。

解 空气的定性温度为

$$t_m=\frac{t_f+t_w}{2}=\frac{25+175}{2}=100(℃)$$

查得空气物性参数为

$$\lambda=0.0321W/(m \cdot K), \quad \nu=23.13\times10^{-6}m^2/s, \quad Pr=0.688$$

空气横掠圆管时,有

$$Re=\frac{ud}{\nu}=\frac{8\times0.048}{23.13\times10^{-6}}=16602$$

由式(5-43)得

$$Nu=0.193Re^{0.618}Pr^{1/3}$$
$$=0.193\times16602^{0.618}\times0.688^{1/3}=69.1$$

所以

$$h_1=\frac{\lambda}{d}Nu=\frac{0.0321}{0.048}\times69.1=46.2[W/(m^2 \cdot K)]$$

空气纵掠圆管时,有

$$Re = \frac{ul}{\nu} = \frac{8 \times 1}{23.13 \times 10^{-6}} = 345871 < 5 \times 10^5$$

流动属于层流。因此,可选用式(5-39)计算

$$Nu = 0.664 Re^{1/2} Pr^{1/3}$$
$$= 0.664 \times 345871^{1/2} \times 0.688^{1/3}$$
$$= 344.8$$

所以

$$h_2 = \frac{\lambda}{l} Nu = \frac{0.0321}{1} \times 344.8 = 11.1 [\text{W}/(\text{m}^2 \cdot \text{K})]$$

上述计算结果表明,空气横掠圆管时的表面传热系数比纵掠圆管时大得多,其主要原因是:①空气横掠圆管时,由于是沿曲面流动,会在圆管后半部发生速度边界层的分离,形成涡漩,加强了扰动,使传热增强;②来流空气直接冲刷圆管前半部,边界层受到扰动,有利于增强传热;③横掠圆管时所流过的壁面长度远小于纵掠圆管时的管长,边界层厚度较薄,热阻小,传热强。

例题 5-5　某空气预热器换热管束由 8 排光管组成,每排管子数为 $n_1 = 11$ 根,采用叉排布置,管子外径为 $d = 42\text{mm}$,管长为 $L = 2\text{m}$,管间距为:$s_1 = 65\text{mm}$,$s_2 = 56\text{mm}$,空气进口温度为 20℃,出口温度为 40℃,空气流量为 $V_0 = 9500\text{Nm}^3/\text{h}$。试计算该空气预热器的对流传热表面传热系数。

解　空气的定性温度为

$$t_f = (20 + 40)/2 = 30(℃)$$

由此查得空气物性参数为

$$\lambda_f = 0.0267\text{W}/(\text{m} \cdot \text{K}), \quad \nu_f = 16 \times 10^{-6}\text{m}^2/\text{s}, \quad Pr_f = 0.701$$
$$\rho_f = 1.165\text{kg}/\text{m}^3, \quad c_p = 1005\text{J}/(\text{kg} \cdot \text{K})$$

假定管壁平均温度为 $t_w = 80℃$,则 $Pr_w = 0.69$。

空气实际流量为

$$V = V_0 \frac{T_f}{T_0} = 9500 \times \frac{30 + 273.15}{273.15} = 10543(\text{m}^3/\text{h})$$

空预器管束中的特征速度 u_f 为

$$u_f = \frac{V}{L(s_1 - d)n_1}$$
$$= \frac{10543}{3600 \times 2 \times (0.065 - 0.042) \times 11} = 5.79(\text{m/s})$$

因此,流动 Re 为

$$Re_f = \frac{u_f d}{\nu_f} = \frac{5.79 \times 0.042}{16 \times 10^{-6}} = 15199$$

选用式(5-44)计算。其中,查表 5-3 和 5-4 知:$C=0.35,n=0.6,p=0.2,$ $\varepsilon_n=0.96$,则

$$Nu_f=0.35Re_f^{0.6}Pr_f^{0.36}\left(\frac{Pr_f}{Pr_w}\right)^{0.25}\left(\frac{s_1}{s_2}\right)^{0.2}\varepsilon_n$$

$$=0.35\times15199^{0.6}\times0.701^{0.36}\times\left(\frac{0.701}{0.69}\right)^{0.25}\times\left(\frac{65}{56}\right)^{0.2}\times0.96=98.8$$

表面传热系数为

$$h=\frac{\lambda_f}{d}Nu_f=\frac{0.0267}{0.042}\times98.8=62.8[\text{W}/(\text{m}^2\cdot\text{K})]$$

空气吸热量为

$$\Phi=\rho_f c_p V(t_f''-t_f')$$

$$=1.165\times1005\times\frac{10543}{3600}\times(40-20)=68.58(\text{kW})$$

管壁平均温度计算值为

$$t_w'=t_f+\frac{\Phi}{hA}=30+\frac{68.58\times10^3}{62.8\times3.14\times0.042\times2\times88}=78(℃)$$

与假定管壁温度 80℃相差不大,因此,计算结果是有效的。

5.7　自然对流传热

5.7.1　定义

　　由流体自身温度场的不均匀所引起的流动称为自然对流,例如,热力管道表面的散热、家用冰箱冷冻室、冷藏室中的气流流动、太阳能集热器空气夹层中的对流传热等。在自然对流过程中,流体的运动不是依靠泵或风机等外力驱动,而是由不均匀温度场造成的不均匀密度场,由此产生的浮升力作为运动的驱动力。

　　自然对流传热分为大空间自然对流传热和有限空间自然对流传热。传热面上边界层的形成和发展不受周围物体的干扰时的自然对流传热称为大空间自然对流传热,否则称为有限空间自然对流传热。大空间和有限空间是相对而言的,有时单纯从几何形状大小来看,它是有限空间,但如它并不干扰边界层的形成和发展,仍称为大空间,其自然对流传热仍称为大空间自然对流传热。在各种对流传热方式中,自然对流传热的表面传热系数是最低的。

5.7.2　流动与传热基本特征

　　考虑某竖直置于流体空间中的温度均匀的固体平壁附近形成的自然对流,如

图 5-20 所示。一般情况下,不均匀温度场仅发生在靠近传热壁面的薄层之内,在贴壁处,流体温度等于壁面温度 t_w,在离开壁面的方向上温度逐步降低,直至周围环境温度 t_∞。对于速度分布而言,在贴壁处,由于黏性作用速度为零,在离开壁面一定厚度处温度不均匀性消失,速度也等于零,而在接近热壁的中间处速度有一个峰值。

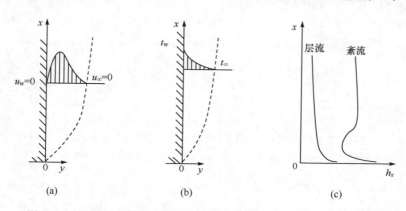

图 5-20　竖直平壁附近自然对流速度和温度分布及表面传热系数变化

与强制对流传热类似,在竖壁表面附近,也存在一个速度和温度梯度较大的区域,分别称为自然对流速度边界层和温度边界层。如果壁面与流体间温差较小,则边界层内流动为层流,此时,在壁面附近沿流动方向边界层逐渐增厚,自然对流换热表面传热系数逐渐减小。如果壁面与流体间温差较大,当边界层发展到一定厚度时,流动会由层流过渡到湍流,此时,表面传热系数会有所回升,如图 5-20(c)所示。

5.7.3　大空间自然对流传热关联式

当壁面温度恒定时,大空间自然对流传热关联式可整理成如下形式:

$$Nu_m = C(Gr\,Pr)_m^n \tag{5-45}$$

式中,Nu_m 为表面平均 Nu,下标 m 表示定性温度采用边界层的算术平均温度 $t_m = (t_w + t_\infty)/2$;系数 C 和指数 n 由实验确定,几种典型条件下的数值如表 5-5 所示;Gr 称为格拉晓夫数,定义为

$$Gr = \frac{g\alpha_v \Delta t l^3}{\nu^2}$$

格拉晓夫数代表了浮升力和黏滞力的相对大小,它在自然对流中的作用与雷诺数在强制对流中的作用相当。Gr 中的 Δt 为 t_w 与 t_∞ 之差,α_v 为流体的体积膨胀系数,对于理想气体有 $\alpha_v = 1/T$。

表 5-5　式(5-45)中的系数 C 和指数 n

加热表面的形状及位置	流动示意图	流态	C	n	特征尺寸 l	$(Gr\,Pr)_{\mathrm{m}}$ 范围
竖直平壁和圆柱体		层流	0.59	1/4	高度 H	$10^4 \sim 10^9$
		湍流	0.10	1/3		$10^9 \sim 10^{13}$
横置圆柱体		层流	0.48	1/4	外径 d	$10^4 \sim 1.5 \times 10^8$
		湍流	0.10	1/3		$> 1.5 \times 10^8$
水平板,热面朝上或冷面朝下		层流	0.54	1/4	正方形取边长;长方形取两边边长平均值;圆盘取 $0.9d$;狭长条取短边	$2 \times 10^4 \sim 5 \times 10^6$
		湍流	0.15	1/3		$5 \times 10^6 \sim 10^{11}$
水平板,热面朝下或冷面朝上		层流	0.27	1/4		$3 \times 10^5 \sim 3 \times 10^{10}$

5.8　本章小结

本章主要介绍了影响对流传热过程的主要因素、常见对流传热问题的分类;对流传热微分方程,速度边界层和温度边界层;相似原理,相似分析法和量纲分析法;常用特征数实验关联式的形式,各种对流传热问题的传热特点及特征数关联式。

通过本章的学习,要求掌握以下内容:

(1)牛顿冷却公式及其应用,流动起因、流动状态、流体有无相变、表面特性及物性参数等对对流传热过程的影响机制及影响趋势。

(2)流动边界层和热边界层的概念及其相互关系,边界层内速度和温度变化规律,Pr 的作用及其物理意义。

(3)局部表面传热系数和平均表面传热系数间的关系,简单对流传热问题的数学描述,对流传热能量微分方程及方程中各项的意义。

(4)相似原理及其对实验研究的指导意义,Nu、Re 和 Gr 的定义及其物理意义,对流传热实验研究的步骤和实验数据的整理方法,特征尺寸和定性温度的确定。

(5)管内强迫对流传热入口段和充分发展段的概念,入口段边界层的发展和局部表面传热系数的沿程变化规律,管内层流和湍流对流传热过程的计算。

(6)流体纵掠平板表面对流传热的流动和传热特点,平板层流边界层、紊流边界层和混合边界层的判断方法,流体纵掠平板表面对流传热过程的计算。

(7)流体横掠单管时的边界层分离现象,流动及传热特点,流体横掠管束的流动和传热特点,横掠单管和管束的强迫对流传热计算。

（8）自然对流产生的原因、流动和传热特点、自然对流的分类、影响自然对流传热的主要因素。

思　考　题

5-1　分析流体的物性参数 λ、ρ、c_p、ν 和 a 变大时，对流传热表面传热系数的变化趋势。

5-2　什么是流动边界层？什么是热边界层？为什么它们的厚度之比与普朗特数 Pr 有关？

5-3　电厂发电机中的电流强度很大，会在发电机线圈中产生大量热量，必须进行冷却。小型电厂的发电机用空气冷却就行了，而大中型电厂为保证发电机不超温，必须要用氢气、甚至要用水来冷却，试分析其原因。

5-4　冬天，当你将手伸到室温下的水中时会感到很冷，但手在同一温度下的空气中时并无这样冷的感觉，为什么？

5-5　为什么边界层厚度沿流动方向逐渐增加？边界层厚度受哪些因素影响？

5-6　Nu 与 Bi 都可写成 hl/λ，试问它们有何区别？

5-7　由式（5-10）可知 $h = -\dfrac{\lambda}{\Delta t}\dfrac{\partial t}{\partial y}\Big|_{y=0}$，其中没有流速 u，能否说 h 与速度分布无关？为什么？

5-8　相似原理的内容是什么？对实验研究有什么指导意义？

5-9　什么是特征数？特征数对对流传热问题的求解有什么作用？

5-10　黏性大的流体一般 Pr 也较大。由特征数关联式 $Nu = cRe^n Pr^m$（$m>0$，$n>0$）得，Pr 越大，Nu 越大，h 也越大，即黏性越大的流体表面传热系数越高，这个结论是否正确？为什么？

5-11　为什么在分析管内强迫对流传热时，其特征尺寸用其内径而不用管长？

5-12　管内湍流强迫对流传热时，流速增加一倍，其他条件不变时，表面对流传热系数 h 如何变化？管径减小一半、流速等其他条件不变时 h 如何变化？管径减小一半、体积流量等其他条件不变时 h 如何变化？

5-13　管内充分发展段中（$t_w \neq t_f$），流体的速度和温度分布都不沿轴向变化，对吗？为什么？

5-14　解释管内强迫对流传热的入口效应，并说明入口效应对传热的影响。

5-15　为什么管内强迫对流的管长修正系数和弯管修正系数总是大于 1，而温度修正系数可大于 1，也可小于 1？

5-16　管径对于管内充分发展层流、管内充分发展湍流和流体强制横掠圆管等各种对流传热过程的影响程度，何者最大？何者次之？何者最小？并解释其原因。

5-17　流体纵掠单管的边界层发展规律为什么和管内流动的边界层发展规律不
　　　一样？纵掠单管的传热规律和哪一种对流传热的规律相同？

5-18　流体中形成自然对流时一定会有密度差，那么有密度差存在，流体中是否
　　　就一定会产生自然对流？

习　题

5-1　对于油、空气及液态金属。分别有 $Pr \gg 1$、$Pr \approx 1$ 和 $Pr \ll 1$。试就外掠等温
　　平板的层流边界层，画出三种流体边界层中速度分布与温度分布的大致
　　图像。

5-2　流体在两平行平板间的通道内作受迫层流充分发展的对流传热。通道两侧
　　平板的加热热流密度分别为 q_{w1} 和 q_{w2}，试画出下列两种情形下，在充分发展
　　区流通截面上的流体温度分布曲线：
　　(1) $q_{w1} = 2q_{w2}$。
　　(2) $q_{w1} > 0, q_{w2} = 0$。

5-3　某实验中用 25℃ 的空气来模拟 280℃ 的烟气的对流传热过程，实验模型尺寸
　　为实物尺寸的 1/6。烟气的流速为 8m/s，求实验中空气的流速应为多少？
　　实验测得模型中空气的表面传热系数为 240W/(m²·K)，求实物中烟气的
　　表面传热系数。在这一相似实验中，有哪些地方不符合相似原理的要求？
　　这样的相似实验结果有无实用价值？

5-4　计算温度为 25℃、流速为 6m/s 的空气，流过温度为 55℃ 的下述两种表面时
　　表面传热系数的相对大小：
　　(1) 长为 200mm 的平板。
　　(2) 横掠直径为 200mm 的圆柱。

5-5　水在内径为 20mm 的管内流动，水的流量为 0.25kg/s，入口温度为 20℃，管
　　内壁平均温度为 80℃，若要求水的出口温度达到 40℃，则管长应为多少？

5-6　水以 1.5m/s 的流速在内径为 20mm 的长直圆管内流动，试计算下面两种情
　　况下管内表面传热系数的相对大小：(1)管壁温度为 100℃，水进口温度为
　　20℃，出口温度为 40℃；(2)管壁温度为 20℃，水进口温度为 100℃，出口温
　　度为 80℃。

5-7　温度为 150℃ 的热空气流入内径为 100mm、壁厚为 6mm、长为 30m 的钢管，流
　　量为 0.407kg/s。管外用 40mm 厚的水泥泡沫砖保温，环境温度为 15℃。已知
　　钢管和水泥泡沫砖的导热系数分别为 42.8W/(m·K) 和 0.115W/(m·K)，保
　　温层外表面对环境的复合传热表面传热系数为 9.6W/(m²·K)，试计算出口
　　处热空气的温度。

5-8 热空气通过一矩形断面通道,已知通道断面尺寸为 0.5m×0.6m,热空气的平均温度为 250℃,质量流量为 4.5kg/s。试求空气与通道内壁面间的表面传热系数。

5-9 某一矩形烟道,截面积为 800mm×700mm,烟道长 20m,烟道内为恒壁温,且 t_w=70℃,现有 230℃的烟气流过该烟道,质量流量 q_m=1.6kg/s。试计算烟气的出口温度。

5-10 如果流体纵掠平板的流动边界层由层流转变为湍流的临界雷诺数 Re_c=5×10^5,流体主流速度为 1.5m/s,试计算 25℃的空气和水达到临界雷诺数时所流过平板的长度。

5-11 25℃的水以 0.5m/s 的速度流过长为 0.5m、平均壁温为 50℃的平板,求全板长的平均表面传热系数和单位宽度平板的对流传热量。

5-12 温度为 25℃的空气以 35m/s 的速度,掠过长为 750mm、温度为 275℃的平板,试计算单位宽度平板对空气的总对流传热量。

5-13 夏季的微风以 4m/s 速度掠过建筑物的一堵墙壁,该壁面高为 3.5m、宽为 6.5m,壁面吸收太阳能的平均辐射热流密度为 350W/m^2,并通过对流散热给周围的空气。假设空气温度为 25℃,压力为一大气压,试计算在热平衡状态下壁面的平均温度。

5-14 有一通有电流的导线,其直径为 d=1mm,当 20℃的空气以 6m/s 的速度横向垂直吹过时,导线表面温度为 30℃,若使其表面温度降低至 28℃以下,则空气速度至少应为多少?

5-15 一支直径为 30mm、长为 1015mm、功率为 60W 的白炽灯管,当 25℃的空气以 0.3m/s 的流速横掠灯管时,灯管表面温度为 50℃,试问灯管对流散热损失占其功率的比例为多少?

5-16 一块高 3m、宽 1m 的热板竖置在 25℃的房间内,由两面向周围散热。每平方米热板的加热功率为 140W。假定该加热量完全通过自然对流散失,试估算其平均表面传热系数。

第6章 相变对流传热

6.1 概　　述

在许多工程问题中,经常会遇到流体与壁面间进行对流传热的同时,传热流体本身也伴随发生相的变化的情况。例如,在电站凝汽器中,管外的高温水蒸气流过管外表面时被管内的冷却水冷却,此时,水蒸气与温度低于其饱和温度的冷表面进行对流传热,并在被冷却的同时伴随发生相的变化而凝结成水;在锅炉的水冷壁管中,水在管内由下而上地流过温度高于其饱和温度的热管壁,在被管壁加热的同时发生沸腾,一部分水由液态转变为水蒸气。

凝结和沸腾过程包含了流体运动,因而被归类于对流传热,然而由于存在相变,凝结和沸腾传热过程较无相变的单相介质对流传热过程要复杂得多,在相变传热过程中,流体的密度、比热容、导热系数、黏性系数等物性参数会发生剧烈变化,从而影响其传热性能。和单相对流传热相比,相变对流传热有以下特点:

(1)相变对流传热过程中流体的温度保持不变。凝结传热时,饱和蒸汽温度不会因为向壁面放热而下降,沸腾传热时饱和液体温度不会因为从壁面吸热而上升,都保持为饱和蒸汽压所对应的饱和温度 t_s。

(2)相变对流传热过程中流体和壁面间传递的热量主要为凝结潜热和汽化潜热,而潜热一般要比无相变对流传热所传递的显热大得多;另外,与单相对流传热相比,其传热温差一般相对较小,从而相变对流传热时的表面传热系数大,传热强度高。

对相变对流传热,其对流传热量仍按牛顿冷却公式计算,即

$$\Phi = hA\Delta t \tag{6-1a}$$

$$q = h\Delta t \tag{6-1b}$$

式中,A 为参与传热的固体壁面面积;Δt 为所处压力下工质的饱和温度 t_s 与壁面温度 t_w 之差,凝结传热时,$\Delta t = t_s - t_w$,而沸腾传热时,$\Delta t = t_w - t_s$。显然,问题又归结为如何求相变对流表面传热系数 h。

6.2　凝结传热

6.2.1　凝结方式

当饱和蒸汽与较低温度的固体壁面接触时,蒸汽会在壁面上凝结成液体而释放出凝结潜热的现象称为凝结传热。根据凝结液与固体壁面的润湿性,凝结传热有以下两种方式。

如果凝结下来的液体能够很好地润湿固体壁面,如图 6-1(a)所示,液体就会在壁面上形成一层连续的液膜覆盖住壁面,这种凝结方式称为膜状凝结,如图 6-2(a)所示。在膜状凝结过程中,饱和蒸汽并没有和壁面直接接触,而是和凝结液膜外表面接触,所放出的凝结潜热必须通过这层液膜才能到达壁面,因此,这层液膜的热阻是膜状凝结传热的主要热阻。

若凝结液不能润湿壁面,如图 6-1(b)所示,而是在壁面上形成大大小小的液珠散布在表面上,这种凝结方式称为珠状凝结,如图 6-2(b)所示。在珠状凝结过程中,凝结液珠有一个形成、长大的过程。液珠会在重力作用下流过壁面,在流动过程中和其他液珠合并增大。当液珠足够大时,液珠和表面间附着力不足以继续维持液珠附着在表面上,液珠就会直接脱离壁面。

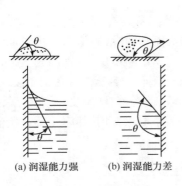

(a) 润湿能力强　　　(b) 润湿能力差

图 6-1　不同润湿条件下壁面上
液膜形成的接触角

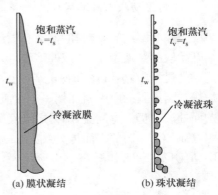

(a) 膜状凝结　　　(b) 珠状凝结

图 6-2　蒸汽凝结过程示意图

从图 6-3 所示的珠状凝结的照片中可清楚地看出,珠状凝结时固体壁面上存在有不同大小的液珠。珠状凝结时,壁面上除液珠覆盖的部分以外,其余壁面都裸露于蒸汽中。因此,凝结过程是在蒸汽与液珠表面及蒸汽和裸露的壁面之间进行的。由于液珠的表面积比其所占的壁面面积大很多,而且裸露的壁面直接和蒸汽接触无液膜热阻,故珠状凝结具有很高的表面传热系数。实验测量表明,一个大气压下的水蒸气呈珠状凝结和膜状凝结时的表面传热系数相差 10 余倍。但珠状凝结很不

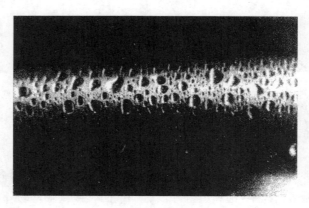

图 6-3　珠状凝结

稳定,尽管可以采用材料改性处理技术及加珠状凝结促进剂等技术措施,但仍然难以使壁面上长久维持珠状凝结。因此,在工程上的冷凝传热设备一般都是根据膜状凝结条件设计的,以使传热设备在不利条件下仍能满足预定的传热要求。本章仅讨论蒸汽的膜状凝结。

6.2.2　膜状凝结传热的计算

1. 液膜流动状态及其对传热的影响

发生膜状凝结时,液膜的流动有层流和紊流两种状态。蒸汽在竖壁上凝结时,由于在开始段凝结液量小,形成的液膜薄,液膜处于层流流动;在液膜沿着重力方向往下流动的过程中,蒸汽在汽液分界面上不断地凝结,液膜不断增厚,流动的速度也逐渐加快。当液膜的厚度增加到一定数值时,其流动从层流转变到紊流。在紊流段,贴近壁面处液膜仍保持层流,即为层流底层,如图 6-4(a)所示。在层流段,随着液膜的增厚,热阻增大,局部表面传热系数 h_x 逐渐下降。当发展到紊流时,热阻主要在层流底层,h_x 开始增大,如图 6-4(b)所示。

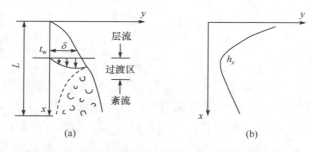

图 6-4　凝结时液膜流动情况及局部表面传热系数 h_x

与强迫流动类似,液膜流态可以用膜层 Re 来判断,如图 6-5 所示。

由 Re 的定义并结合凝结液膜的特点,有

$$Re=\frac{\rho_1\bar{u}_1 d_e}{\eta_1}=\frac{\rho_1\bar{u}_1}{\eta_1}\frac{4A_1}{P}=\frac{4q_{ml}}{\eta_1 P} \quad (6\text{-}2a)$$

式中,ρ_1 为凝结液密度(kg/m³);η_1 为凝结液动力黏度(Pa·s);$\bar{u}_1$ 为液膜横截面上的平均流速(m/s);d_e 为液膜的当量直径(m),$d_e=4A_1/P$;A_1 为液膜流动截面积(m²),$A_1=b\delta$(b 为壁宽,δ 为液膜厚度);q_{ml} 为液膜流动截面的质量流量(kg/s);P 为液膜润湿周界,对于竖平壁 $P=b$,对于竖管壁 $P=\pi d$(d 为圆管直径)。

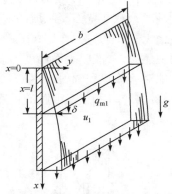

图 6-5　竖壁上层流液膜流动

考虑到竖平壁任意位置 $x=l$ 处

$$q_{ml}=\frac{\Phi}{r}=\frac{hA(t_s-t_w)}{r}$$

且 $A=lb,P=b$,则

$$Re=\frac{4hA(t_s-t_w)}{r\eta_1 P}=\frac{4hl\Delta t}{r\eta_1}=\frac{4ql}{r\eta_1} \quad (6\text{-}2b)$$

式中,t_s 为相应压力下蒸汽的饱和温度(℃);t_w 为壁面温度(℃);r 为汽化潜热(J/kg),由饱和温度 t_s 查取;q 为热流密度(W/m²)。

实验表明,竖壁膜状凝结中液膜的临界雷诺数 $Re_c\approx1600$,也有的文献推荐为1800。若整个竖壁凝结液膜由层流发展到紊流,则采用下式计算整个竖壁的表面传热系数:

$$h=h_1\frac{x_c}{L}+h_t\left(1-\frac{x_c}{L}\right) \quad (6\text{-}3)$$

式中,x_c 是从竖壁开始由层流转变为紊流时的高度;h_1 为层流段平均表面传热系数;h_t 是紊流段平均表面传热系数;L 为壁的总高度。

下面重点介绍和讨论层流膜状凝结表面传热系数的计算方法,至于紊流膜状凝结表面传热系数的计算可参阅有关文献。

2. 层流膜状凝结传热的分析计算

1916 年,努塞尔根据连续液膜层流状态及导热机理,最先从理论上建立了液膜流动动量方程和能量方程,得到层流膜状凝结传热的理论解,并与实验结果基本上吻合。其成功之处在于,努塞尔认为,决定竖壁层流膜状凝结表面传热系数大小的最主要或决定性因素是表面凝结液膜的导热热阻大小,只要求出液膜厚度在竖壁上的变化规律,凝结传热问题就可以得到解决。

对于如图 6-6(a)所示的竖壁膜状凝结液膜的速度场和温度场,努塞尔在理论分析中作了若干合理的简化假定,得到如图 6-6(b)所示的情形。这些假定是:①纯净蒸汽在壁面凝结成层流液膜,且物性为常量;②蒸汽是静止的,蒸汽对液膜表面无黏滞切应力作用;③液膜很薄,且流动缓慢,忽略液膜的惯性力;④汽-液界面上无温差(液膜表面温度 t_δ 等于饱和蒸汽温度 t_s),界面上仅发生凝结传热而无其他对流传热和辐射传热;⑤凝结热以导热方式(无对流作用)通过液膜,膜内温度呈线性分布;⑥忽略液膜的过冷度,即凝结液的焓为饱和液体的焓,忽略液膜放出的显热。

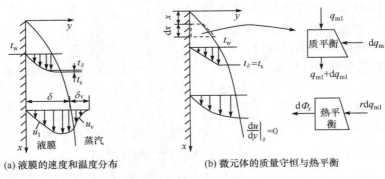

(a) 液膜的速度和温度分布　　　(b) 微元体的质量守恒与热平衡

图 6-6　努塞尔膜状凝结传热分析示意图

以上假定不仅极大地简化了分析求解过程,而且所得分析结果具有足够的精度。根据上述假定,应用边界层传热微分方程组的形式可以写出描述竖壁层流膜状凝结传热的控制方程组,即

连续方程:

$$\frac{\partial u}{\partial x}+\frac{\partial v}{\partial y}=0$$

动量方程:

$$\rho_1\left(u\frac{\partial u}{\partial x}+v\frac{\partial u}{\partial y}\right)=-\frac{\mathrm{d}p}{\mathrm{d}x}+\rho_1 g+\eta_1\frac{\partial^2 u}{\partial y^2}$$

能量方程:

$$u\frac{\partial t}{\partial x}+v\frac{\partial t}{\partial y}=a_1\frac{\partial^2 t}{\partial y^2}$$

边界条件为

$$y=0,\quad u=0,\quad t=t_w;\quad y=\delta,\quad \frac{\mathrm{d}u}{\mathrm{d}y}=0,\quad t=t_\delta=t_s$$

上述式中,下标"1"表示液相;a_1 为凝结液的热扩散系数(m²/s)。这个方程组是努塞尔理论求解的出发点。求解的思路是:在上述的假定条件下,对方程组进行简

化,先由方程组解出液膜内的速度场和温度场;然后,解得液膜厚度 δ;最后,根据 $\mathrm{d}x$ 液膜微元段上的凝结传热量等于该段膜层的导热量,求出膜状凝结局部表面传热系数 h_x 和平均表面传热系数 h。主要求解的过程如下。

应用简化假定③,动量方程左边可舍去。$\mathrm{d}p/\mathrm{d}x$ 为液膜在 x 方向的压力梯度,可按 $y=\delta$ 处液膜表面蒸汽的压力梯度计算。考虑到简化假定②,若以 ρ_v 表示蒸汽密度,则有 $\mathrm{d}p/\mathrm{d}x=\rho_v g$。又由于 $\rho_v \ll \rho_l$,即 ρ_v 相对于 ρ_l 可忽略不计,于是 $\rho_v g$ 可以舍去。按简化假定⑤,能量方程左边也可以舍去。于是上述动量和能量方程可以分别简化为

$$\eta_1 \frac{\partial^2 u}{\partial y^2} + \rho_1 g = 0, \quad \frac{\partial^2 t}{\partial y^2} = 0$$

显然,上式中只有两个未知量 u、t,不需补充其他方程就可求解,连续方程可以舍去。将上述简化后的动量和能量方程做两次积分并结合边界条件,可得

$$u = \frac{\rho_1 g}{\eta_1}\left(\delta y - \frac{1}{2}y^2\right), \quad t = t_w + (t_s - t_w)\frac{y}{\delta}$$

上式中的液膜厚度 δ 未知,下面求解的关键是获得液膜厚度 δ 随 x 的变化规律。为此对 $\mathrm{d}x$ 的微元段做质量平衡,如图 6-6(b)所示,通过 $x=l$ 截面处的凝结液的质量流量为

$$q_{\mathrm{ml}} = \int_0^{\delta} \rho_1 u b \,\mathrm{d}y = \int_0^{\delta}\left(\frac{\rho_1^2 g b}{\eta_1}\right)\left(\delta y - \frac{1}{2}y^2\right)\mathrm{d}y = \frac{g b \rho_1^2 \delta^3}{3\eta_1}$$

在 $\mathrm{d}x$ 微元段上液膜质量流量的增量为

$$\mathrm{d}q_{\mathrm{ml}} = \frac{g b \rho_1^2 \delta^2 \,\mathrm{d}\delta}{\eta_1}$$

由 $\mathrm{d}x$ 微元段上的能量平衡,即通过厚为 δ 的液膜的导热应等于 $\mathrm{d}q_{\mathrm{ml}}$ 的凝结液体释放出来的潜热(由简化假定⑥没有考虑液膜过冷所释放的显热),同时又等于该微元段的对流传热量,于是有

$$r\mathrm{d}q_{\mathrm{ml}} = r\left(\frac{g b \rho_1^2 \delta^2 \,\mathrm{d}\delta}{\eta_1}\right) = \lambda_1 \frac{t_s - t_w}{\delta}(b\mathrm{d}x) = h_x(b\mathrm{d}x)(t_s - t_w)$$

由上式第一个等式可积分解得液膜厚度 δ 的结果为

$$\delta = \left[\frac{4\eta_1 \lambda_1 (t_s - t_w)x}{g\rho_1^2 r}\right]^{\frac{1}{4}} \tag{6-4}$$

由第二个等式可解得局部表面传热系数 h_x 的结果为

$$h_x = \left[\frac{g r \rho_1^2 \lambda_1^3}{4\eta_1 (t_s - t_w)x}\right]^{\frac{1}{4}} \tag{6-5}$$

设壁高为 L,则整个竖壁面的平均表面传热系数为

$$h_V = \frac{1}{L}\int_0^L h_x \mathrm{d}x = \frac{4}{3}h_x|_{x=L} = 0.943\left[\frac{gr\rho_l^2\lambda_l^3}{\eta_l L(t_s - t_w)}\right]^{\frac{1}{4}} \tag{6-6}$$

式中,h 的下角标"V"表示竖壁。式(6-5)及式(6-6)分别为竖壁层流膜状凝结的局部表面传热系数及平均表面传热系数的努塞尔理论分析解计算式。定性温度除 r 取 t_s 外,ρ_l、λ_l 和 η_l 等均取液膜的平均温度 $t_m=(t_w+t_s)/2$ 下的物性。式(6-6)对任何单一物质的蒸汽凝结均适用。

实验证明,用式(6-6)计算得出的 h 值比实测值约低 20%,为此,工程上常将式(6-6)的系数改为 1.13,即

$$h_V=1.13\left[\frac{gr\rho_l^2\lambda_l^3}{\eta_l L(t_s-t_w)}\right]^{\frac{1}{4}} \tag{6-7}$$

对于竖圆管(或圆柱体),若外半径 R 远大于底部的液膜厚度 δ,也可采用式(6-7)计算。而对于图 6-7所示的与水平面成 φ 角的斜壁,由于微元体重力 F_g 沿壁面的分力为 $F_g\sin\varphi$,所以只要以 $g\sin\varphi$ 代替 g,同样可采用式(6-7)来计算。

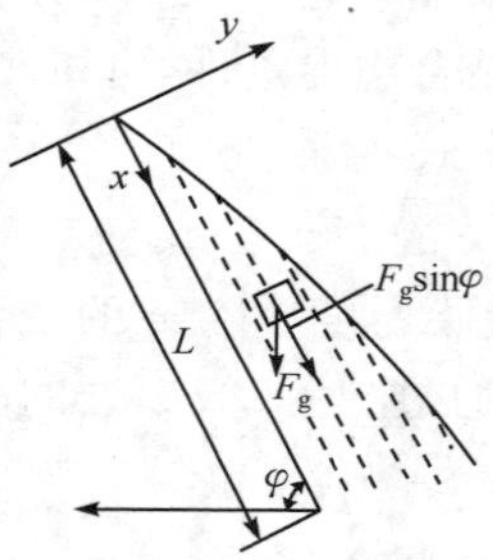

图 6-7　斜壁上的层流膜状凝结

对于水平管外的膜状凝结,努塞尔也得到了相应的理论解,即

$$h_H=0.725\left[\frac{gr\rho_l^2\lambda_l^3}{\eta_l d(t_s-t_w)}\right]^{\frac{1}{4}} \tag{6-8}$$

式中,d 为水平管外径(m);下标"H"表示水平管。

由上述结果,对一根管径为 d,高为 L 的圆管,其水平放置和竖直放置的表面传热系数之比为

$$\frac{h_H}{h_V}=\frac{0.725}{1.13}\left(\frac{L}{d}\right)^{\frac{1}{4}}$$

若取直径 $d=0.02$m,高度 $L=1$m,则 $L/d=50$,有

$$\frac{h_H}{h_V}=1.7$$

这表明对于同一根圆管,水平放置的管外膜状凝结表面传热系数比竖直放置时大,所以通常凝汽器都采用水平管布置方式。

如有 N 根水平管自上而下排列,且间距不大,则因凝结液下落,会使下面各管的液膜逐渐加厚,如图 6-8 所示。这时相当于增大壁面的高度,因此可用 Nd 代替式(6-8)中的 d 来计算排管的平均表面传热系数,即

$$h_N=0.725\left[\frac{gr\rho_l^2\lambda_l^3}{\eta_l Nd(t_s-t_w)}\right]^{\frac{1}{4}} \tag{6-9}$$

不过,由于上排管凝结液下落至下排管会引起下排管液膜的波动和飞溅,因此管束凝结传热实际的 h_N 比按式(6-9)计算所得结果偏大。但由于上排液膜对下排液膜影响的复杂性,至今仍未找到更好的管束凝结 h_N 的计算式,式(6-9)可作为初步的传热计算使用。

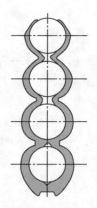

最后需要说明的是,通常在计算竖壁膜状凝结传热时,首先按照层流膜状凝结传热计算出整个竖壁的平均表面传热系数 h,再计算出相应的液膜雷诺数 Re。如果液膜雷诺数高于临界值,则表明液膜流动已经从层流过渡到紊流,此时可以用式(6-3)计算整个竖壁的平均表面传热系数,亦可用相关实验关联式进行直接计算。

图 6-8　竖排多管管外膜状凝结

例题 6-1　饱和温度为 55℃ 的纯净蒸汽在管外径为 25.4mm 的竖直管束外凝结,蒸汽与管壁的温差为 10℃,每根管子长 1.5m,共 50 根管子。试计算该凝汽器的热负荷。如果管束改为水平放置,每排 10 根,分 5 排顺排布置,求这时的凝汽器热负荷又为多少?

解　首先假定液膜流动为层流,按层流膜状凝结计算。汽化潜热 r 按 $t=t_s=55℃$ 查取,$r=2370.6\text{kJ/kg}$,其余物性参数按 $t_m=(t_s+t_w)/2=50℃$ 查取:$\rho_l=988.1\text{kg/m}^3$;$\eta_l=549.4\times10^{-6}\text{kg/(m · s)}$;$\lambda_l=0.6480\text{W/(m · K)}$。管子竖直布置时,由式(6-7)有

$$h_V=1.13\times\left[\frac{gr\rho_l^2\lambda_l^3}{\eta_l L(t_s-t_w)}\right]^{\frac{1}{4}}=1.13\times\left[\frac{9.8\times2370.6\times10^3\times988.1^2\times0.6480^3}{549.4\times10^{-6}\times1.5\times10}\right]^{\frac{1}{4}}$$
$$=5911.3[\text{W/(m}^2\text{ · K)}]$$

膜层雷诺数 Re 为

$$Re=\frac{4h_V L(t_s-t_w)}{\eta_l r}=\frac{4\times5911.3\times1.5\times10}{2370.6\times10^3\times549.4\times10^{-6}}=272<1600$$

故假定液膜流动为层流正确,h_V 计算有效。整个凝汽器的热负荷为

$$\Phi=NAh_V(t_s-t_w)=50\times\pi\times25.4\times10^{-3}\times1.5\times5911.3\times10=353.6(\text{kW})$$

如果冷凝管水平布置,由式(6-9)计算

$$h_N=0.725\times\left[\frac{9.8\times2370.6\times10^3\times988.1^2\times0.6480^3}{549.4\times10^{-6}\times5\times0.0254\times10}\right]^{\frac{1}{4}}=7031.0[\text{W/(m}^2\text{ · K)}]$$

凝汽器的热负荷为

$$\Phi=NAh_N(t_s-t_w)=50\times\pi\times25.4\times10^{-3}\times1.5\times7031.0\times10=420.6(\text{kW})$$

　　从以上计算结果可以看出,相对于竖直布置方式,凝汽器采用水平管布置方式其热负荷可提高 19% 左右。

　　例题 6-2　如将一置于饱和水蒸气中的竖直冷却面高度增加为原来的 n 倍,试分析在其他条件不变,且液膜仍为层流的情况下,平均表面传热系数和凝结液量如何变化?

　　解　由竖壁膜状凝结传热的计算公式知,表面传热系数与竖壁高度之间的关系为 $h \sim L^{-1/4}$,因而两种竖壁高度下的表面传热系数之比为

$$\frac{h_{\mathrm{n}}}{h} = \frac{(nL)^{-1/4}}{L^{-1/4}} = n^{-1/4} = \frac{1}{\sqrt[4]{n}}$$

由凝结液的质量流量计算公式 $q_{\mathrm{ml}} = \dfrac{hA\Delta t}{r} = \dfrac{hLb\Delta t}{r}$(式中 b 为壁宽),可以得到两种情况下的凝结液量之比为

$$\frac{q_{\mathrm{ml,n}}}{q_{\mathrm{ml}}} = \frac{h_{\mathrm{n}}L_{\mathrm{n}}}{hL} = \frac{1}{\sqrt[4]{n}}n = n^{\frac{3}{4}}$$

6.2.3　膜状凝结传热的影响因素及其强化

　　1. 影响因素

　　前面介绍了在一些比较理想的条件下饱和蒸汽膜状凝结传热的计算式。工程实际中所发生的膜状凝结传热过程由于受更多因素的影响往往更为复杂,如蒸汽中含有不凝结的成分、蒸汽的流动等,这些因素都会对膜状凝结传热造成影响。

　　下面就几种比较重要的影响因素讨论如下:

　　1) 不凝结气体

　　努塞尔理论分析解适用于纯净的蒸汽凝结传热。然而,在工程上使用的水蒸气中常混有不凝结气体(如空气等)。不凝结气体对膜状凝结传热可造成以下两方面的影响。一方面水蒸气中若混有空气,则此时混合气体的总压力等于水蒸气分压力和空气分压力之和。随着水蒸气凝结过程的进行,近壁面处水蒸气分压力下降而空气分压力增大,离壁面越近,空气的浓度越大,形成一层空气夹层,水蒸气必须越过这一空气夹层才能扩散到液膜表面凝结,这相当于增加了一个气相热阻 R_{g},从而使得表面传热系数下降,如图 6-9(b)所示。另一方面蒸汽在凝结过程中,因克服空气夹层的扩散阻力而使水蒸气的分压力下降,相应的饱和温度 t_{s} 下降,减小了凝结传热的驱动力 Δt,从而使膜状凝结传热性能下降。

　　实践证明,纯净水蒸气中混有 1% 的不凝气体,膜状凝结表面传热系数将下降 60%~70%。所以,电厂凝汽器都装有抽气器,以便及时将凝汽器中的空气排除,不让空气聚积而降低凝汽器的膜状凝结表面传热系数。

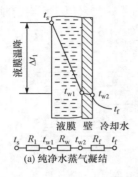

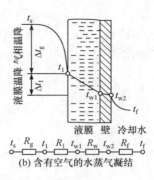

图 6-9　水蒸气凝结时的温度分布和热阻

2）蒸汽流速

努塞尔理论分析解没有考虑蒸汽流速的影响，故仅适用于静止蒸汽或蒸汽流速较低的情况，对水蒸气一般低于 10m/s，大的流速会在液膜表面产生明显的黏滞应力。当蒸汽流向与液膜流动方向一致时，可加速液膜运动，使之变薄，凝结传热被强化。如果蒸汽流向与液膜流动方向相反，则液膜厚度有增大的趋势，凝结传热被削弱。但如果蒸汽流速过大，则不论蒸汽流向是否与液膜流动方向相同，液膜都将可能脱离壁面，使凝结传热增强。

3）蒸汽过热度

努塞尔理论分析解是针对饱和蒸汽的凝结而言的，对于过热蒸汽，实验证实，只要把前述饱和蒸汽的膜状凝结传热计算式中的潜热改用过热蒸汽和饱和液体的焓差，即可用来计算过热蒸汽的凝结传热。

4）液膜过冷度及温度分布的非线性

努塞尔理论分析解忽略了液膜过冷度的影响，并假定液膜中温度呈线性分布。分析表明，只要用下式的 r' 代替前述膜状凝结传热计算式中的 r，就可以考虑到这两个因素的影响，即

$$r' = r + 0.68 c_p (t_s - t_w)$$

5）表面状态的影响

当凝结表面粗糙、锈蚀或积有污垢时，会使凝结液膜的流动阻力增加，特别是在凝结液的膜层雷诺数较低时，凝结液不易于排泄，使液膜加厚，膜状凝结表面传热系数降低。

6）表面形状的影响——管内凝结

前面所介绍的是凝结液在重力作用下向下流动时的竖壁或管外凝结，然而在不少工业冷凝器（如冰箱中的制冷剂蒸汽冷凝器）中，蒸汽在管内流动的同时产生凝结，此时凝结传热的情形与蒸汽的流速有很大关系。以水平管中的凝结过程为例，当蒸汽流速低时，凝结液主要积聚在管子的底部，蒸汽则位于管子上半部，其截

面形状如图 6-10(a)所示。如果蒸汽流速比较高,则凝结液较均匀地分布在管子四周,而中心为蒸汽核,即形成所谓环状流动,如图 6-10(b)所示。管内凝结传热的计算比较复杂,有兴趣的读者可参见相关文献。

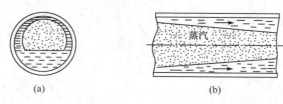

(a)　　　　　　　　　　　　　　(b)

图 6-10　管内凝结示意图

2. 凝结传热的强化

由于蒸汽膜状凝结时,其热阻存在于液膜中。因此尽量减薄液膜层的厚度是强化膜状凝结的基本手段。为此,可以从以下几个方面着手:第一是减薄蒸汽凝结时直接黏滞在固体表面上的液膜;其次是及时地将传热表面上产生的凝结液体排走,不使其积存在传热表面上而进一步加厚液膜;最后是促进珠状凝结等。具体措施有:

(1) 改变表面几何特征。如在壁面上开沟槽等,使凝结液由于表面张力的作用被拉回到沟槽内,顺槽排泄,而槽的脊背上只有极薄的液膜,使热阻大为降低,这种方法已在工业上得到广泛应用,如图 6-11 和图 6-12 所示。

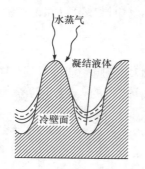

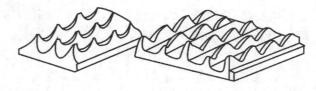

图 6-11　尖峰上表面张力的作用　　　　　　图 6-12　锯齿管示意图

(2) 加速凝结液的排除。如采用中间导流装置、低频振动等方法加速凝结液的排泄,如图 6-13 所示。

(3) 促成珠状凝结。如在凝结壁面上涂、镀对凝结液附着力很小的材料(如聚四氟乙烯等),在蒸汽中加珠凝促进剂(如油酸、辛醇等)以促进珠状凝结的形成。

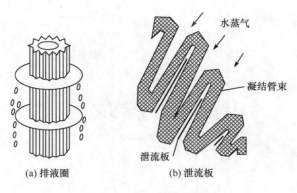

(a) 排液圈　　　　　　　　(b) 泄流板

图 6-13　加速排液的措施

6.3　沸腾传热

6.3.1　概述

当加热壁面温度高于液体的饱和温度,使液体产生强烈的汽化并形成汽泡的过程称为沸腾。沸腾时加热壁面与液体之间的传热称为沸腾传热,从不同的角度,可将沸腾分为以下几类:

按沸腾发生的位置可将沸腾分为大容器沸腾(或称池内沸腾)和强迫对流沸腾两大类。所谓大容器沸腾是指加热壁面沉浸在具有自由表面的液体中所发生的沸腾,此时产生的汽泡能自由浮升,到达液体的自由表面。强迫对流沸腾是指液体受迫流过加热壁面所发生的沸腾,如管内强迫对流沸腾。

按液体的主体温度可将沸腾分为饱和沸腾和过冷沸腾。在一定压力下,当液体的主体温度等于其相应的饱和温度 t_s,加热壁面温度 t_w 高于饱和温度 t_s 时所发生的沸腾称为饱和沸腾;而在上述加热壁面温度条件下,当液体的主体温度低于相应的饱和温度 t_s 时的沸腾则称为过冷沸腾。由于沸腾传热的复杂性,本节将着重讨论大容器饱和沸腾。

6.3.2　大容器饱和沸腾曲线

下面将以一个大气压下水的大容器饱和沸腾传热为例,介绍沸腾传热的特点。

图 6-14 示出了水在 1.013×10^5 Pa 压力下饱和沸腾时,热流密度 q 与加热壁面过热度 $\Delta t (= t_w - t_s)$ 的关系曲线(这种曲线称为沸腾曲线)。图中横坐标(对数坐标)为壁面过热度 Δt,纵坐标(非对数坐标)为热流密度 q。由图 6-14 可见,随着 Δt 的增大,会出现四个传热规律全然不同的区段:

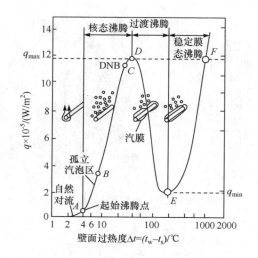

图 6-14　水在水平加热面上的饱和沸腾曲线($p=1.013\times10^5\,Pa$)

1. 自然对流区(A 点以前,$0\,℃\leqslant\Delta t<4\,℃$)

在该区域,尽管 t_w 高于水的饱和温度,但 Δt 较小,不足以驱动水沸腾。即使在加热面上产生个别汽泡,也不会脱离加热表面上浮,故看不到沸腾现象。热量依靠自然对流过程传递到主体,可近似按单相流体自然对流规律计算它的表面传热系数。

2. 核态沸腾区(A、D 点之间,$4\,℃\leqslant\Delta t<30\,℃$)

由于 AD 区域的沸腾总是以加热面上的一些地点为核心进行的,因此该区域的沸腾称为核(泡)态沸腾。其沸腾景象如图 6-15(a)、(b)所示。当 t_w 达到 A 点所对应的温度时,加热面上的少数点开始产生汽泡,因而 A 点又称为核态起始沸腾点,简称起沸点。其中,AB 段所对应的 t_w 只能使加热面上的一些相互远离的孤立地点产生汽泡,因此 AB 段又称为孤立汽泡区。在孤立汽泡区,对流传热量主要靠加热面直接向流体传递,而汽泡蒸发所带走的热量较小,其沸腾景象如图 6-15(a)所示。

在 BD 段,随着 t_w 的上升,加热面上产生汽泡的地点越来越多,汽泡在脱离加热壁面前会产生相互合并,形成大的汽泡。越靠近 D 点,合并的汽泡越大,形成汽块或汽柱,则 BD 段也称为汽块区。这时汽块的蒸发是主要的传热方式。同时,汽块从表面的快速脱离加剧了液体对加热面的扰动和冲刷作用,因而这一区域对流传热的温差小,传热强度大。工程上一般都使沸腾处于这一区域中。

值得注意的是,AD 区域上的 D 点为曲线上的一个极大值点,把这一点所对应的沸腾热流密度称为临界热流密度,记为 q_{max}。从 C 点到 D 点,虽然热流密度在增加,但过热度 Δt 增加得更快,在这一区域沸腾,其表面传热系数是变小的。即

CD 曲线相对于 BC 曲线来说较为平缓,这是由于在 CD 区域,大的汽块附着于加热面而使对流传热性能下降。因此,CD 间的沸腾规律和 BC 间的标准的核态沸腾规律有所不同,C 点称为偏离核态沸腾点(DNB)。

临界热流密度 q_{max} 具有重要的工程意义。对于依靠控制热流密度来改变工况的加热设备,如电加热器、对冷却水加热的核反应堆等,一旦热流密度超过 q_{max},沸腾工况将直接跳至后面的稳定膜态沸腾区,Δt 将猛升至近 1000℃,可能导致设备的烧毁(由于热流密度超过 q_{max} 可能导致设备烧毁,所以 q_{max} 亦称烧毁点),所以必须严格监视并控制此时的热流密度,确保其在安全工作范围之内。如前所述,在烧毁点附近(比 q_{max} 的热流密度略小)有个在图 6-14 上表现为 q 上升缓慢的核态沸腾的转折点,即 C 点,以它作为监视接近 q_{max} 的警戒,是很可靠的。因为 C 点的对流传热量 q_c 非常接近 q_{max},但加热面温度远小于 D 点,一旦外界热负荷超过 q_c,可及时进行调节,使加热面温度维持在 t_c 附近。

3. 过渡沸腾区(D、E 点之间,30℃ ≤ Δt < 120℃)

从 q_{max} 点进一步提高 Δt,传热规律出现异乎寻常的变化。热流密度不仅不随 Δt 的增大而提高,反而越来越低。这是因为汽泡汇聚覆盖在加热面上,而蒸汽排除过程越趋恶化。这种情况持续到最低热流密度 q_{min} 时为止。

由于在 DE 段加热面上的汽膜处于不稳定状态,会突然破裂变成一个大汽泡脱离加热面,从而使得沸腾处于不稳定状态,并且经历时间极短,因而称为过渡沸腾。DE 区域沸腾景象如图 6-15(c)所示。

4. 稳定膜态沸腾区(E 点右侧区域,Δt ≥ 120℃)

从 E 点开始,加热面已被稳定的汽膜所覆盖,E 点在传热学中又称为雷登弗罗斯特(Leidenfrost)点。显然,E 点所对应的沸腾热流密度 q_{min} 为最小。从 E 点至 F 点,对流传热量小于外界加热量,但 q 随 Δt 增大而增大,此时加热面温度飞升,通过汽膜的辐射传热量在整个对流传热量中占有最重要的地位。当加热面温度上升至 F 点时,对流传热量重新变为 q_{max}。但对于水的沸腾,此时壁面温度已上升至 1000℃ 以上,一般金属加热面都已被融化。

稳定膜态沸腾的照片如图 6-15(d)所示。稳定膜态沸腾在物理上与膜状凝结有共同点,不过因为热量必须穿过的是热阻较大的汽膜,而不是液膜,所以表面传热系数比膜状凝结小得多。

值得指出的是,图 6-14 是对水在压力 $p = 1.013 \times 10^5 \text{Pa}$ 下,采用不锈钢管作为加热面的大容器饱和沸腾时而得出的。不同工质在不同压力和加热面条件下沸腾的参数(沸腾起始点、沸腾转折点 DNB、临界热流密度等)会随之而异,但是沸腾传热现象演变的总体规律是类似的。

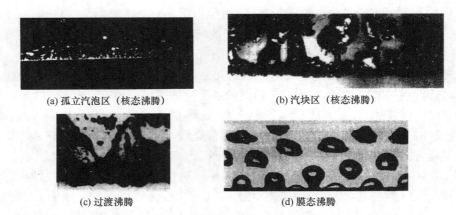

(a) 孤立汽泡区（核态沸腾）　　　　　(b) 汽块区（核态沸腾）

(c) 过渡沸腾　　　　　(d) 膜态沸腾

图 6-15　不同沸腾状态的景象照片(加热面为金属丝)

6.3.3　汽泡动力学简介

加热面上汽泡的形成、长大和相互融合,对沸腾传热,尤其是最常见的核态沸腾,起着非常重要的作用。把在加热面上能产生汽泡的地点称为汽化核心。目前普遍认为,加热面上微小凹缝、裂穴最可能成为汽化核心。因为在这些地点容易残留微量的气体,这些气体自然成为最易产生汽泡的核心,而且,加热面上处于表面缺陷中的液体会受到更多的壁面加热影响,此处液体的温度最高(等于 t_w),产生沸腾的驱动力 Δt 也最大。这些条件都决定了加热面上的微小表面缺陷是产生汽泡的最有利场所,图 6-16 为表面缺陷产生汽泡的一个周期。但是,一个表面缺陷要能够成为汽化核心,还受其尺寸大小和加热面过热度等因素的制约。

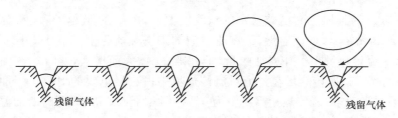

残留气体　　　　　　　　　　　　残留气体

图 6-16　汽化核心中汽泡的形成、长大和脱离

由热力学知识,通过对汽泡的热力平衡分析,得到汽泡能够形成的最小半径为

$$R_{\min}=\frac{2\sigma T_s}{r\rho_v(t_w-t_s)}=\frac{2\sigma T_s}{r\rho_v\Delta t} \tag{6-10}$$

式中,σ 为饱和液体的表面张力(N/m);T_s 为饱和温度(K);ρ_v 为汽泡内蒸汽密度(kg/m³)。

从式(6-10)可以看出,当 Δt 较小时,对应的 $R_{\min}$ 较大。也就是说,此时只有一些较大的表面缺陷内所产生的汽泡才能大于式(6-10)中的 R_{min},这些汽泡能够稳定的不断形成、长大,并脱离加热面,而尺寸较小的表面缺陷此时不能产生汽泡。因而 Δt 较小时,汽化核心少,形成孤立汽泡区。随着 Δt 上升,R_{min} 变小,意味着原来不是汽化核心的小尺寸缺陷现在有可能成为汽化核心,原来是大尺寸的缺陷现在仍然是汽化核心。所以,随着 Δt 上升,汽化核心增加,汽泡相互靠近、融合,形成核态沸腾的汽块区。随着 Δt 的进一步上升,汽化核心越来越多,汽泡融合也愈加剧烈,沸腾曲线依次向过渡沸腾区、膜态沸腾区转变。

关于加热表面上汽化核心的形成及关于汽泡在液体中的长大与运动规律的研究,无论对于掌握沸腾传热的基本机理,还是开发强化沸腾传热的表面,都具有十分重要的意义。现有的预测沸腾传热的各种物理模型都是基于成核理论及汽泡动力学而建立起来的。

6.3.4　沸腾传热的计算

分析表明,影响核态沸腾的因素主要是壁面过热度和汽化核心数,而汽化核心数又受到壁面材料及其表面状况、压力和物性等的支配。因此,影响核态沸腾表面传热系数的因素可归纳为下列函数关系:

$$h = f[\Delta t, g(\rho_1 - \rho_v), r, \sigma, c_p, \lambda, \eta, C_{wl}] \tag{6-11}$$

式中,C_{wl} 为与沸腾液体及表面材料有关的系数。由于沸腾传热的复杂性,目前已提出的实验数据及计算式很多,不同学者提供的数据有时分歧还比较大。在此仅介绍两种类型的大容器饱和核态沸腾表面传热系数计算式:一种类型是针对某一类液体的;另一种类型是较广泛适用于多种液体的。针对性强的计算式精确度往往较高。此外,还将介绍大容器饱和沸腾的临界热流密度以及膜态沸腾的表面传热系数计算式。

1. 大容器饱和核态沸腾

1) 米海耶夫计算式

对于水,在 $1 \times 10^5 \sim 4 \times 10^6$ Pa 压力范围内,米海耶夫推荐用下式计算饱和核态沸腾的表面传热系数:

$$h = 0.5335 q^{0.7} p^{0.15} \tag{6-12}$$

由于 $q = h(t_w - t_s) = h\Delta t$,式(6-12)亦可写成

$$h = 0.1224 \Delta t^{2.33} p^{0.5} \tag{6-13}$$

在式(6-12)和式(6-13)中,p 为沸腾绝对压力(Pa);q 为热流密度(W/m²);Δt 为加热面的过热度(K 或℃)。

2) 罗森诺(Rohsenow)实验关联式

基于核态沸腾传热主要是汽泡扰动的对流传热的设想,罗森诺推荐以下适用性较广的实验关联式:

$$\frac{c_{pl}\Delta t}{rPr_l^s}=C_{wl}\left[\frac{q}{r\eta_1}\sqrt{\frac{\sigma}{g(\rho_1-\rho_v)}}\right]^{0.33} \tag{6-14}$$

式中,c_{pl} 为饱和液体的定压比热容[J/(kg·K)];Pr_1 为饱和液体的普朗特数;σ 为汽液界面上的表面张力(N/m),由表 6-1 查出;s 为经验指数,对于水,$s=1$,对于其他液体,$s=1.7$;η_1 为饱和液体的动力黏度[kg/(m·s)];C_{wl} 为经验常数,取决于液体与加热面的组合情况,由表 6-2 查得。

表 6-1　各种液体的表面张力 σ

液体	饱和温度 t_s/℃	$\sigma/[\times10^3/(N/m)]$
水	0	75.6
	20	72.8
	40	69.6
	60	66.2
	80	62.6
	100	58.7
	150	48.7
	200	37.8
	250	36.2
	300	14.4
	350	3.8
	374.15	0
钠	881.1	11.2
钾	766	62.7
苯	80	27.7
酒精	78.3	21.9
氟利昂 11	44.4	8.5

表 6-2　各种表面-液体组合情况的 C_{wl}

表面-液体组合情况	C_{wl}
水-铜	0.013
水-铂	0.013
水-黄铜	0.006
正丁醇-铜	0.00305

表面-液体组合情况	C_{wl}
异丙醇-铜	0.00225
正戊烷-铬	0.015
苯-铬	0.101
乙醇-铬	0.0027
水-金刚砂磨光的铜	0.0128
正戊烷-金刚砂磨光的铜	0.0154
四氯化碳-金刚砂磨光的铜	0.0070
水-金、磨光的不锈钢	0.0080
水-化学腐蚀的不锈钢	0.0133
水-机械磨光的不锈钢	0.0132

2. 大容器饱和沸腾临界热流密度

临界热流密度是大容器饱和沸腾的一个重要参数,实际的沸腾传热设备总希望沸腾传热负荷既十分接近 q_{max},又有足够的安全性。朱伯(Zuber)导得的半经验公式可推荐作大容器饱和沸腾临界热流密度 q_{max} 计算之用,即

$$q_{max} = k r \rho_v^{1/2} \left[g\sigma(\rho_l - \rho_v) \right]^{1/4} \tag{6-15}$$

式中,$k = 0.10 \sim 0.19$。对于一般液体,k 的平均值为 0.16。式中各物性参数均按饱和温度确定。式(6-15)适用于加热面的特征尺寸远大于汽泡平均直径的情况。由于液体的表面张力和汽化潜热都随蒸汽压力而变化,所以 q_{max} 受压力的影响强烈。

3. 大容器膜态沸腾

至今,对膜态沸腾问题的研究比核态沸腾少得多。布罗姆利(Bromley)建议用下式估算水平圆柱膜态沸腾表面传热系数:

$$h = 0.62 \left[\frac{g\rho_v \lambda_v^3 (r + 0.8 c_{pv}\Delta t)(\rho_l - \rho_v)}{\eta_v d_0 (t_w - t_s)} \right]^{\frac{1}{4}} \tag{6-16}$$

式中,$(r + 0.8 c_{pv}\Delta t)$ 是考虑汽膜过热对汽化潜热 r 的修正值,称为有效汽化潜热;ρ_l 和 r 按 t_s 选取,其余物性按 $t_m = (t_w + t_s)/2$ 选定;d_0 为水平圆柱直径(m)。

式(6-16)未考虑加热面热辐射的影响。若辐射传热不可忽略,则可用下式计算膜态沸腾表面传热系数:

$$h^{4/3} = h_c^{4/3} + h_r^{4/3} \tag{6-17a}$$

或采用下式近似计算:

$$h = h_c + 0.75h_r \qquad (6\text{-}17b)$$

式中,h_c 按式(6-16)计算;h_r 为辐射传热系数,用下式计算:

$$h_r = \frac{\varepsilon\sigma(T_w^4 - T_s^4)}{T_w - T_s} \qquad (6\text{-}18)$$

式中,ε 为加热壁面的发射率;$\sigma = 5.67 \times 10^{-8}\,\mathrm{W/(m^2 \cdot K^4)}$ 为斯特藩-玻耳兹曼常数。

应当指出,d_0 过大或过小都将导致使用式(6-16)有较大的误差,此种情况下一般不宜采用。另外,从式(6-17)还可看出,此时的表面传热系数 h 并不是 h_c 和 h_r 的简单叠加,这是因为辐射传热使蒸汽膜变厚,从而使 h 小于 h_c 和 h_r 的简单叠加。

例题 6-3　采用一块 $300\mathrm{mm} \times 300\mathrm{mm}$ 的铜板作水平锅底来加热水并使之沸腾,在 $1.013 \times 10^5\,\mathrm{Pa}$ 的压力下,测得铜板锅底的温度为 $114.1\,℃$,试估算锅底的热流密度和单位时间水的蒸发量。

解　锅底过热度 $\Delta t = 114.1 - 100 = 14.1(℃)$,故此时处在核态沸腾区,可用式(6-14)计算。由表 6-1 和表 6-2 分别查得:$\sigma = 58.7 \times 10^{-3}\,\mathrm{N/m}$;$C_{wl} = 0.013$。当 $t_s = 100\,℃$ 时,水和水蒸气的物性参数值为:$c_{pl} = 4.22\mathrm{kJ/(kg \cdot K)}$,$\rho_l = 958.4\mathrm{kg/m^3}$,$r = 2257\mathrm{kJ/kg}$,$\rho_v = 0.594\mathrm{kg/m^3}$,$Pr_l = 1.75$,$\eta_l = 0.2825 \times 10^{-3}\mathrm{kg/(m \cdot s)}$。

将以上参数值代入式(6-14)得

$$\frac{4.22 \times 10^3 \times 14.1}{2257 \times 10^3 \times 1.75} = 0.013 \times \left[\frac{q}{0.2825 \times 10^{-3} \times 2257 \times 10^3}\right.$$

$$\left. \times \sqrt{\frac{58.7 \times 10^{-3}}{9.81 \times (958.4 - 0.594)}}\right]^{0.33}$$

解得 $q = 398.7(\mathrm{kW/m^2})$。

单位面积单位时间水的蒸发量

$$G = \frac{q}{r} = \frac{398700}{2257 \times 10^3} = 0.177[\mathrm{kg/(m^2 \cdot s)}]$$

锅底单位时间水的蒸发量

$$m = GA = 0.177 \times 0.3^2 = 0.016(\mathrm{kg/s})$$

6.3.5　沸腾传热的影响因素及其强化

沸腾传热的影响因素众多,传热规律也很复杂。实验所得关联式的计算结果和实验数据之间的离散度、不同实验关联式之间的偏差都相当大。下面讨论影响沸腾传热的主要因素,同时介绍强化沸腾传热的机理与技术。

1. 影响沸腾传热的因素

1）不凝结气体

与膜状凝结不同,溶解于液体中的不凝结气体(如空气)会强化沸腾传热。这是因为当液体温度升高后,不凝结气体会从液体中逸出,加热面上的缺陷中有了气体后就会很容易成为汽化核心,成为汽泡的胚芽,从而使沸腾曲线向 Δt 减小的方向移动,即在相同的 Δt 下热流密度更高,强化了沸腾传热。

2）液位高度

当加热面上的液位足够高时,大容器沸腾的表面传热系数与液位高度无关。但当液位降低到一定值时,沸腾的表面传热系数随液位的降低而升高,并且升高幅度和沸腾热负荷有关。这一特定的液位高度称为临界液位。如图 6-17 所示,对于常压下的水,其临界液位为 5mm。

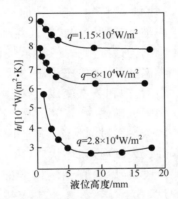

图 6-17　大容器沸腾表面传热系数和液位高度关系($p=1.013\times10^5\,\mathrm{Pa}$)

3）加热面的状况

实验证明,加热面的状况对沸腾传热有重大影响,其中加热面的状况包括:壁面材料种类及热物理性质等,表面粗糙度,壁面的氧化、老化和污垢沉积情况等。但目前有关加热面状况对沸腾传热影响的定量研究还很缺乏,也是一项非常困难的工作。

4）过冷度

对于大容器沸腾,在核态沸腾起始段,自然对流传热的机理还占相当大的比例,而自然对流传热的 $h\propto\Delta t^{1/4}$,因而过冷会使该区域的传热有所增强。但除了在核态沸腾起始点附近区域外,过冷度对沸腾传热的强度并无影响。

5）重力加速度

关于重力场对沸腾传热的影响,现有的研究成果表明,在很大的变化范围内重力加速度几乎对核态沸腾的传热规律没有影响(重力加速度从 0.10m/s² 一直到

$100×9.8\mathrm{m/s^2}$）。在零重力场(或接近于零重力场)情况下的沸腾传热规律还研究得不够。然而，由于自然对流随重力加速度的增加而强化，自然对流受重力加速度的影响显著。

6) 管内受迫对流沸腾(两相流)

上述介绍的主要是影响大容器沸腾传热的因素，但在工程上会遇到大量的管内受迫对流沸腾(两相流)过程，如锅炉水冷壁内的沸腾传热过程，液态制冷剂在管式蒸发器中的受迫对流沸腾等都属于典型的管内受迫对流沸腾。由于沸腾空间的限制，管内受迫对流沸腾产生的蒸汽和液体混合在一起，出现多种不同形式的两相流结构，传热机理非常复杂。图 6-18 给出了低热流密度时竖直管内的沸腾情况。刚开始进入管中的液体温度低于饱和温度，这时流体与壁面之间为单相流体的对流传热。随后，向上流动的液体在壁面附近最先被加热到饱和状态，而液体主体为过冷状态，此时的沸腾为过冷沸腾。接着，液体在整个管截面上达到饱和温度，进入核态沸腾阶段，汽泡充满管子整个截面；最后，饱和蒸汽变成过热蒸汽。上述的竖直管内对流沸腾可描述为：从单相液体流动开始，竖直管内对流沸腾依次经过泡状流(汽泡小而分散)、块状流(小汽泡合并成大汽泡)和环状流(由环状液膜和蒸汽核构成)等阶段，最后一直到液体全部汽化完毕，成为干饱和蒸汽，直至过热蒸汽，传热又重新进入单相流体的对流传热区域。

对于水平管内的对流沸腾，由于重力的影响，其两相流传热更加复杂。因此，管内受迫对流沸腾传热不仅取决于管的放置情况(竖直、水平或倾斜)，还与管长、管径、壁面状况、液体初参数和流量等因素有关，情况比大容器沸腾传热复杂得多。有关管内对流沸腾传热机理和计算的详细分析可参阅有关文献。

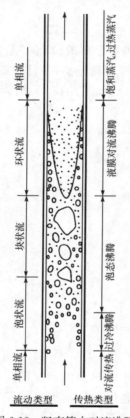

图 6-18　竖直管内对流沸腾

2. 沸腾传热的强化

无论大容器沸腾还是管内对流沸腾，在加热面上产生汽泡是其共同的特点，也是沸腾传热比无相变的对流传热强烈的最基本原因。因此强化沸腾传热的基本原则是尽量增加加热面上的汽化核心。根据前面的分析，加热面上的微小凹坑(缺陷)最容易成为汽化核心，按照这一思想，近几十年来开发出了多种强化沸腾传热表面。如通过对加热面的表面处理,使加热面凹坑(缺陷)数量增加,从而增强沸腾传热。图 6-19 所示是用不同方法进行表面处理后的加热面微细结构。其中图 6-19(a)表面是用高温烧结或火焰喷涂方法使金属颗粒附着在表面上而形成的多孔层,图 6-19(b)表面为采用电化学腐蚀而形成的表面。这些表面缺陷中吸附的气体不易被液体带走,也不易被污垢堵塞,因而可以成为持久的汽化核心,增强了沸腾传热。

(a) 颗粒多孔层　　　　　　　　　(b) 电化学腐蚀表面

图 6-19　两种经表面处理后的加热面微细结构

另外,采用机械加工方法在加热面上造成多孔结构,也是目前强化沸腾传热的主要手段,图 6-20 示出了几种典型的结构。这种强化表面的传热强度与光滑管相比,常常要高一个数量级,已经在制冷、化工等部门得到广泛应用,有兴趣的读者可参见有关文献。

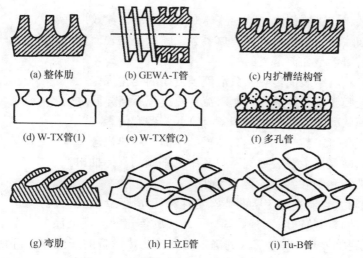

(a) 整体肋　　　　　(b) GEWA-T管　　　　　(c) 内扩槽结构管

(d) W-TX管(1)　　　(e) W-TX管(2)　　　　(f) 多孔管

(g) 弯肋　　　　　(h) 日立E管　　　　　(i) Tu-B管

图 6-20　沸腾传热强化表面结构示意图

6.4　本 章 小 结

本章主要讨论了凝结与沸腾传热的机理、特征、影响因素及其计算方法等。通过本章的学习,主要掌握以下主要内容:

(1) 凝结传热现象产生的条件,凝结传热的两种基本方式,即膜状凝结和珠状凝结的产生原因以及珠状凝结的传热强度远高于膜状凝结的原因。

（2）纯净蒸汽在竖壁上作层流膜状凝结时的努塞尔理论分析的简化假设及其适用条件。

（3）竖壁、单管和管束外层流膜状凝结表面传热系数的计算。

（4）不凝结气体、蒸汽流速等因素对膜状凝结传热的影响，以及增强凝结传热的基本途径。

（5）产生沸腾的条件，能正确区别大容器沸腾、强制对流沸腾、饱和沸腾和过冷沸腾。

（6）大容器饱和沸腾曲线，以及核态沸腾和膜态沸腾的基本特征；临界热流密度 q_{max} 的意义及其在工程实践中的重要性。

（7）沸腾传热的影响因素以及大容器饱和核态沸腾表面传热系数及临界热流密度的计算。

思 考 题

6-1　为什么相变对流传热比单相流体对流传热的传热效果好？

6-2　为什么珠状凝结换热表面传热系数比膜状凝结表面传热系数大？

6-3　膜层雷诺数是如何定义的？

6-4　说明膜状凝结表面传热系数沿液膜流向的变化规律。

6-5　试比较膜状凝结传热和自然对流传热过程有何异同之处。

6-6　影响膜状凝结传热的主要因素有哪些？各有何影响？

6-7　怎样强化凝结传热？简述高效凝结表面的传热机理。

6-8　为什么冷凝器上要装抽气器将其中的不凝结气体抽出？

6-9　过冷沸腾和饱和沸腾的含义是什么？

6-10　什么叫大容器饱和沸腾曲线？定性解释 h 随 Δt 变化的规律。

6-11　影响沸腾传热的因素有哪些？强化沸腾传热的原则是什么？

6-12　试说明临界热流密度 q_{max} 的确定对沸腾传热设备的安全和经济性有什么重要意义？

6-13　把一杯水倒在一块赤热的铁板上，板面上会立即产生许多跳动着的液珠，而且可以维持相当一段时间而不被汽化掉。试从传热学的观点解释这一现象，并从沸腾曲线上找到开始形成这一状态的点。

6-14　在你学习过的对流传热中，表面传热系数计算式中显含传热温差的有哪几种传热方式？其他传热方式中不显含温差是否意味着与温差没有任何关系？

习　题

6-1　立式氨冷凝器由外径为 50mm 的钢管制成。钢管外表面温度为 25℃,冷凝温度为 30℃,要求每根管子的氨凝结量为 0.009kg/s,试确定每根管子的长度。

6-2　压力为 1.013×10^5 Pa 的饱和水蒸气在长 1.5m 的竖管外壁凝结,管壁平均温度为 60℃。试求凝结表面传热系数和使凝结水量不少于 36kg/h 的竖管外径。

6-3　一工厂中采用 0.1MPa 的饱和水蒸气在一金属竖直管壁上凝结,对置于壁面另一侧的物体进行加热处理。已知竖壁与蒸汽接触的表面平均壁温为 70℃,壁高 1.2m,宽 300mm。在此条件下,一被加热物体的平均温度可以在半小时内升高 30℃,试确定这一物体的平均热容量(不考虑散热损失)。

6-4　压力为 1.013×10^5 Pa 的饱和水蒸气,用水平放置的壁温为 90℃ 的铜管来凝结。有下列两种选择:用一根直径为 100mm 的铜管;或用 10 根直径为 10mm 的铜管。若两种方案的其他条件均相同,要使产生的凝结水量最多,应采取哪种方案? 这一结论与蒸汽压力和铜管壁温是否有关?

6-5　一竖管长为管径的 64 倍。为使管子竖放与水平放置时的凝结表面传热系数相等,必须在竖管上安装多少个泄液盘? 设相邻泄液盘之间距离相同。

6-6　一铜制平底锅底部的受热面直径为 300mm,要求其在 1.013×10^5 Pa 的大气压下沸腾时每小时能产生 2.3kg 饱和水蒸气。试确定锅底干净时其与水接触面的温度。

6-7　压力为 1.43×10^5 Pa 的水,在内径为 20mm 的铜管内作单相紊流强制对流传热,壁温比水温高 5℃。试问:当流速多大时,若不考虑管长修正,单相对流传热的热流密度与相同压力、相同温差下的饱和水在铜表面上作大容器核态沸腾的热流密度相等?

6-8　试分析:液体在一定压力下作大容器饱和沸腾时,表面传热系数 h 增加一倍,壁面过热度应增加多少倍? 如果同一液体在圆管内作单相紊流(充分发展)强制对流传热,为使表面传热系数 h 增加一倍,流速应增加多少倍?

6-9　为了使绝对压力为 1.003×10^6 Pa(约 10atm)的水沸腾,在传热面上用热流密度为 1×10^5 W/m² 的热负荷加热,试计算该传热面的温度和单位面积的汽化率。

6-10　将直径为 2mm 的不锈钢丝放入绝对压力为 1.003×10^6 Pa(约 10atm)、温度为 180℃ 的水中,直接通电加热,不锈钢电阻率为 1.0×10^{-6} Ω·m。在不发生烧断的前提下,试求允许通过此不锈钢丝的最大电流。

第7章 热辐射及辐射传热

7.1 概 述

热辐射是一种重要的热量传递基本方式。与导热和对流传热相比,热辐射及辐射传热无论在机理,还是在具体的规律上都有根本的区别。

7.1.1 热辐射的基本概念

辐射是电磁波传递能量的现象。按照产生电磁波的原因不同可以得到不同频率的电磁波。由于热的原因而产生的电磁波辐射称为热辐射。热辐射的电磁波是物体内部微观粒子的热运动状态改变时激发出来的,亦称热射线。

整个波谱范围内的电磁波命名如图 7-1 所示。从理论上说,物体热辐射的电磁波波长也包括整个波谱,即波长从零到无穷大。然而,在工业上所遇到的温度范围内,即 2000K 以下,有实际意义的热辐射波长位于 $0.38 \sim 100 \mu m$,且大部分能量位于肉眼看不见的红外线区段的 $0.76 \sim 20 \mu m$ 范围内。而在波长为 $0.38 \sim 0.76 \mu m$ 的可见光区段,热辐射能量的比重不大。太阳是温度约为 5800K 的热源,其温度比一般工业上遇到的温度高出很多。太阳辐射的主要能量集中在 $0.2 \sim 2 \mu m$ 的波长范围,其中可见光区段占有很大比重。

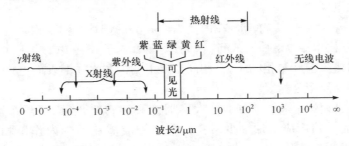

图 7-1 电磁波的波谱

各种波长的电磁波在生产、科研与日常生活中有着广泛的应用。如利用波长大于 $25 \mu m$(国际照明委员会所定的界限)的远红外线来加热物料;利用波长在 1mm~1m 的微波来加热食物等。下面所讨论的内容专指由于热的原因而产生的热辐射。

7.1.2　热辐射的基本特性

1. 传播速度与波长、频率间的关系

热辐射具有一般辐射现象的共性。各种电磁波都以光速在空间传播，这是电磁波辐射的共性，热辐射亦不例外。电磁波的速度、波长和频率存在如下关系：

$$c = f\lambda \tag{7-1}$$

式中，c 为电磁波的传播速度（m/s），在真空中 $c = 3 \times 10^8$ m/s，在大气中的传播速率略低于此值；f 为频率（s^{-1}）；λ 为波长（μm）。

2. 与导热和对流的不同

物体在向外发出热辐射的同时，亦不断地吸收周围物体投射到它上面的热辐射，并把吸收的辐射能重新转变成热能。辐射传热就是指物体之间相互辐射和吸收的总效果。与导热、对流传热相比，热辐射和辐射传热具有如下特点：

（1）热辐射是一切物体的固有属性，只要温度高于绝对零度，物体就一定向外发出辐射能量，当两个物体温度不同时，高温物体辐射的能量大于低温物体辐射的能量，最终结果是高温物体向低温物体传递了能量。即使两个物体温度相同，辐射传热也仍在不断进行，只是每一物体辐射出去的能量等于其吸收的能量，即处于动态热平衡状态，辐射传热量为零。

（2）发生辐射传热时不需要存在任何形式的中间介质，即使在真空中热辐射也可以进行。

（3）在辐射传热过程中，不仅有能量的交换，而且还有能量形式的转化，即物体在辐射时，不断将自己的热能转变为电磁波向外辐射，当电磁波辐射到其他物体表面时则被吸收而转变为热能，导热和对流传热均不存在能量形式的转换。

（4）导热量或对流传热量一般和物体温度的一次方之差成正比，而辐射传热量与两物体热力学温度的四次方之差成正比，因此，温差对于辐射传热量的影响更强烈。特别是辐射传热在高温时具有重要的地位，如锅炉炉膛内热量传递的主要方式是辐射传热。

3. 热辐射表面的吸收、反射和透射特性

由于热辐射是电磁波，故和其他电磁波（如可见光等）一样，热辐射落到物体表面上同样会发生反射、吸收和透射现象。当辐射能量为 G 的热辐射落到物体表面上时，一部分能量 G_a 被物体所吸收，一部分能量 G_ρ 被物体表面反射，而另一部分能量 G_τ 经折射而透过物体，如图 7-2 所示。

根据能量守恒定律，有

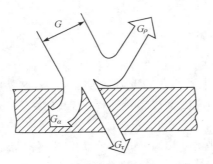

图 7-2　物体对热辐射的吸收、反射和穿透

$$G_\alpha + G_\rho + G_\tau = G$$

即

$$\frac{G_\alpha}{G} + \frac{G_\rho}{G} + \frac{G_\tau}{G} = 1$$

$$\alpha + \rho + \tau = 1 \qquad (7\text{-}2)$$

式中，$\alpha = G_\alpha/G$，称为吸收比(率)；$\rho = G_\rho/G$，称为反射比(率)；$\tau = G_\tau/G$，称为透射比(率)。

对特定波长的光谱辐射而言，类似式(7-2)的关系也同样成立，即

$$\alpha_\lambda + \rho_\lambda + \tau_\lambda = 1 \qquad (7\text{-}3)$$

式中，α_λ、ρ_λ、τ_λ 分别称为光谱吸收比(率)、光谱反射比(率)和光谱透射比(率)。

实际上，当热射线穿过固体或液体表面后，在很短的距离内就被吸收完了，即可以认为固体和液体对外界投射辐射的吸收和反射都是在表面上进行的，热辐射不能穿透固体和液体，$\tau = 0$。故对于固体和液体，式(7-2)可以简化为

$$\alpha + \rho = 1 \qquad (7\text{-}2\text{a})$$

由上式可知，固体和液体的吸收能力越大，其反射能力就越小。反之亦然。

热辐射投射到气体上时，情况则不同。气体对热辐射几乎不反射，可以认为气体的反射比 $\rho = 0$。故式(7-2)可以简化为

$$\alpha + \tau = 1 \qquad (7\text{-}2\text{b})$$

由此可见，吸收能力大的气体，其透射能力就差。反之亦然。

吸收比 α、反射比 ρ 和透射比 τ 反映了物体的辐射特性，影响 α、ρ 和 τ 的因素有物体的性质、温度、表面状况和投射辐射的波长等。一般来说，对于可见光而言，对物体的辐射特性起主要作用的是表面颜色。而对于其他不可见的热射线而言，起主要作用的就不是颜色，而是表面的粗糙程度。例如，对于太阳辐射，白漆的吸收比仅为 0.12～0.16，而黑漆的吸收比为 0.96；但对于工业高温下的热辐射，白漆和黑漆的吸收比几乎相同，约为 0.90～0.95。

还需要注意的是，有些物体对热辐射的透过具有选择性，例如玻璃对于波长 $\lambda > 4\mu\text{m}$ 的红外线是不透明的，而对于可见光和紫外线则是透热体。另外，气体对热辐射的吸收和透射是在整个气体容积内进行的，故气体的吸收和透射特性与其界面状态无关，而与气体的内部特征有关。

4. 漫射表面

根据物体表面粗糙度不同，物体表面对外界投射辐射的反射呈现出不同的特征。当物体表面较光滑，其粗糙不平的尺度小于热辐射的波长时，物体表面对投射

辐射呈镜面反射,入射角等于反射角[图 7-3(a)],该表面称为镜面,该物体称为镜体。当物体表面粗糙不平的尺度大于热辐射的波长时,则物体表面对投射辐射呈漫反射[图 7-3(b)],该表面称为漫反射表面。若漫反射表面同时能向周围半球空间均匀发射辐射能,则称该表面为漫射表面。

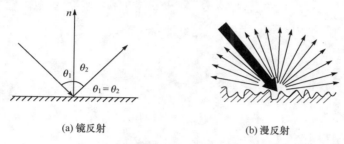

(a) 镜反射　　　　　　　　　(b) 漫反射

图 7-3　物体表面的反射

7.1.3　几种热辐射的理想物体

由于不同物体的吸收比、反射比和透射比因具体条件不同而千差万别,从而给热辐射计算带来困难。为研究问题方便起见,常常先从理想物体着手。当物体的吸收比 $\alpha = 1$ 时,该物体称为绝对黑体(简称黑体);当物体的反射比 $\rho = 1$ 时,该物体称为绝对白体(简称白体);当物体的透射比 $\tau = 1$ 时,该物体称为绝对透明体(简称透明体)。显然,黑体、白体和透明体都是假想的理想物体,自然界中并不存在。

黑体虽然是一种理想模型,但可以用以下方法近似实现。用吸收比小于 1 的材料制造一个空腔,并在空腔壁面上开一个小孔,再设法使空腔壁面保持均匀的温度。当空腔内壁总面积和小孔面积之比足够大时,从小孔进入空腔内的投射辐射,在空腔内经过多次反射和吸收后,辐射能从小孔逸出的份额很少,几乎全部被空腔所吸收。因此具有小孔的均匀壁温空腔可以作为黑体来处理,小孔具有黑体表面一样的性质。如图 7-4 所示。

黑体由于辐射性质简单,其热辐射和辐射传热的规律都非常容易处理。如果能找出实际物体和黑体辐射规律间的关系,那么实际物体的辐射问题就好解决

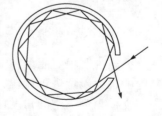

图 7-4　黑体模型

了,即把其他物体的辐射和黑体辐射相比较,从中找出其与黑体辐射的偏离,然后确定必要的修正系数。因此,黑体在热辐射研究中具有极其重要的地位。

7.2　黑体辐射基本定律

前已述及,黑体是一个理想的吸收体,它能够吸收来自各个方向、各种波长的

全部投射能量,作为比较的标准,它对研究实际物体的热辐射特性具有重要的意义。今后将经常用到黑体的辐射特性,故凡与黑体辐射有关的物理量,均在右下角标以"b"。

物体表面在一定温度下会朝表面上方的半球空间各个方向发射各种不同波长的能量。为了进行辐射传热的工程计算,必须研究物体辐射能量随波长的分布特性,以及在半球空间各个方向上的分布规律。为此,有必要首先了解并掌握以下几个重要的物理概念。

7.2.1　几个基本概念

1. 辐射力

1）光谱辐射力

又称单色辐射力。它表示单位时间内物体单位表面积向半球空间所发射的在包含波长 λ 的单位波长内的辐射能量,用符号 E_λ 表示,单位为 $W/(m^2 \cdot m)$,其数学表达式为

$$E_\lambda = \frac{d\Phi_\lambda}{dA d\lambda} \tag{7-4}$$

2）辐射力

又称半球总辐射力,是工程计算中用得最多的辐射参数之一。它表示单位时间内物体单位表面积在全波长范围内$(0<\lambda<\infty)$向整个半球空间所发射的辐射能量,用符号 E 表示,单位为 W/m^2。它实际上即为物体辐射的总能流密度。显然,它与光谱辐射力之间具有如下关系:

$$E = \int_0^\infty E_\lambda(\lambda) d\lambda \tag{7-5}$$

2. 定向辐射强度

为了说明辐射能量在空间不同方向上的分布规律,常用辐射方向上单位立体角内的辐射能量进行比较。

立体角为一空间角度,其量度与平面角的量度相类似。以立体角的角端为中心,作一半径为 r 的半球,将半球表面被立体角所切割的面积 A_c 除以 r^2,即得立体角的量度:

$$\Omega = \frac{A_c}{r^2} \quad sr(球面度) \tag{7-6}$$

如图 7-5 所示,若取整个半球的面积为 A,则得立体角为 2π sr;若取微元面积 dA_c 为切割面积,则微元立体角:

$$d\Omega = \frac{dA_c}{r^2} \quad sr \tag{7-7}$$

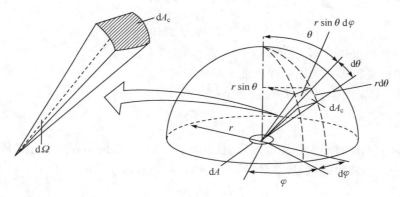

图 7-5　立体角定义图

参阅图 7-6 所示的几何关系，dA_c 可用球坐标中的纬度微元角 $d\theta$ 和经度微元角 $d\varphi$ 表示

$$dA_c = rd\theta \cdot r\sin\theta d\varphi \qquad (7-8)$$

将此式代入式(7-7)得

$$d\Omega = \sin\theta d\theta d\varphi \qquad (7-9)$$

定向辐射强度是指单位时间内单位可见辐射面积发射出去的落到空间指定方向上的单位立体角中的全波段辐射能量，其单位是 $W/(m^2 \cdot sr)$。所谓可见辐射面积，是指从空间某方向所看到的表面有效面积，如图 7-7 所示，在表面 A 的法线方向可见辐射面积和实际面积一般大，随着方向角 θ 增大，可见辐射面积越来越小，直至 $\theta = 90°$ 时可见辐射面积变成零。

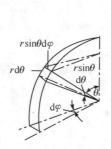

图 7-6　计算微元立体角的几何关系

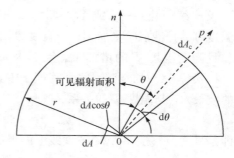

图 7-7　定向辐射强度定义

根据上述定义得到定向辐射强度的数学表达式为

$$I_\theta = \frac{d\Phi(\theta)}{dA\cos\theta d\Omega} \qquad (7-10)$$

如果仅考虑某个特定波长的辐射，那么相应的量被称为定向光谱辐射强度，用 $I_{\lambda\theta}$ 表示，单位是 $W/(m^3 \cdot sr)$，其数学表达式为

$$I_{\lambda\theta} = \frac{\mathrm{d}\Phi_\lambda(\theta)}{\mathrm{d}A\cos\theta\mathrm{d}\Omega\mathrm{d}\lambda} \tag{7-11}$$

式(7-11)仅以 θ 代表空间方向,即假定在 θ 方向上辐射是完全均匀的。式(7-11)也是很多有关辐射理论推导和计算的基础。

同理,对定向辐射力的表达式可写为

$$E_\theta = \frac{\mathrm{d}\Phi(\theta)}{\mathrm{d}A\mathrm{d}\Omega} \tag{7-12}$$

它表示单位时间内物体单位辐射面积向空间指定方向所在的单位立体角内所发射的全波段辐射能量,单位是 $\mathrm{W}/(\mathrm{m}^2 \cdot \mathrm{sr})$。与式(7-10)相比可知:

$$E_\theta = I_\theta\cos\theta \tag{7-13}$$

在法线方向上 $\cos\theta=1$,所以有 $E_\mathrm{n}=I_\mathrm{n}$。

7.2.2 黑体辐射基本定律

1. 普朗克(Planck)定律

普朗克在量子理论的基础上得到了黑体光谱辐射力按波长分布的规律,给出了黑体光谱辐射力 $E_{b\lambda}$ 随着波长和温度变化的函数关系,即

$$E_{b\lambda} = \frac{c_1\lambda^{-5}}{\mathrm{e}^{c_2/(\lambda T)}-1} \qquad [\mathrm{W}/(\mathrm{m}^2 \cdot \mu\mathrm{m})] \tag{7-14}$$

式中,λ 为波长($\mu\mathrm{m}$); T 为黑体的热力学温度(K); c_1 为普朗克第一常数,$c_1 = 3.742\times10^8\,\mathrm{W} \cdot \mu\mathrm{m}^4/\mathrm{m}^2$; c_2 为普朗克第二常数,$c_2=1.439\times10^4\,\mu\mathrm{m} \cdot \mathrm{K}$。

图 7-8 是式(7-14)的图示。由式(7-14)和图 7-8 可见,黑体的光谱辐射力随波长连续变化:$\lambda\to0$ 或 $\lambda\to\infty$ 时,$E_{b\lambda}\to0$;对于任一波长 λ,其光谱辐射力 $E_{b\lambda}$ 随温度 T 的升高而增加;任一温度 T 下的 $E_{b\lambda}$ 有一极大值,其对应的波长为 $\lambda_{\max}$,且随着温度 T 的增加 $\lambda_{\max}$ 会变小。

将式(7-14)对 λ 求导,并令其等于零,即可得到光谱辐射力 $E_{b\lambda}$ 为极大值时对应的波长 $\lambda_{\max}$ 与温度 T 的关系:

$$\lambda_{\max}T = 2897.8\mu\mathrm{m} \cdot \mathrm{K} \tag{7-14'}$$

这即是维恩位移定律,图 7-8 虚线上的点都符合这一规律。

2. 斯特藩-玻耳兹曼定律

在热辐射的分析和计算中,常常需要知道黑体在全波长范围内的辐射力 E_b。根据式(7-5)和式(7-14),黑体辐射力可写成

$$E_b = \int_0^\infty \frac{c_1\lambda^{-5}}{\mathrm{e}^{c_2/(\lambda T)}-1}\mathrm{d}\lambda \tag{7-15}$$

对式(7-15)积分得

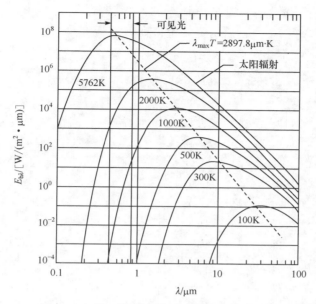

图 7-8　黑体光谱辐射力与波长和温度的关系

$$E_b = \sigma T^4 = c\left(\frac{T}{100}\right)^4 \tag{7-16}$$

式中, σ 为黑体辐射常数, 又称为斯特藩-玻耳兹曼常数, $\sigma = 5.67 \times 10^{-8} \text{W}/(\text{m}^2 \cdot \text{K}^4)$; c 为黑体辐射系数, $c = 5.67 \text{W}/(\text{m}^2 \cdot \text{K}^4)$; T 为黑体温度 (K)。

式 (7-16) 是著名的斯特藩-玻耳兹曼 (Stefan-Boltzmann) 定律, 它表明黑体的辐射力与其热力学温度的四次方成正比, 所以又称四次方定律。这也说明, 随着温度的升高, 黑体的辐射力急剧增大。

值得指出的是, 有些工程问题需要知道在某个指定波长范围内的辐射能, 即

$$E_{b(\lambda_1 \sim \lambda_2)} = \int_{\lambda_1}^{\lambda_2} E_{b\lambda} \mathrm{d}\lambda \tag{7-17}$$

为方便计算, 定义在 $0 \sim \lambda$ 的波长范围内黑体发出的辐射能在其辐射力中所占的份额为黑体辐射函数, 即

$$F_{b(0 \sim \lambda)} = \frac{E_{b(0 \sim \lambda)}}{E_b} = \int_0^{\lambda T} \frac{1}{\sigma} \frac{c_1 (\lambda T)^{-5}}{e^{c_2/(\lambda T)} - 1} \mathrm{d}(\lambda T) = f(\lambda T) \tag{7-18}$$

显然, 式 (7-18) 中的被积函数为 λT 的单值函数, 可直接由黑体辐射函数表 7-1 查得。在 $\lambda_1 \sim \lambda_2$ 的波长范围内黑体辐射函数为

$$F_{b(\lambda_1 \sim \lambda_2)} = \frac{\int_{\lambda_1}^{\lambda_2} E_{b\lambda} \mathrm{d}\lambda}{\int_0^{\infty} E_{b\lambda} \mathrm{d}\lambda} = \frac{\int_0^{\lambda_2} E_{b\lambda} \mathrm{d}\lambda - \int_0^{\lambda_1} E_{b\lambda} \mathrm{d}\lambda}{\int_0^{\infty} E_{b\lambda} \mathrm{d}\lambda} = F_{b(0 \sim \lambda_2)} - F_{b(0 \sim \lambda_1)} \tag{7-19}$$

于是有

$$E_{b(\lambda_1 \sim \lambda_2)} = F_{b(\lambda_1 \sim \lambda_2)} E_b \qquad\qquad (7\text{-}20)$$

显然，只要求得 $F_{b(\lambda_1 \sim \lambda_2)}$ 就可方便地得到 $E_{b(\lambda_1 \sim \lambda_2)}$。

表 7-1   黑体辐射函数表

$\lambda T/(\mu m \cdot K)$	$F_{b(0 \sim \lambda)}/\%$	$\lambda T/(\mu m \cdot K)$	$F_{b(0 \sim \lambda)}/\%$	$\lambda T/(\mu m \cdot K)$	$F_{b(0 \sim \lambda)}/\%$
600	0.000	3200	31.85	12000	94.51
700	0.000	3400	36.21	14000	96.29
800	0.0016	3600	40.40	16000	97.38
900	0.009	3800	44.38	18000	98.08
1000	0.0323	4000	48.13	20000	98.56
1100	0.0916	4200	51.64	22000	98.89
1200	0.214	4400	54.92	24000	99.12
1300	0.434	4600	57.96	26000	99.30
1400	0.782	4800	60.79	28000	99.43
1500	1.290	5000	63.41	30000	99.53
1600	1.979	5500	69.12	35000	99.70
1700	2.862	6000	73.81	40000	99.79
1800	3.946	6500	77.66	45000	99.85
1900	5.225	7000	80.83	50000	99.89
2000	6.690	7500	83.46	55000	99.92
2200	10.11	8000	85.64	60000	99.94
2400	14.05	8500	87.47	70000	99.96
2600	18.34	9000	89.07	80000	99.97
2800	22.82	9500	90.32	90000	99.98
3000	27.36	10000	91.43	100000	99.99

例题 7-1   太阳可视为 5800K 的黑体。试求：

(1) 太阳表面的辐射力。

(2) 最大光谱辐射力对应的波长 λ_{max}。

(3) 可见光（$\lambda = 0.38 \sim 0.76 \mu m$）的能量占太阳辐射能的比例。

解   (1) 辐射力 E_b

$$E_b = c \left(\frac{T}{100} \right)^4 = 5.67 \times \left(\frac{5800}{100} \right)^4 = 6.416 \times 10^7 \, (\text{W/m}^2)$$

(2) 最大光谱辐射力对应的波长 λ_{max}：由维恩位移定律得

$$\lambda_{max} T = 2897.8 \mu m \cdot K, \qquad \lambda_{max} = \frac{2897.8}{T} = \frac{2897.8}{5800} = 0.5 \, (\mu m)$$

（3）可见光占太阳辐射能的比例，由式（7-19）得

$$F_{b(0.38\sim0.76)}=F_{b(0\sim0.76)}-F_{b(0\sim0.38)}$$

由

$$\lambda_1 T=0.38\times5800=2204(\mu m\cdot K)$$

$$\lambda_2 T=0.76\times5800=4408(\mu m\cdot K)$$

查表 7-1 得

$$F_{b(0\sim0.38)}=10.11\%,\quad F_{b(0\sim0.76)}=54.92\%$$

所以太阳辐射能中可见光所占的份额为

$$F_{b(0.38\sim0.76)}=54.92\%-10.11\%=44.81\%$$

3. 兰贝特定律

兰贝特（Lambert）定律给出了黑体辐射能按空间方向的分布规律。

理论上可以证明，黑体表面具有均匀辐射的性质，且在半球空间各个方向上的定向辐射强度相等，即

$$I_{\theta1}=I_{\theta2}=I_{\theta3}=\cdots=I_b \tag{7-21}$$

定向辐射强度与方向无关的规律称为兰贝特定律。

对于服从兰贝特定律的辐射，由定向辐射强度的定义式（7-10）得

$$I_b\cos\theta=\frac{d\Phi(\theta)}{dAd\Omega}=E_{b\theta} \tag{7-22}$$

式中，$E_{b\theta}$ 为黑体定向辐射力 $[W/(m^2\cdot sr)]$。

由式（7-22）可见，黑体单位表面发出的辐射能落到空间不同方向的单位立体角内的能量不相等，其数值正比于该方向与表面法线方向之间夹角 θ 的余弦，所以兰贝特定律又称为余弦定律。

在工程中，当用电炉烘烤物件时，把物件放在电炉的正上方要比放在电炉的旁边热得快的多。在这两个位置上的物体受热快慢不同说明，电炉发出的辐射能在空间不同方向上的分布是不均匀的，正上方的能量远较两侧多。

将式（7-10）两端各乘以 $\cos\theta d\Omega$，然后对整个半球空间做积分，就得到从单位黑体表面发射出去落到整个半球空间的能量，即黑体的辐射力

$$E_b=\int_{\Omega=2\pi}\frac{d\Phi(\theta)}{dA}=I_b\int_{\Omega=2\pi}\cos\theta d\Omega$$

将式（7-9）代入上式，得

$$E_b=I_b\int_{\Omega=2\pi}\cos\theta\sin\theta d\theta d\varphi=I_b\int_{\varphi=0}^{\varphi=2\pi}d\varphi\int_{\theta=0}^{\theta=\frac{\pi}{2}}\sin\theta\cos\theta d\theta=\pi I_b \tag{7-23}$$

因此，对于黑体，其辐射力等于定向辐射强度的 π 倍。

最后，黑体辐射的规律可总结如下：黑体辐射的辐射力由斯特藩-玻耳兹曼定律确定，辐射力正比于热力学温度的四次方；黑体辐射能量按波长的分布服从普朗

克定律,而按空间方向的分布则服从兰贝特定律;黑体光谱辐射力有个峰值,与此峰值相对应的波长 λ_{max} 由维恩位移定律确定,即随着温度的升高,λ_{max} 向波长减小的方向移动。

例题 7-2　　一个人工黑体空腔上的辐射小孔直径为 25mm,辐射力为 $E_b = 3.8 \times 10^5 \, \mathrm{W/m^2}$,一个辐射热流计置于该黑体的正前方 $L = 0.7\mathrm{m}$ 处,该热流计吸收热量的面积为 $1.8 \times 10^{-6} \, \mathrm{m^2}$,求该热流计所得到的黑体辐射是多少?

解　小孔辐射面积为

$$\mathrm{d}A = \pi \mathrm{d}^2/4 = 3.1416 \times 0.025^2/4 = 4.91 \times 10^{-4} (\mathrm{m^2})$$

辐射热流计对小孔所张的立体角为

$$\mathrm{d}\Omega = \frac{\mathrm{d}A_c}{L^2} = \frac{1.8 \times 10^{-6}}{0.7^2} = 3.67 \times 10^{-6} (\mathrm{sr})$$

根据定向辐射强度定义:

$$I_b = \frac{\mathrm{d}\Phi(\theta)}{\mathrm{d}A\cos\theta\mathrm{d}\Omega}$$

所以有

$$\mathrm{d}\Phi(\theta) = I_b \mathrm{d}A\cos\theta\mathrm{d}\Omega$$

根据式(7-23):

$$I_b = E_b/\pi$$

因此有

$$\mathrm{d}\Phi(\theta) = \frac{E_b}{\pi}\mathrm{d}A\cos\theta \cdot \mathrm{d}\Omega = \frac{3.8 \times 10^5}{\pi} \times 4.91 \times 10^{-4} \times \cos 0° \times 3.67 \times 10^{-6}$$

$$= 2.18 \times 10^{-4} (\mathrm{W})$$

即该热流计所得到的黑体发出的辐射能为 $2.18 \times 10^{-4} \mathrm{W}$。

7.3　固体和液体的辐射和吸收特性

实际物体的辐射和吸收特性不同于黑体,下面将以黑体辐射规律作为比较的基础来分析实际物体的辐射和吸收特性。

7.3.1　实际物体的辐射特性

1. 辐射力

实际物体的辐射不同于黑体。实际物体的光谱辐射力往往随波长作不规则的变化,图 7-9 示出了同温度下某实际物体和黑体的 $E_\lambda = f(\lambda, T)$ 的代表性曲线,图上曲线下的面积分别表示各自的辐射力。

从图 7-9 中可看出,同一波长下实际物体光谱辐射力低于黑体光谱辐射力,而且辐射曲线并不光滑,因此,实际物体的光谱辐射力按波长分布的规律与普朗克定律不同。

图 7-9 表明,实际物体的光谱辐射力小于同温度下的黑体在同一波长下的光谱辐射力,两者之比称为实际物体的光谱发射率,又称单色黑度,即

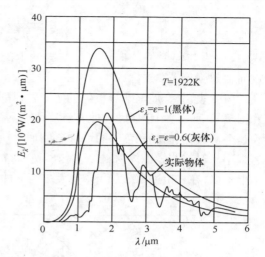

图 7-9　实际物体的光谱辐射力示意图

$$\varepsilon_\lambda = \frac{E_\lambda}{E_{b\lambda}} \qquad (7\text{-}24)$$

同样,实际物体的辐射力 E 总是小于同温度下黑体的辐射力 E_b,两者的比值称为实际物体的发射率,又称黑度,记为 ε,即

$$\varepsilon = \frac{E}{E_b} \qquad (7\text{-}25)$$

物体的发射率一般通过实验测定,它仅取决于物体自身,而与周围环境条件无关。

显然,光谱发射率与实际物体的发射率之间有如下的关系:

$$\varepsilon = \frac{E}{E_b} = \frac{\int_0^\infty \varepsilon_\lambda(\lambda) E_{b\lambda} \, d\lambda}{\sigma T^4} \qquad (7\text{-}26)$$

由式(7-25),实际物体的辐射力可以表示为

$$E = \varepsilon E_b = \varepsilon \sigma T^4 \qquad (7\text{-}27)$$

习惯上,式(7-27)也称为四次方定律,这是实际物体辐射传热计算的基础。

应该指出,由实验结果发现,实际物体的辐射力并不严格地同热力学温度的四次方成正比,但要对不同物体采用不同次方的规律来计算,在实用上很不方便。所以,在工程计算中仍认为一切实际物体的辐射力都与热力学温度的四次方成正比,而把由此引起的修正包括到用实验方法确定的发射率中去。由于这个原因,发射率还与温度有关。

2. 定向辐射强度

实际物体辐射按空间方向的分布,亦不尽符合兰贝特定律。这就是说,实际物体的定向辐射强度在不同方向上有些变化。为此,引出定向发射率(又称定向黑度)的定义:

$$\varepsilon_\theta = \frac{I_\theta}{I_{b\theta}} = \frac{I_\theta}{I_b} \qquad\qquad (7\text{-}28)$$

式中,I_θ 为与辐射面法向成 θ 角的方向上的定向辐射强度;I_b 为同温度下黑体的定向辐射强度。

　　研究表明,金属与非导电体的定向发射率随 θ 角的变化有明显的区别,如图 7-10 和图 7-11 所示。由图可见,对于金属材料,从 $\theta=0°$ 开始,在一定角度范围内,ε_θ 可认为是个常数,然后随角度 θ 的增加急剧增大,在接近 $\theta=90°$ 的极小角度范围内,ε_θ 又有减小。对于非导电体材料,从辐射面法向 $\theta=0°$ 到 $\theta=60°$ 的范围内,定向发射率基本上不变,在 θ 超过 $60°$ 以后,ε_θ 会发生明显的减小,直至当 $\theta=90°$ 时 ε_θ 降为零。

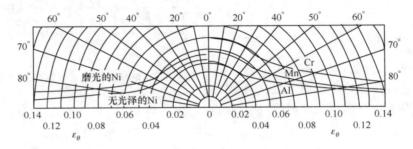

图 7-10　金属的定向发射率(实验测定结果,150℃)

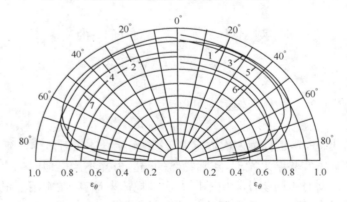

图 7-11　非金属的定向发射率(实验测定结果,0~93.3℃)

1—潮湿的冰;2—木材;3—玻璃;4—纸;5—黏土;6—氧化铜;7—氧化铝

　　尽管实际物体的定向发射率具有上述变化,但实验测定表明,半球空间的平均发射率 ε 与其表面法向发射率 ε_n 的比值变化并不大,对于表面粗糙的物体为 0.98,对于表面光滑的物体为 0.95,对于表面高度磨光的金属物体为 1.2。因此除高度磨光的金属表面外,可以近似地认为大多数工程材料是漫射体($\varepsilon/\varepsilon_n=1$),服从兰贝特定律。

至此,已讨论了 3 种发射率:

光谱发射率 ε_λ——半球范围内对某一特定波长能量的发射率;

定向发射率 ε_θ——空间某一特定方向上对各种波长能量的发射率;

半球平均发射率 ε——半球空间内对各种不同波长能量的发射率。

在工程计算中主要使用半球平均发射率。

关于物体表面的发射率,可归纳出以下几点:

(1) 物体表面的发射率仅取决于物质本身的种类、表面状态及温度,而与外界条件无关,因此 ε 为一物性参数,一般由实验测定。

(2) 对同一材料,氧化表面的发射率大于非氧化表面的发射率,粗糙表面的发射率大于光滑表面的发射率。

(3) 大部分非金属材料表面的发射率较高,一般为 0.8～0.9。

表 7-2 列出了一些常用材料的法向发射率实验值。

表 7-2　常用材料表面的法向发射率

材料类别和表面状况	温度/℃	法向发射率 ε_n
磨光的铬	150	0.058
铬镍合金	52～1034	0.64～0.76
灰色、氧化的铅	38	0.28
镀锌的铁皮	38	0.23
具有光滑的氧化层表皮的钢板	20	0.82
氧化的钢	200～600	0.8
磨光的铁	400～1000	0.14～0.38
氧化的铁	125～525	0.78～0.82
磨光的铜	20	0.03
氧化的铜	50	0.6～0.7
磨光的黄铜	38	0.05
无光泽的黄铜	38	0.22
磨光的铝	50～500	0.04～0.06
严重氧化的铝	50～500	0.2～0.3
磨光的金	200～600	0.02～0.03
磨光的银	200～600	0.02～0.03
石棉纸	40～400	0.94～0.93
耐火砖	500～1000	0.8～0.9
红砖(粗糙表面)	20	0.88～0.93
玻璃	38,85	0.94
木材	20	0.8～0.92

续表

材料类别和表面状况	温度/℃	法向发射率 ε_n
碳化硅涂料	1010~1400	0.82~0.92
上釉的瓷件	20	0.93
油毛毡	20	0.93
抹灰的墙	20	0.94
灯黑	20~400	0.95~0.97
锅炉炉渣	0~1000	0.97~0.70
各种颜色的油漆	100	0.92~0.96
雪	0	0.8
水(厚度大于 0.1mm)	0~100	0.96

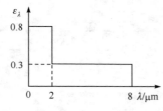

图 7-12　例题 7-3 图

例题 7-3　假设一个表面的光谱发射率和波长的变化关系如图 7-12 所示。求表面温度分别为 110℃ 和 1200℃ 时的发射率和辐射力。

解　由式(7-5),表面 110℃ 时的辐射力为

$$E = \int_0^\infty E_\lambda \mathrm{d}\lambda$$

由式(7-24),上式变为

$$E = \int_0^\infty \varepsilon_\lambda E_{b\lambda} \mathrm{d}\lambda = 0.8 \int_0^2 E_{b\lambda} \mathrm{d}\lambda + 0.3 \int_2^8 E_{b\lambda} \mathrm{d}\lambda = 0.8 E_{b(0\sim2)} + 0.3 E_{b(2\sim8)}$$

由式(7-19)和式(7-20),上式应为

$$E = \{0.8[F_{b(0\sim2)} - F_{b(0\sim0)}] + 0.3[F_{b(0\sim8)} - F_{b(0\sim2)}]\}\sigma T^4$$

由表 7-1 可知,110℃ 时 $F_{b(0\sim0)} = 0$,$F_{b(0\sim2)} = 0.001\%$,$F_{b(0\sim8)} = 28.8\%$,代入上式得

$$E = [0.8 \times (0.00001 - 0) + 0.3 \times (0.288 - 0.00001)] \times 5.67 \times \left(\frac{383}{100}\right)^4 = 105.4 (\mathrm{W/m^2})$$

于是

$$\varepsilon = \frac{E}{E_b} = \frac{105.4}{5.67 \times \left(\frac{383}{100}\right)^4} = 0.086$$

同理,由表 7-1 可知,1200℃ 时 $F_{b(0\sim0)} = 0$,$F_{b(0\sim2)} = 26.13\%$,$F_{b(0\sim8)} = 94.18\%$,所以

$$E = [0.8 \times (0.2613 - 0) + 0.3 \times (0.9418 - 0.2613)] \times 5.67 \times \left(\frac{1473}{100}\right)^4$$
$$= 110291.9 (\mathrm{W/m^2})$$

于是

$$\varepsilon = \frac{E}{E_b} = \frac{110291.9}{5.67 \times \left(\frac{1473}{100}\right)^4} = 0.41$$

7.3.2　实际物体的吸收特性

1. 吸收比(率)

在 7.1 节中已经指出,物体对投入辐射所吸收的百分数称为该物体的吸收比。实际物体的吸收比 α 的大小取决于两方面的因素:吸收物体本身的情况和投入辐射的特性。所谓物体本身的情况系指物质的种类、物体温度以及表面状况等。所谓投入辐射是指单位时间内从外界投射到物体的单位表面积上的辐射能。这里 α 是指对投射到物体表面上各种不同波长辐射能的总体吸收比,是一个平均值。

物体对某一特定波长的投入辐射的吸收比称为光谱吸收比 α_λ,即

$$\alpha_\lambda = \frac{G_{\lambda,a}}{G_\lambda} \tag{7-29}$$

式中,G_λ 表示波长为 λ 的投入辐射[W/(m² · μm)];$G_{\lambda,a}$ 表示波长为 λ 的投入辐射中被物体吸收的部分[W/(m² · μm)]。

图 7-13 和图 7-14 分别为金属材料和非导电材料在室温下 α_λ 随波长的变化。可以看出,有些材料,如磨光的铝和铜,α_λ 随波长变化不大;但另一些材料,如白瓷砖,α_λ 随波长的变化很大。

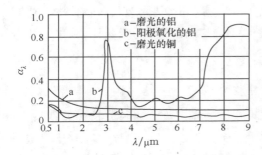
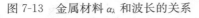
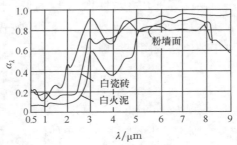

图 7-13　金属材料 α_λ 和波长的关系　　　图 7-14　非金属材料 α_λ 和波长的关系

物体的光谱吸收比随波长强烈变化的这种性质称为物体对投入辐射的吸收具有选择性。比如玻璃对波长小于 3.0μm 的辐射吸收比很小,因此白天太阳辐射中的可见光就可进入暖房。到了夜晚,暖房中物体常温辐射的能量几乎全部位于波长大于 3μm 的红外辐射内,而玻璃对于波长大于 3μm 的红外辐射的吸收比很大,从而阻止了夜里暖房内物体的辐射热损失。这就是由玻璃的选择性吸收作用造成

的温室效应。工业生产过程中所排放的大量对红外波段的辐射具有一定吸收比的气体,如二氧化碳、多种 CFC 制冷剂等,聚集在地球的外围,好像给地球罩了一层玻璃窗,以可见光为主的太阳能可以达到地球表面,而地球上一般温度下的物体所辐射的红外范围内的热辐射则大量被这些气体吸收,无法散发到宇宙空间中,使得地球表面的温度逐渐升高。另外,自然界丰富多彩的颜色正是由物体对各种颜色光的吸收比的差异造成的。

实际物体的光谱吸收比对投入辐射的波长有选择性这一事实给辐射传热的工程计算带来很大的不便。物体的吸收比要根据吸收一方和发出投入辐射一方的性质和温度来确定,故实际物体的吸收比不是一个物性参数,它要比其发射率复杂得多。设下标 1、2 分别表示所研究的物体及产生投入辐射的物体,则物体 1 的吸收比可写为

$$\alpha_1 = \frac{\int_0^\infty \alpha_\lambda(\lambda, T_1)\varepsilon_\lambda(\lambda, T_2)E_{b\lambda}(T_2)\mathrm{d}\lambda}{\int_0^\infty \varepsilon_\lambda(\lambda, T_2)E_{b\lambda}(T_2)\mathrm{d}\lambda} = f(T_1、T_2,表面 1 的性质,表面 2 的性质)$$

(7-30)

如果投入辐射来自黑体,则物体的吸收比可以表示成

$$\alpha_1 = \frac{\int_0^\infty \alpha_\lambda(\lambda, T_1)E_{b\lambda}(T_2)\mathrm{d}\lambda}{\int_0^\infty E_{b\lambda}(T_2)\mathrm{d}\lambda} = \frac{\int_0^\infty \alpha_\lambda(\lambda, T_1)E_{b\lambda}(T_2)\mathrm{d}\lambda}{\sigma T_2^4} = f(T_1、T_2,表面 1 的性质)$$

(7-31)

由此可见,物体对黑体辐射的吸收比是温度 T_1、T_2 的函数。若物体的光谱吸收比 $\alpha_\lambda(\lambda, T_1)$ 和温度 T_2 已知,则可按式(7-31)计算出物体的吸收比,其中的积分可用数值法或图解法确定。

2. 灰体

从式(7-30)和式(7-31)可以看出,如果物体的光谱吸收比与波长无关,即 $\alpha_\lambda =$ 常数,则不管投入辐射的分布如何,吸收比 α 保持不变,这时物体的吸收比只取决于物体本身的情况而与外界情况无关。在热辐射分析中,把光谱吸收比与波长无关的物体称为灰体(gray body),即

$$\alpha = \alpha_\lambda = 常数 \tag{7-32}$$

像黑体一样,灰体也是一种理想物体。工程上的辐射传热计算一般都把实际物体按灰体来处理。这是由于在工程常见的温度范围(≤2000K)内,热射线主要能量的波长位于红外线范围($\lambda = 0.76 \sim 20\mu m$)内,在该范围内,实际物体的光谱吸收比变化不大,可近似按灰体处理。这种简化处理给热辐射分析带来很大的方便。

实际上,对工程计算而言,只要在所研究的波长范围内光谱吸收比基本上与波长无关,则灰体的假定即可成立,而不必要求在全波段范围内 α_λ 为常数。

至此,已介绍过三种物体:黑体、灰体和实际物体。为了比较起见,它们的光谱吸收比 α_λ 和光谱辐射力 E_λ 随波长的变化情况示于图 7-15。从图中可看出,灰体的光谱吸收比 α_λ 和光谱发射率 $\varepsilon_\lambda(=E_\lambda/E_{b\lambda})$ 均为常数。

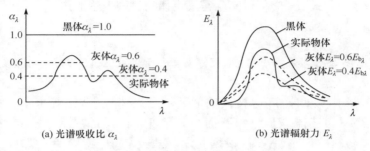

(a) 光谱吸收比 α_λ　　　　　　　　(b) 光谱辐射力 E_λ

图 7-15　黑体、灰体和实际物体的比较

3. 吸收比与发射率的关系——基尔霍夫(Kirchhoff)定律

基尔霍夫定律揭示了实际物体的辐射力 E 与吸收比 α 之间的联系。这个定律可以从研究两个平行大平壁的辐射传热导出。

图 7-16 为两个距离很近的平行大平壁。设平壁 1 为黑体,温度为 T_1,表面辐射力为 E_{b1}。平壁 2 为任意平壁,温度为 T_2,表面辐射力为 E_2,吸收比为 α_2。现以平壁 2 为对象分析其辐射能量的收支情况。平壁 2 本身向外发出辐射能 E_2,这部分能量全部投射到平壁 1 上并被全部吸收。平壁 1 发出的辐射能 E_{b1} 全部落到平壁 2 上,但只被平壁 2 吸收了 $\alpha_2 E_{b1}$,其余部分 $(1-\alpha_2)E_{b1}$ 反射回平壁 1,并被平壁 1 全部吸收。平壁 2 的支出与收入的差额即为两平壁间辐射传热的热流密度 q_{21}:

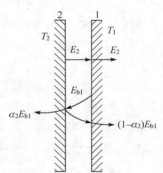

图 7-16　平行大平壁间的辐射传热

$$q_{21}=E_2-\alpha_2 E_{b1}$$

如两平壁处于热平衡状态,即 $T_1=T_2$ 时,$q_{21}=0$,于是

$$E_2=\alpha_2 E_{b1}=\alpha_2 E_{b2}$$

或

$$\frac{E_2}{\alpha_2}=E_{b2}$$

一般情况下有

$$\frac{E_1}{\alpha_1}=\frac{E_2}{\alpha_2}=\cdots=\frac{E}{\alpha}=E_b \tag{7-33}$$

式(7-33)就是基尔霍夫定律的数学表达式，可表述为：在热平衡条件下，任何物体的辐射力与其对黑体辐射的吸收比之比恒等于同温度下黑体的辐射力。

由式(7-33)和式(7-25)可得基尔霍夫定律的另一表达形式：

$$\alpha=\frac{E}{E_b}=\varepsilon \tag{7-34}$$

可表述为：在热平衡的条件下，任意物体对黑体辐射的吸收比等于同温度下该物体的发射率。

然而在辐射传热计算时，投入辐射既不是黑体辐射，系统也不会处于热平衡状态，式(7-34)还能满足吗？下面分析漫射灰体的情况。若在某一温度 T 下，一灰体与黑体处于热平衡，根据基尔霍夫定律有 $\alpha(T)=\varepsilon(T)$。如改变该灰体的环境，使其所受到的辐射不是来自同温度下的黑体辐射，但保持其自身温度不变。考虑到灰体吸收比与波长无关，在一定的温度下是一个常数；同时物体的发射率是物性参数，与环境无关，则此时仍然有 $\alpha(T)=\varepsilon(T)$。所以，对于漫射灰体表面一定有 $\alpha=\varepsilon$。即对于漫射灰体，不论投入辐射是否来自黑体，也不论系统是否处于热平衡状态，其吸收比恒等于同温度下的发射率。由于工程上实际物体在大多数情况下可当作灰体来处理，则由基尔霍夫定律可知，物体的辐射力越大，其吸收能力也越大，反之亦然；同温度下黑体的辐射力最大。

需指出的是，对于漫射的物体表面的光谱辐射，下述关系的成立不需要其他条件：

$$\varepsilon_\lambda(\lambda,T)=\alpha_\lambda(\lambda,T)$$

对于灰体表面有

$$\varepsilon=\varepsilon_\lambda=\alpha_\lambda=\alpha=常数 \tag{7-35}$$

图7-9中灰体光谱辐射力的曲线就是根据式(7-35)绘出的。它表明，灰体辐射沿波长的分布与黑体相似，只是对各种波长的光谱辐射力打了个同样的折扣。而对任意物体，下面的关系式则无条件成立：

$$\varepsilon_{\lambda,\varphi,\theta,T}(\lambda,\varphi,\theta,T)=\alpha_{\lambda,\varphi,\theta,T}(\lambda,\varphi,\theta,T) \tag{7-36}$$

注意，当研究物体表面对太阳能的吸收时，一般不能把物体当作灰体，因为太阳辐射中可见光占了近一半，而大多数物体对可见光的吸收表现出强烈的选择性，此时不能把物体常温下的发射率作为对太阳能的吸收比。因此，在太阳能集热器的研究中要求集热器的涂层具有高的对太阳辐射的吸收比，而又希望减少涂层本身的发射率以减小辐射热损失，目前已开发出的涂层材料的吸收比与发射率之比可高达

8～10。

例题 7-4　某实际表面的 α_λ 和 ε_λ 曲线图如图 7-17 所示,假设实际表面温度是 37℃,对它的投入辐射来自温度为 427℃的黑体,求该表面的吸收比 α 和发射率 ε。

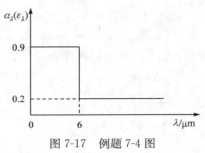

图 7-17　例题 7-4 图

解　(1) 表面的吸收比 α:由吸收比 α 的定义

$$\alpha = \frac{\int_0^\infty \alpha_\lambda G_\lambda \, d\lambda}{G} = \frac{\int_0^\infty \alpha_\lambda E_{b\lambda} \, d\lambda}{E_b} = \frac{0.9 \int_0^6 E_{b\lambda} \, d\lambda + 0.2 \int_6^\infty E_{b\lambda} \, d\lambda}{E_b}$$

对温度为 427℃的黑体,根据

$$\lambda T = 6 \times (427 + 273) = 4200 \, (\mu m \cdot K)$$

由表 7-1 可知

$$\frac{\int_0^6 E_{b\lambda} \, d\lambda}{E_b} = F_{b(0\sim6)} = 0.5164; \quad \frac{\int_6^\infty E_{b\lambda} \, d\lambda}{E_b} = F_{b(6\sim\infty)} = 1 - F_{b(0\sim6)} = 1 - 0.5164 = 0.4836$$

所以

$$\alpha = 0.9 \times 0.5164 + 0.2 \times 0.4836 = 0.561$$

(2) 表面的发射率 ε:由式(7-24)和式(7-25)得

$$\varepsilon = \frac{\int_0^\infty E_\lambda \, d\lambda}{\int_0^\infty E_{b\lambda} \, d\lambda} = \frac{\int_0^\infty \varepsilon_\lambda E_{b\lambda} \, d\lambda}{E_b} = \frac{0.9 \int_0^6 E_{b\lambda} \, d\lambda + 0.2 \int_6^\infty E_{b\lambda} \, d\lambda}{E_b}$$

对温度为 37℃的黑体,根据

$$\lambda T = 6 \times (37 + 273) = 1860 \, (\mu m \cdot K)$$

由表 7-1 可知

$$\frac{\int_0^6 E_{b\lambda} \, d\lambda}{E_b} = F_{b(0\sim6)} = 0.04713; \quad \frac{\int_6^\infty E_{b\lambda} \, d\lambda}{E_b} = F_{b(6\sim\infty)} = 1 - F_{b(0\sim6)} = 1 - 0.04713 = 0.95287$$

所以

$$\varepsilon = 0.9 \times 0.04713 + 0.2 \times 0.95287 = 0.233$$

从本题计算结果看,具有 $\varepsilon_\lambda = \alpha_\lambda$ 特征的物体却并不一定是灰体,因为 $\varepsilon \neq \alpha$。因此 $\varepsilon_\lambda = \alpha_\lambda$ 是灰体的必要条件,而不是充分条件。

7.4　气体的辐射和吸收特性

在工程上常见的温度范围内,空气、氢、氧、氮等分子结构对称的双原子气体,实际上并无发射和吸收辐射的能力,可认为是热辐射的透明体。但是,臭氧、二氧化碳、水蒸气、二氧化硫、甲烷、氯氟烃和含氢氯氟烃(两者俗称氟利昂)等三原子、多原子以及结构不对称的双原子气体(一氧化碳)却具有相当大的辐射本领。当这类气体出现在传热场合时,就要涉及气体和固体间的辐射传热计算,如燃油、燃煤及燃气的燃烧产物中二氧化碳和水蒸气的辐射等。

7.4.1　气体辐射的特点

与固体和液体辐射相比,气体辐射具有下列两个显著特点:

1. 气体辐射和吸收对波长具有选择性

气体不像固体、液体那样具有连续的辐射光谱,而是只在某些波段范围内才具有辐射和吸收能力,这些波段称为光带。在光带之外,气体辐射和吸收能力为零,这就是说气体的辐射和吸收对波长具有强烈的选择性,所以一般不能把气体当作灰体。如二氧化碳、水蒸气的主要光带有三段,表 7-3 给出了二氧化碳、水蒸气的主要辐射波段,同时由图 7-18 也可看出,它们的光带有两处重叠。

表 7-3　二氧化碳和水蒸气的主要辐射波段

波段序号	二氧化碳		水蒸气	
	$\lambda_1 \sim \lambda_2/\mu m$	$\Delta\lambda/\mu m$	$\lambda_1 \sim \lambda_2/\mu m$	$\Delta\lambda/\mu m$
1	$2.64 \sim 2.84$	0.2	$2.55 \sim 2.84$	0.29
2	$4.13 \sim 4.49$	0.36	$5.6 \sim 7.6$	2.0
3	$13.0 \sim 17.0$	4.0	$12.0 \sim 25.0$	13.0

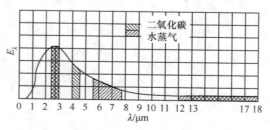

图 7-18　二氧化碳和水蒸气主要光带示意图

2. 气体的辐射和吸收在整个容积中进行

固体和液体的辐射和吸收是在表面很薄的一层介质中进行,因而具有表面辐射特点。对于气体,外来投射辐射总是穿透整个气体层,并被沿途碰到的气体分子所吸收,被吸收能量的多少,与沿途碰到的分子数有关,即与气体层厚度、容积形状、大小和压力等有关。气体层界面上所感受到的辐射为到达界面上的整个容积

气体的辐射。这就说明,气体的辐射和吸收是在整个容
积中进行的,与气体的形状和容积有关。因此,在论及气
体的发射率和吸收比时,除其他条件外,还必须说明气体
所处容器的形状和容积的大小。

1) 气体吸收定律

如图 7-19 所示,设在气体层 $x=0$ 处,光谱辐射强度
为 $I_{\lambda,0}$ 的热射线穿过厚度为 s 的气体层时,辐射强度变为
$I_{\lambda,s}$,在任意距离 x 处辐射强度为 $I_{\lambda,x}$,在该处辐射强度衰
减量 $\mathrm{d}I_{\lambda,x}$ 正比于 $I_{\lambda,x}\mathrm{d}x$,于是

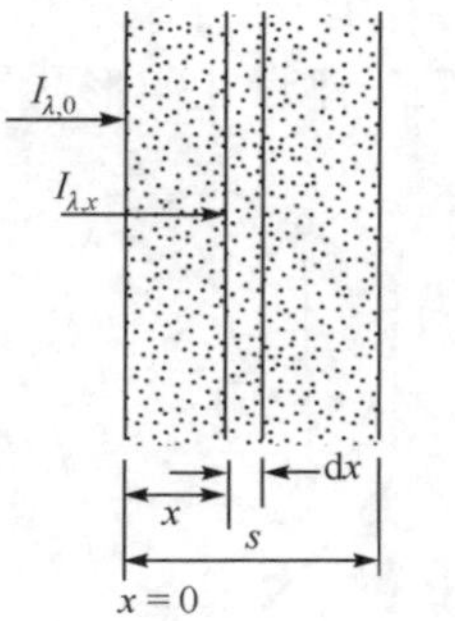

$$\mathrm{d}I_{\lambda,x}=-k_\lambda I_{\lambda,x}\mathrm{d}x$$

图 7-19　气体吸收示意图

式中,k_λ 为光谱辐射吸收系数(1/m)。

对上式分离变量并在整个气体层内积分得

$$\int_{I_{\lambda,0}}^{I_{\lambda,s}}\frac{\mathrm{d}I_{\lambda,x}}{I_{\lambda,x}}=-\int_0^s k_\lambda\mathrm{d}x$$

当气体种类和密度(取决于温度和压力)等确定时,k_λ 为一常数,因此有

$$I_{\lambda,s}=I_{\lambda,0}\mathrm{e}^{-k_\lambda s} \tag{7-37}$$

式(7-37)即为贝尔定律,也有文献称布格(Bouguer)定律,它表明在气体层中
的辐射能按指数形式递减,上式改写为

$$\frac{I_{\lambda,s}}{I_{\lambda,0}}=\mathrm{e}^{-k_\lambda s} \tag{7-38}$$

显然,式(7-38)具有光谱透射比的意义,即

$$\tau_{\lambda\mathrm{g}}(\lambda,s)=\mathrm{e}^{-k_\lambda s} \tag{7-39}$$

2) 平均射线行程

根据上述气体容积辐射的特点,不难得出气体的辐射力也与射线的行程有关,
而射线行程取决于气体容积的形状和尺寸大小。从图 7-20 可以看出,在同一容积
中,不同方向的气体辐射到达同一地点(如 M 处)的射线行程不相等;同样地,辐射
到不同地点(如 M 和 N 处)的射线行程亦不相等。这就有必要引进平均射线行程
的概念。由图 7-21 可以看出,在半球气体容积内,不同方向气体辐射到球心的射
线行程相等,即为球半径。如果把所研究的任意形状容积的气体对边界指定地区
的辐射,处理为当量半球的气体对球心的辐射,并假定半球内的气体与所研究情况
具有相同的气体成分、温度和压力,且半球内气体对球心的辐射力等于所研究情况
下气体对指定地区的辐射力,则该当量半球的半径即作为所研究情况下气体对指
定地区辐射的平均射线行程 s。对于各种不同形状的气体容积,平均射线行程 s 可
查表 7-4 或用式(7-40)来计算,即

$$s=3.6\frac{V}{A} \tag{7-40}$$

式中，V 为气体容积(m^3)；A 为包壁的面积(m^2)。式(7-40)用于在缺少资料的情况下，任意几何形状气体对整个包壁辐射的平均射线行程的计算。

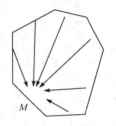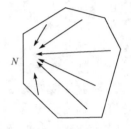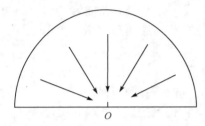

图 7-20　同一容积中气体对不同地点的辐射　　图 7-21　半球内气体对球心的辐射

表 7-4　气体辐射平均射线行程 s

气体容积的形状、辐射地区	平均射线行程	气体容积的形状、辐射地区	平均射线行程
直径为 D 的球体、对包壁任何地方	$0.65D$	高度等于直径 D 的圆柱体、对底面中心	$0.71D$
直径为 D 的长圆柱体、对侧表面	$0.95D$	边长为 b 的立方体、对整个包壳	$0.6b$
直径为 D 的长圆柱体、对整个包壁	$0.90D$	两平行大平板（间距 H）、对平板之间	$1.8H$
高度等于直径 D 的圆柱体、对全表面	$0.60D$	厚度 S 的气体层、对界面或界面上微元面	$1.8S$
位于叉排或顺排管束间的气体、对管束表面（直径 d，节距 S_1，S_2）	$0.9d\left(\dfrac{4S_1S_2}{\pi d^2}-1\right)$	高度等于底圆直径 D 两倍的圆柱体、对上、下底面	$0.6D$

7.4.2　气体的发射率（黑度）和吸收比的计算

1. 气体的发射率（黑度）

由于不具有反射性能，由光谱吸收比的定义，并结合式(7-38)，气体的光谱吸收比可表示为

$$\alpha_{\lambda g}=\frac{I_{\lambda,0}-I_{\lambda,s}}{I_{\lambda,0}}=1-\frac{I_{\lambda,s}}{I_{\lambda,0}}=1-\mathrm{e}^{-k_\lambda s} \tag{7-41}$$

将基尔霍夫定律应用于气体光谱辐射，则气体的光谱发射率可表示为

$$\varepsilon_{\lambda g}=\alpha_{\lambda g}=1-\mathrm{e}^{-k_\lambda s} \tag{7-42}$$

为求气体的辐射力 E_g，由式(7-42)得

$$E_g=\int_0^\infty \varepsilon_{\lambda g}E_{b\lambda}\,\mathrm{d}\lambda=\int_0^\infty (1-\mathrm{e}^{-k_\lambda s})E_{b\lambda}\,\mathrm{d}\lambda \tag{7-43}$$

又由发射率的定义，气体的辐射力可表示为

$$E_g=\varepsilon_g E_b=\varepsilon_g \sigma T_g^4 \tag{7-44}$$

因此

$$\varepsilon_g=\frac{E_g}{E_b}=\frac{\displaystyle\int_0^\infty (1-\mathrm{e}^{-k_\lambda s})E_{b,\lambda}\,\mathrm{d}\lambda}{\sigma T_g^4} \tag{7-45}$$

式中,光谱辐射吸收系数 k_λ 与气体的密度有关,而密度又与温度和压力有关。因此,由式(7-45)可知,气体的发射率 ε_g 随气体的温度 T_g、平均射线行程 s 和气体分压力 p 而变化,一般可表示为

$$\varepsilon_g = f(T_g, ps) \tag{7-46}$$

对于包含二氧化碳和水蒸气的混合气体,霍特尔(Hottel)和爱勃特(Egbert)综合计算了许多实验数据,按式(7-46)整理成图线形式便于工程应用,可参阅相关文献。

2. 气体的吸收比 α_g

由于气体辐射和吸收的选择性,气体一般不能作为灰体处理,所以基尔霍夫定律不适用于全波段的气体辐射,即 $\alpha_g \neq \varepsilon_g$。关于 α_g 的具体计算和 ε_g 一样,可参阅有关文献。

7.5　辐射传热的计算

前面讨论了热辐射的基本概念及基本定律,下面将讨论由热辐射的透明介质(如空气等)隔开的多个物体表面之间、当它们的温度互不相同时彼此进行的辐射传热情况。这种传热不仅取决于物体表面的形状、大小和相对位置,还和表面的辐射性质及温度有关。

物体表面间的辐射传热计算大致可分为三类:①已知各表面的温度,求表面的净辐射传热量;②已知表面的净辐射传热量,确定表面的温度;③已知一些表面的净辐射传热量和另一些表面的温度,求一些表面的温度和另一些表面的净辐射传热量。

由于物体间的辐射传热是在整个空间中进行的,因此,在讨论任意两表面间的辐射传热时,必须对所有参与辐射传热的表面均进行考虑。实际处理时,常把参与辐射传热的有关表面视作一个封闭系统,表面间的开口设想为具有黑体表面性质的假想面。

为了使辐射传热的计算简化,假设:①进行辐射传热的物体表面之间是不参与辐射的透明介质(如单原子或具有对称分子结构的双原子气体、空气)或真空;②参与辐射传热的物体表面都是漫射(漫发射、漫反射)灰体或黑体表面;③每个表面的温度、辐射特性及投入辐射分布均匀;④辐射传热是稳态的,所有与辐射传热有关的量都不随时间而变化。下面如不特殊说明,讨论的辐射传热问题均满足上述假定。

7.5.1　角系数

1. 角系数的概念

如前所述,物体间的辐射传热必然与物体表面的几何形状、大小及相对位置有

关,为了表征这些纯几何因素的影响,引入角系数概念。定义离开一表面的辐射能投射到另一表面上的份额为该表面对另一表面的角系数。

如图 7-22 所示,离开表面 1 的辐射能中,只有一部分落到表面 2 上,把离开表面 1 的辐射能中落到表面 2 上的能量所占的百分数称为表面 1 对表面 2 的角系数,用符号 $X_{1,2}$ 表示。

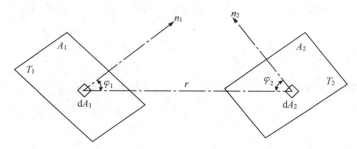

图 7-22　任意放置的两个表面间的辐射传热

同理,可以定义表面 2 对表面 1 的角系数 $X_{2,1}$。容易理解,角系数可有微元面对微元面的微元辐射角系数、微元面对有限面的局部辐射角系数和有限面对有限面的平均角系数。

2. 角系数的性质

1) 角系数的相对性
对于任意两表面,角系数的相对性有以下三种表达方式:
从微元表面到微元表面
$$dA_1 X_{d1,d2} = dA_2 X_{d2,d1}$$
从微元表面到有限表面
$$dA_1 X_{d1,2} = A_2 X_{2,d1}$$
从有限表面到有限表面
$$A_1 X_{1,2} = A_2 X_{2,1} \tag{7-47}$$

2) 角系数的完整性
对于由几个表面组成的封闭系统,根据能量守恒定律,离开任何一表面的辐射能必全部落到组成封闭系统的几个表面(包括该表面)上。因此,任一表面对各表面的角系数之间存在着下列关系:
$$X_{i,1} + X_{i,2} + \cdots + X_{i,j} + \cdots + X_{i,n} = \sum_{j=1}^{n} X_{i,j} = 1 \tag{7-48}$$
这就是角系数的完整性。

3) 角系数的可加性

根据能量守恒定律,由图 7-23(a)可知,离开表面 1(面积为 A_1)的辐射能中到达表面 2 和 3(面积 $A_{2+3}=A_2+A_3$)上的能量,等于离开表面 1 的辐射能中分别到达表面 2 和表面 3 上的能量之和,因此

$$A_1 X_{1,(2+3)} = A_1 X_{1,2} + A_1 X_{1,3}$$

或

$$X_{1,(2+3)} = X_{1,2} + X_{1,3} \tag{7-49}$$

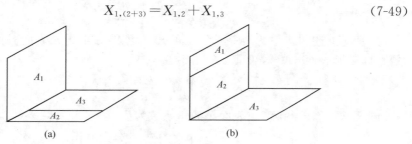

图 7-23 角系数的可加性

同理,由图 7-23(b)可得

$$A_{1+2} X_{(1+2),3} = A_1 X_{1,3} + A_2 X_{2,3} \tag{7-50}$$

角系数的上述特性可以用来求解许多情况下两表面间的角系数之值。下面将讨论角系数的计算问题。

3. 角系数的计算

求解角系数的方法主要有直接积分法与代数分析法两种。

1) 直接积分法

如图 7-24 表示两个任意放置的黑体表面,分别从表面 1(面积为 A_1)和 2(面积为 A_2)上取两个微元面积 dA_1 和 dA_2。由定向辐射强度的定义,dA_1 向 dA_2 辐射的能量为

$$d\Phi_{1,2} = dA_1 I_{b1} \cos\theta_1 d\Omega_1 \tag{7-51}$$

由立体角的定义:

$$d\Omega_1 = \frac{dA_2 \cos\theta_2}{r^2} \tag{7-52}$$

把式(7-52)代入式(7-51)得

$$d\Phi_{1,2} = I_{b1} \frac{\cos\theta_1 \cos\theta_2}{r^2} dA_1 dA_2 \tag{7-53}$$

根据定向辐射强度与辐射力之间的关系

$$I_b = \frac{E_b}{\pi} \tag{7-54}$$

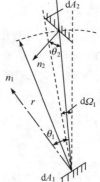

图 7-24 直接积分法图示

则表面 dA_1 向半球空间发出的辐射能为

$$\Phi_1 = \pi I_{b1} dA_1 \tag{7-55}$$

于是 dA_1 对 dA_2 的角系数为

$$X_{d1,d2} = \frac{d\Phi_{1,2}}{\Phi_1} = \frac{\cos\theta_1 \cos\theta_2 dA_2}{\pi r^2} \tag{7-56}$$

同理,可以导出微元表面 dA_2 对 dA_1 的角系数为

$$X_{d2,d1} = \frac{d\Phi_{2,1}}{\Phi_2} = \frac{\cos\theta_1 \cos\theta_2 dA_1}{\pi r^2} \tag{7-57}$$

分别对上述两式中的其中一个表面积分,就能导出微元表面对另一表面的角系数,即微元表面 dA_1 对表面 2 的角系数为

$$X_{d1,2} = \int_{A_2} \frac{\cos\theta_1 \cos\theta_2}{\pi r^2} dA_2 \tag{7-58}$$

同理,微元表面 dA_2 对表面 1 的角系数为

$$X_{d2,1} = \int_{A_1} \frac{\cos\theta_1 \cos\theta_2}{\pi r^2} dA_1 \tag{7-59}$$

利用角系数的相对性有 $dA_1 X_{d1,2} = A_2 X_{2,d1}$,则表面 2 对微元表面 dA_1 的角系数为

$$X_{2,d1} = \frac{1}{A_2} \int_{A_2} \frac{\cos\theta_1 \cos\theta_2}{\pi r^2} dA_2 dA_1 \tag{7-60}$$

积分上式,得到表面 2 对表面 1 的角系数为

$$X_{2,1} = \frac{1}{A_2} \int_{A_1} \int_{A_2} \frac{\cos\theta_1 \cos\theta_2}{\pi r^2} dA_2 dA_1 \tag{7-61}$$

同理,表面 1 对表面 2 的角系数为

$$X_{1,2} = \frac{1}{A_1} \int_{A_2} \int_{A_1} \frac{\cos\theta_1 \cos\theta_2}{\pi r^2} dA_1 dA_2 \tag{7-62}$$

写成一般的形式为

$$X_{i,j} = \frac{1}{A_i} \int_{A_i} \int_{A_j} \frac{\cos\theta_i \cos\theta_j}{\pi r^2} dA_i dA_j \tag{7-63}$$

从式(7-63)可看出,角系数是 θ_i、θ_j、r、A_i 和 A_j 的函数,它们皆为纯粹的几何量,所以角系数也是纯粹的几何量。式(7-63)虽然是从黑体表面间辐射传热导出的,但同样适用于非黑体表面间的辐射传热。

运用积分法可以求出一些较复杂几何体系的角系数。工程上为计算方便,通常将角系数表示成图线形式。图 7-25～图 7-27 为一些常见几何体系的角系数。

2) 代数分析法

所谓代数分析法,就是利用角系数的相对性、可加性及完整性通过求解代数方程而获得角系数的方法。下面讨论两种情况。

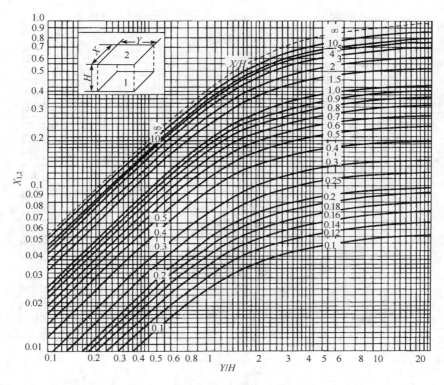

图 7-25　平行长方形表面间的角系数

（1）由三个非凹表面组成的封闭系统。如图 7-28 所示为一个由三个非凹表面组成的封闭系统，其在垂直于纸面的方向上足够长。设三个表面的面积分别为 A_1、A_2 和 A_3，由角系数的相对性和完整性可以写出

$$X_{1,2}+X_{1,3}=1 \tag{a}$$

$$X_{2,1}+X_{2,3}=1 \tag{b}$$

$$X_{3,1}+X_{3,2}=1 \tag{c}$$

$$A_1 X_{1,2}=A_2 X_{2,1} \tag{d}$$

$$A_1 X_{1,3}=A_3 X_{3,1} \tag{e}$$

$$A_2 X_{2,3}=A_3 X_{3,2} \tag{f}$$

这是一个六元一次方程组，有 6 个未知数，可封闭求解，例如

$$X_{1,2}=\frac{A_1+A_2-A_3}{2A_1}=\frac{L_1+L_2-L_3}{2L_1} \tag{7-64}$$

式中，L 为每个表面在横断面上的线段长度。由于表面均是非凹的，离开各表面的辐射能不会落到自身表面上，所以自身的角系数 $X_{1,1}=X_{2,2}=X_{3,3}=0$。

（2）由两个非凹表面组成的系统。有两个可以相互看得见的非凹表面，在

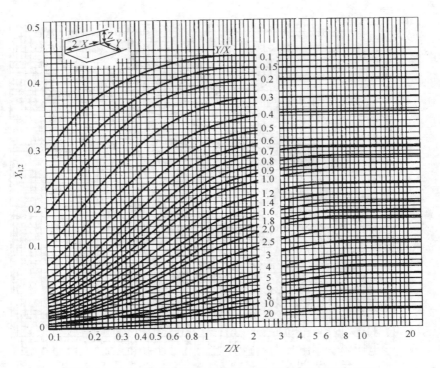

图 7-26　具有公共边且相互垂直的两长方形表面间的角系数

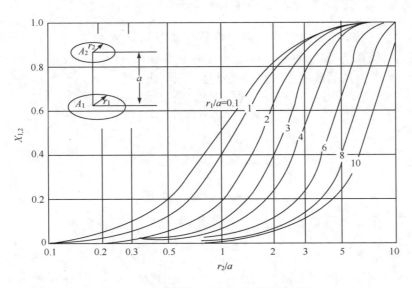

图 7-27　两个同轴平行圆表面间的角系数

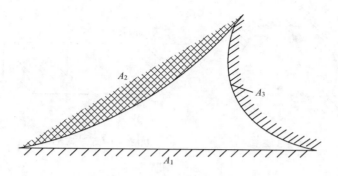

图 7-28　三个非凹表面组成的封闭系统

垂直于纸面的方向上无限长,面积分别为 A_1 和 A_2,如图 7-29 所示。

考虑到只有封闭系统才能应用角系数的完整性,为此作无限长假想面 ac 和 bd 使系统封闭。因此

$$X_{1,2}=X_{ab,cd}=1-X_{ab,ac}-X_{ab,bd} \quad \text{(a)}$$

作假想面 bc 和 ad,则表面 ab 和假想面 ac、bc 组成封闭系统,表面 ab 和假想面 ad、bd 组成另一个封闭系统。于是,利用式(7-64)可得

$$X_{ab,ac}=\frac{ab+ac-bc}{2ab} \quad \text{(b)}$$

$$X_{ab,bd}=\frac{ab+bd-ad}{2ab} \quad \text{(c)}$$

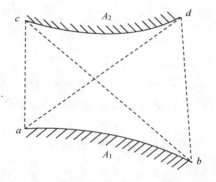

图 7-29　两个非凹表面组成的系统

将以上两式代入式(a)得

$$X_{1,2}=X_{ab,cd}=\frac{(ad+bc)-(ac+bd)}{2ab} \quad \text{(7-65)}$$

由图 7-29 可知,ad 和 bc 为交叉线,ac 和 bd 为不交叉线,所以式(7-65)又可写成如下的形式:

$$X_{1,2}=\frac{\text{交叉线之和}-\text{不交叉线之和}}{2\times\text{表面 1 的断面长度}} \quad \text{(7-66)}$$

上述求解角系数的方法又称为交叉线法。最后需指出的是,代数分析法更多地是应用于由已知的角系数推算未知的角系数,如由图 7-25 至图 7-27 所给出的最简单、最基本结构的角系数图线可以算得多种情况下的角系数值。

例题 7-5　求图 7-30 中所示表面间的角系数。图 7-30(a)为内包壳;图 7-30(b)在垂直纸面方向无限长。

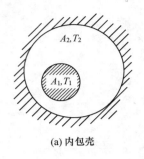

(a) 内包壳

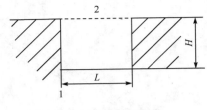

(b) 在垂直纸面方向无限长

图 7-30　例题 7-5 图

解　(1) 由图 7-30(a)知,离开表面 1 的辐射能全部落在表面 2 上,因而 $X_{1,2}=1$,而且 $X_{1,1}=0$,根据角系数的相对性

$$A_1 X_{1,2} = A_2 X_{2,1}$$

有

$$X_{2,1}=\frac{A_1}{A_2}X_{1,2}=\frac{A_1}{A_2}, \quad X_{2,2}=1-\frac{A_1}{A_2}=\frac{A_2-A_1}{A_2}$$

(2) 对图 7-30(b),作一辅助表面 2,离开表面 1 的辐射能必然通过假想面 2 而辐射出来,离开表面 2 的辐射能全部落在表面 1 上,因而

$$X_{2,1}=1, \quad X_{2,2}=0$$

由角系数的相对性有

$$X_{1,2}=\frac{A_2}{A_1}X_{2,1}=\left(\frac{L}{2H+L}\right)\times 1=\frac{L}{2H+L}$$

由角系数的完整性有

$$X_{1,1}=1-X_{1,2}=\frac{2H}{2H+L}$$

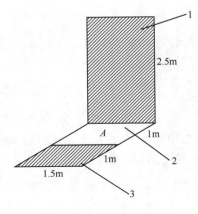

图 7-31　例题 7-6 图

例题 7-6　利用角系数线图计算图 7-31 中表面 1、3 之间的角系数 $X_{1,3}$、$X_{3,1}$。

解　由图 7-31 知表面 2 和表面 3 在同一平面上,根据角系数的可加性,有

$$X_{1,(2+3)}=X_{1,2}+X_{1,3}$$

查图 7-26,求 $X_{2,1}$:

$$\frac{Y}{X}=\frac{1}{1.5}=0.67, \quad \frac{Z}{X}=\frac{2.5}{1.5}=1.67$$

查得

$$X_{2,1}=0.28$$

由角系数相对性

$$X_{1,2}=\frac{A_2}{A_1}X_{2,1}=\frac{1\times1.5}{2.5\times1.5}\times0.28=0.112$$

查图 7-26,求 $X_{1,(2+3)}$:

$$\frac{Y}{X}=\frac{2}{1.5}=1.33,\quad\frac{Z}{X}=\frac{2.5}{1.5}=1.67$$

查得

$$X_{(2+3),1}=0.20$$

由角系数相对性

$$X_{1,(2+3)}=\frac{A_{(2+3)}}{A_1}X_{(2+3),1}=\frac{2\times1.5}{2.5\times1.5}\times0.20=0.16$$

则

$$X_{1,3}=X_{1,(2+3)}-X_{1,2}=0.16-0.112=0.048$$

$$X_{3,1}=\frac{A_1}{A_3}X_{1,3}=\frac{2.5\times1.5}{1\times1.5}\times0.048=0.12$$

7.5.2　两表面间的辐射传热计算

1. 两黑体表面间的辐射传热

由于黑体的特殊性,离开黑体表面的辐射能只是自身辐射,落到黑体表面的辐射能全部被吸收,使得表面间辐射传热问题得到简化。

对于处于任意相对位置的两个黑体表面 1 和表面 2,温度分别为 T_1 和 T_2,面积分别为 A_1 和 A_2,则离开表面 1 的辐射能为 A_1E_{b1},落在表面 2 上的份额为 $A_1E_{b1}X_{1,2}$;同理,离开表面 2 的辐射能落在表面 1 上的份额为 $A_2E_{b2}X_{2,1}$。表面 1、2 之间的辐射传热量为

$$\Phi_{1,2}=A_1E_{b1}X_{1,2}-A_2E_{b2}X_{2,1}$$

根据角系数的相对性 $A_1X_{1,2}=A_2X_{2,1}$,上式又可写为

$$\Phi_{1,2}=A_1X_{1,2}(E_{b1}-E_{b2})=A_2X_{2,1}(E_{b1}-E_{b2})=\frac{E_{b1}-E_{b2}}{1/(A_1X_{1,2})}=\frac{E_{b1}-E_{b2}}{1/(A_2X_{2,1})} \tag{7-67}$$

可见,求解两黑体表面之间辐射传热的关键是确定两个黑体表面之间的角系数 $X_{1,2}$ 或 $X_{2,1}$。

2. 两灰体表面之间的辐射传热

灰体表面间的辐射传热比黑体表面间的辐射传热要复杂,因为它存在着灰体表面间多次反射、吸收的现象。引入一种算总账的方法,即引入有效辐射的概念,可使灰体表面间辐射传热的分析和计算得到简化。

1) 有效辐射

如前所述,单位时间投射到某表面单位面积上的总辐射能称为投入辐射,记为

G。单位时间内离开某表面单位面积的总辐射能称为该表面的有效辐射,记为 J。因此,某表面的有效辐射可表示为

$$J=E+\rho G=\varepsilon E_{\mathrm{b}}+(1-\alpha)G \tag{7-68}$$

　　有效辐射可在表面的外边感受到,也可用辐射探测仪测量出来。由式(7-68)可知,有效辐射由物体表面自身发出的热辐射和对外界投入辐射的反射两部分组成。

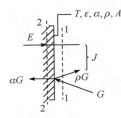

　　下面用有效辐射 J 和投入辐射 G 来计算物体表面间的净辐射传热量,并由此分析有效辐射与净辐射传热量之间的关系。定义某表面的单位面积在单位时间内的净辐射传热量 q 等于该表面的单位面积在单位时间内收、支辐射能的差额。这个差额的表达式,可因观察地点而有不同的形式。图 7-32 中用虚线表示出靠近某表面内、外两侧的两个假想面 1—1 和 2—2。

图 7-32　有效辐射分析

　　如果在假想面 1—1 处(物体外部)观察,则

$$q=J-G \tag{7-69}$$

或

$$\varPhi=JA-GA \tag{7-70}$$

　　如果在假想面 2—2 处(物体内部)观察,则

$$q=E-\alpha G \tag{7-71}$$

或

$$\varPhi=EA-\alpha GA \tag{7-72}$$

　　联解式(7-68)和式(7-72),消去 G 得

$$J=\frac{E}{\alpha}-\left(\frac{1}{\alpha}-1\right)\frac{\varPhi}{A} \tag{7-73}$$

　　由于 $E=\varepsilon E_{\mathrm{b}}$,对灰体有 $\alpha=\varepsilon$,式(7-73)变为

$$J=E_{\mathrm{b}}-\left(\frac{1}{\varepsilon}-1\right)\frac{\varPhi}{A} \tag{7-74}$$

　　2) 两灰体表面间的辐射传热

两灰体表面间的辐射传热量为

$$\varPhi_{1,2}=A_1J_1X_{1,2}-A_2J_2X_{2,1} \tag{7-75}$$

又由式(7-74)得

$$J_1A_1=A_1E_{\mathrm{b1}}-\left(\frac{1}{\varepsilon_1}-1\right)\varPhi_{1,2} \tag{7-76}$$

$$J_2A_2=A_2E_{\mathrm{b2}}-\left(\frac{1}{\varepsilon_2}-1\right)\varPhi_{2,1} \tag{7-77}$$

由能量守恒有

$$\Phi_{1,2}=-\Phi_{2,1} \tag{7-78}$$

于是由式(7-75)～式(7-78)可得

$$\Phi_{1,2}=\frac{E_{b1}-E_{b2}}{\dfrac{1-\varepsilon_1}{\varepsilon_1 A_1}+\dfrac{1}{A_1 X_{1,2}}+\dfrac{1-\varepsilon_2}{\varepsilon_2 A_2}} \tag{7-79}$$

从式(7-79)可看出,如果表面发射率 ε 趋近于 1 或者面积 A 趋于无穷大时, $(1-\varepsilon_1)/(\varepsilon_1 A_1)$ 和 $(1-\varepsilon_2)/(\varepsilon_2 A_2)$ [一般形式为 $(1-\varepsilon_i)/(\varepsilon_i A_i)$] 趋近于零,由此可见, $(1-\varepsilon)/(\varepsilon A)$ 是因为表面发射率不等于 1 或表面面积不是无穷大而产生的热阻,即由表面的因素产生的热阻,所以称为表面辐射热阻,简称表面热阻。 $1/(A_1 X_{1,2})$ [一般形式为 $1/(A_i X_{i,j})$] 为空间辐射热阻,简称空间热阻,它取决于表面间的几何因素,当表面间的角系数越小或表面积越小时,辐射能量从一表面投射到另一表面上的空间热阻就越大。

两个灰体表面组成的封闭系统的辐射传热是灰体表面间辐射传热的最简单例子。图 7-33 就表示这样的系统及其由基本热阻组成的辐射传热网络图。根据图 7-33 中辐射传热网络图,可直接写出如式(7-79)的两个灰体表面间的辐射传热量计算式。

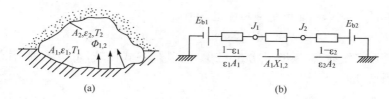

图 7-33　两个灰体表面组成的封闭系统

对于图 7-34 所示的各种情况,式(7-79)经适当变化后可得到下列各式:

同心长圆筒壁[图 7-34(a)]:

$$\Phi_{1,2}=\frac{\sigma(T_1^4-T_2^4)A_1}{\dfrac{1}{\varepsilon_1}+\dfrac{1-\varepsilon_2}{\varepsilon_2}\dfrac{A_1}{A_2}} \tag{7-80}$$

两平行大平壁[图 7-34(b)]:

$$\Phi_{1,2}=\frac{\sigma(T_1^4-T_2^4)A}{\dfrac{1}{\varepsilon_1}+\dfrac{1}{\varepsilon_2}-1} \tag{7-81}$$

同心球壁[图 7-34(c)]:

$$\Phi_{1,2}=\frac{\sigma(T_1^4-T_2^4)A_1}{\dfrac{1}{\varepsilon_1}+\dfrac{1-\varepsilon_2}{\varepsilon_2}\dfrac{A_1}{A_2}} \tag{7-82}$$

包壁与内包小的非凹物体[图 7-34(d)]:

$$\Phi_{1,2}=\sigma\varepsilon_1(T_1^4-T_2^4)A_1 \tag{7-83}$$

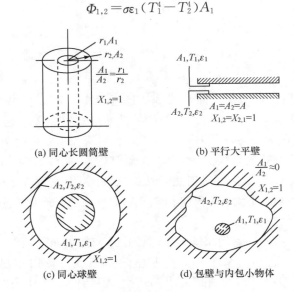

(a) 同心长圆筒壁   (b) 平行大平壁

(c) 同心球壁   (d) 包壁与内包小物体

图 7-34   几种典型情况下的辐射传热

式(7-80)～式(7-83)可统一写成以下形式：

$$\Phi_{1,2}=\varepsilon_s\sigma(T_1^4-T_2^4)A_1 \tag{7-84}$$

式中，ε_s 是系统发射率(黑度)，将式(7-84)与其他各式比较，可得各种情况下系统发射率(黑度)的计算式。

例题 7-7   试推导计算如图 7-35 所示的大空腔上小孔吸收比的表达式，并由此分析讨论黑体模型的原理。

解   考虑到小孔外的环境面积为无穷大，在小孔外环境中取一假想大表面 3，各表面参数如图所示。

表面 2(空腔)和表面 3(环境)的净辐射传热量为

$$\Phi_{2,3}=\frac{E_{b2}-E_{b3}}{\dfrac{1-\varepsilon_2}{\varepsilon_2 A_2}+\dfrac{1}{A_2 X_{2,3}}+\dfrac{1-\varepsilon_3}{\varepsilon_3 A_3}}$$

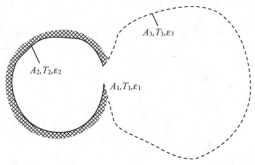

图 7-35   例题 7-7 图

该净辐射传热量即为净流出表面 1(小孔)的热量，可以认为是表面 1 和表面 3 之间的净辐射传热量，因此有

$$\Phi_{2,3}=\Phi_{1,3}=\frac{E_{b1}-E_{b3}}{\dfrac{1-\varepsilon_1}{\varepsilon_1 A_1}+\dfrac{1}{A_1 X_{1,3}}+\dfrac{1-\varepsilon_3}{\varepsilon_3 A_3}}$$

认为小孔发射辐射能时温度和空腔温度相同,即 $E_{b1}=E_{b2}$,因此上式化为

$$\frac{1-\varepsilon_2}{\varepsilon_2 A_2}+\frac{1}{A_2 X_{2,3}}+\frac{1-\varepsilon_3}{\varepsilon_3 A_3}=\frac{1-\varepsilon_1}{\varepsilon_1 A_1}+\frac{1}{A_1 X_{1,3}}+\frac{1-\varepsilon_3}{\varepsilon_3 A_3}$$

视表面 1 为覆盖小孔的平表面,有 $X_{1,3}=1$,$X_{1,2}=1$。由角系数的定义和相对性有 $X_{2,3}=X_{2,1}=A_1 X_{1,2}/A_2=A_1/A_2$。将 $X_{1,3}=1$,$X_{2,3}=A_1/A_2$ 代入上式并化简得

$$\varepsilon_1=\frac{\varepsilon_2 A_2}{A_1-\varepsilon_2 A_1+\varepsilon_2 A_2}=\frac{1}{\left(\dfrac{1}{\varepsilon_2}-1\right)\dfrac{A_1}{A_2}+1}$$

将小孔看作灰体表面,则其 $\alpha_1=\varepsilon_1$,因此小孔吸收比为

$$\alpha_1=\varepsilon_1=\frac{1}{1+\left(\dfrac{1}{\varepsilon_2}-1\right)\dfrac{A_1}{A_2}}$$

如果有一内径为 400mm 的球体空腔,在其上开直径为 40mm 的小圆孔,则两者面积比为 $A_1/A_2=[(\pi\times2^2)/(4\pi\times20^2-\pi\times2^2)]\times100\%=0.25\%$。当空腔内壁发射率 $\varepsilon_2=0.7$ 时,小孔对投射辐射的吸收比 $\alpha_1=0.9989$。当空腔内壁发射率 $\varepsilon_2=0.1$ 时,小孔的吸收比 $\alpha_1=0.9780$。计算结果表明,小孔的吸收比主要取决于 A_1/A_2,只要 A_1/A_2 很小,即使空腔内壁对热辐射的吸收能力很差,小孔对热辐射的吸收比仍近似为 1,即小孔具有黑体表面一样的性质,这也就是如图 7-4 所示的黑体模型的原理。

7.5.3　多表面间的辐射传热计算

在由三个或三个以上的多灰体表面组成的系统中,一个表面的净辐射传热量是它与其余各表面分别进行辐射传热的传热量之和,此时的辐射传热情况复杂,可用网络法求解。在计算一个表面的净辐射传热量时,该表面必须与其他表面组成一个封闭系统。如果所有表面没有组成封闭系统,则需用假想面来进行封闭。为消除假想面对原有系统表面间辐射传热的影响,假想面一般被认为是温度为系统周围环境温度的黑体。

图 7-36(a)所示为由三个在垂直于纸面方向上无限长的灰体表面组成的封闭系统,每一个表面都与其他两个表面进行辐射传热,各表面的温度和面积分别为 T_1、T_2、T_3 和 A_1、A_2、A_3,发射率为 ε_1、ε_2、ε_3,图 7-36(b)为该系统的辐射网络图。

三个表面各自的净辐射传热量可由下列各式计算:

$$\Phi_1=\frac{E_{b1}-J_1}{\dfrac{1-\varepsilon_1}{\varepsilon_1 A_1}} \tag{7-85a}$$

$$\Phi_2=\frac{E_{b2}-J_2}{\dfrac{1-\varepsilon_2}{\varepsilon_2 A_2}} \tag{7-85b}$$

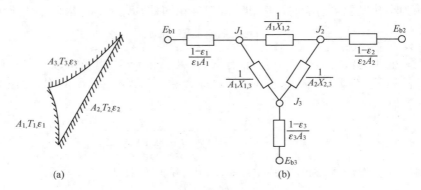

图 7-36　三个灰体表面组成的封闭系统

$$\Phi_3 = \frac{E_{b3} - J_3}{\dfrac{1-\varepsilon_3}{\varepsilon_3 A_3}} \tag{7-85c}$$

由基尔霍夫电流定律,即流入各节点 J_1、J_2、J_3 的辐射热流量的代数和等于零,可得到求解各表面有效辐射 J_1、J_2、J_3 的方程如下。

J_1:

$$\frac{E_{b1} - J_1}{\dfrac{1-\varepsilon_1}{\varepsilon_1 A_1}} + \frac{J_2 - J_1}{\dfrac{1}{A_1 X_{1,2}}} + \frac{J_3 - J_1}{\dfrac{1}{A_1 X_{1,3}}} = 0 \tag{7-86a}$$

J_2:

$$\frac{E_{b2} - J_2}{\dfrac{1-\varepsilon_2}{\varepsilon_2 A_2}} + \frac{J_1 - J_2}{\dfrac{1}{A_1 X_{1,2}}} + \frac{J_3 - J_2}{\dfrac{1}{A_2 X_{2,3}}} = 0 \tag{7-86b}$$

J_3:

$$\frac{E_{b3} - J_3}{\dfrac{1-\varepsilon_3}{\varepsilon_3 A_3}} + \frac{J_2 - J_3}{\dfrac{1}{A_3 X_{3,2}}} + \frac{J_1 - J_3}{\dfrac{1}{A_3 X_{3,1}}} = 0 \tag{7-86c}$$

把联立求解以上三式得到的有效辐射 J_1、J_2、J_3 代入式(7-85a)～式(7-85c)即可求得三个表面中每一表面的净辐射传热量。下面分析三个表面辐射传热的两种特殊情形。

1. 有一个表面为重辐射面

重辐射面指的是表面的净辐射传热量为零的绝热面。由式(7-85)可得 $E_b = J$,即重辐射表面的有效辐射等于该表面温度下的黑体辐射。如图 7-36 中表面 3 为重辐射面,则此时的辐射传热网络图变为图 7-37。

根据网络图 7-37,表面 1 的净辐射传热量 Φ_1 在数值上等于表面 2 的净辐射传

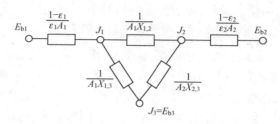

图 7-37　具有重辐射面的三个表面辐射传热网络图

热量 Φ_2，系统的网络图是一个简单的串、并联网络，则

$$\Phi_1 = -\Phi_2 = \cfrac{E_{b1} - E_{b2}}{\cfrac{1-\varepsilon_1}{\varepsilon_1 A_1} + \cfrac{1}{\left(\cfrac{1}{A_1 X_{1,2}}\right)^{-1} + \left(\cfrac{1}{A_1 X_{1,3}} + \cfrac{1}{A_2 X_{2,3}}\right)^{-1}} + \cfrac{1-\varepsilon_2}{\varepsilon_2 A_2}} \qquad (7\text{-}87)$$

求得 Φ_1 和 Φ_2，就可根据式(7-85)求出 J_1、J_2，再利用 J_1 和 J_2 以及空间辐射热阻，对 J_3 列出如下方程：

$$\frac{J_1 - J_3}{\cfrac{1}{A_1 X_{1,3}}} = \frac{J_3 - J_2}{\cfrac{1}{A_2 X_{2,3}}} \qquad (7\text{-}88)$$

对该表面有 $J_3 = E_{b3} = \sigma T_3^4$，从而可确定 T_3。

由上述分析可知，在一个封闭系统中，重辐射面虽然绝热，但它参与了封闭系统中表面之间的相互辐射传热，它的存在影响了其他表面间的辐射传热，其平衡温度未知，由该表面与其他表面间的相互作用来确定。

2. 有一个表面为黑体表面

在图 7-36 所示的三个表面组成的封闭系统中，如果表面 3 为黑体，其表面热阻 $(1-\varepsilon_3)/(\varepsilon_3 A_3) = 0$，因而有 $J_3 = E_{b3}$。辐射网络图简化成如图 7-38 所示。

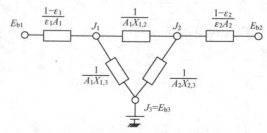

图 7-38　具有黑体表面的三个表面辐射传热网络图

注意，这种情况与两个表面被一个恒温大空间包围的封闭系统类似。大空间面积比两个表面面积大许多，认为其面积无限大，此时可看作是温度已知的黑体，

这样问题就可得到简化。另外，与表面 3 为重辐射面时的 $J_3 = E_{b3}$ 不同，表面 3 为黑体时的 $J_3 = E_{b3}$ 是一个确定的值，而不是由热平衡确定的。

例题 7-8 有一半球形容器如图 7-39 所示，半径 $R = 0.6\text{m}$，漫灰表面 1 与 2 同在圆底面上，各占面积的一半，其中表面 1 的温度 $t_1 = 420℃$，表面发射率 $\varepsilon_1 = 0.7$，面积为 A_1；表面 2 的温度 $t_2 = 100℃$，表面发射率 $\varepsilon_2 = 0.5$，面积为 A_2；上半球表面 3 为重辐射面，面积为 A_3。试计算表面 1 和 2 间辐射传热量以及表面 3 的温度 T_3。

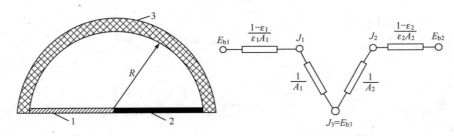

图 7-39 半球形容器各表面间辐射传热

解 由题意得辐射传热网络图和图 7-37 类似。表面 3 为重辐射面，即 $\Phi_3 = 0$，$E_{b3} = J_3$；表面 1、2 在同一底面上，$X_{1,2} = 0$，因而空间热阻 $1/(A_1 X_{1,2}) \to \infty$，网络图简化为如图 7-39 所示。又 $X_{1,3} = X_{2,3} = 1$，$A_1 = A_2$，则表面 1、2 之间的辐射传热量为

$$\Phi_{1,2} = \frac{E_{b1} - E_{b2}}{\dfrac{1-\varepsilon_1}{\varepsilon_1 A_1} + \dfrac{1}{A_1 X_{1,3}} + \dfrac{1}{A_2 X_{2,3}} + \dfrac{1-\varepsilon_2}{\varepsilon_2 A_2}} = A_1 \frac{E_{b1} - E_{b2}}{\dfrac{1}{\varepsilon_1} + \dfrac{1}{\varepsilon_2}}$$

代入数据有

$$\Phi_{1,2} = \frac{\dfrac{\pi}{2} \times 0.6^2 \times 5.67 \times \left[\left(\dfrac{693}{100}\right)^4 - \left(\dfrac{373}{100}\right)^4\right]}{1/0.7 + 1/0.5} = 1975.9(\text{W})$$

对表面 3 的温度 T_3，根据网络图又有

$$\Phi_{1,2} = \frac{E_{b1} - J_3}{\dfrac{1-\varepsilon_1}{\varepsilon_1 A_1} + \dfrac{1}{A_1 X_{1,3}}}, \quad J_3 = E_{b1} - \Phi_{1,2}\left(\frac{1-\varepsilon_1}{\varepsilon_1 A_1} + \frac{1}{A_1 X_{1,3}}\right)$$

代入数据有

$$J_3 = E_{b3} = 5.67 \times \left(\frac{693}{100}\right)^4 - 1975.9 \times \left(\frac{1-0.7}{0.7} + 1\right) \times \frac{1}{\pi \times 0.6^2/2} = 8085.6(\text{W/m}^2)$$

因此

$$5.67 \times \left(\frac{T_3}{100}\right)^4 = 8085.6, \quad T_3 = 614.5(\text{K})$$

例题 7-9　面积均为 1m×1m 的表面 1 和表面 2 相互垂直且放置于如图 7-40(a)所示的大房间 3 中,表面 1 的温度 T_1=1200K,表面发射率 ε_1=0.7,表面 2 为绝热表面,两表面与大房间 3 进行稳定的辐射传热,T_3=298K,假定表面 1、2 背面不参与传热,试确定表面 1 的净辐射传热量 Φ_1 和表面 2 的温度 T_2。

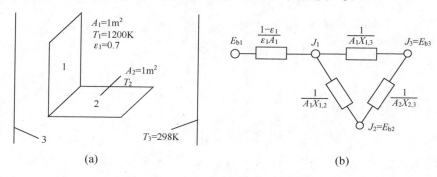

图 7-40　两个表面与大房间的辐射传热

解　由题意知,大房间表面热阻 $(1-\varepsilon_3)/(\varepsilon_3 A_3)\rightarrow 0$,$E_{b3}=J_3$;表面 2 为重辐射面,$\Phi_2=0$,因而 $E_{b2}=J_2$。于是可得如图 7-40(b)所示的辐射传热网络图。查角系数图 7-26 得 $X_{1,2}=0.2$;又 $A_1=A_2$,因而 $X_{2,1}=0.2$,根据角系数的完整性,$X_{1,3}=X_{2,3}=1-0.2=0.8$。各表面热阻和空间热阻的大小分别为

$$\frac{1-\varepsilon_1}{\varepsilon_1 A_1}=\frac{1-0.7}{0.7\times 1}=\frac{3}{7}(\text{m}^{-2}),\quad \frac{1}{A_1 X_{1,2}}=\frac{1}{1\times 0.2}=5(\text{m}^{-2})$$

$$\frac{1}{A_1 X_{1,3}}=\frac{1}{1\times 0.8}=1.25(\text{m}^{-2}),\quad \frac{1}{A_2 X_{2,3}}=\frac{1}{1\times 0.8}=1.25(\text{m}^{-2})$$

又

$$E_{b1}=\sigma T_1^4=5.67\times 10^{-8}\times 1200^4=11.76\times 10^4(\text{W/m}^2)$$

$$E_{b3}=\sigma T_3^4=5.67\times 10^{-8}\times 298^4=447.1(\text{W/m}^2)$$

由图 7-40(b)知,空间热阻 $1/(A_1 X_{1,2})$ 与 $1/(A_2 X_{2,3})$ 串联,并与 $1/(A_1 X_{1,3})$ 并联,因而有

$$\Phi_{1,3}=\frac{E_{b1}-E_{b3}}{\dfrac{1-\varepsilon_1}{\varepsilon_1 A_1}+\dfrac{1}{A_1 X_{1,3}+\left(\dfrac{1}{A_1 X_{1,2}}+\dfrac{1}{A_2 X_{2,3}}\right)^{-1}}}=\frac{11.76\times 10^4-447.1}{\dfrac{3}{7}+\dfrac{1}{1.25+\dfrac{1}{\dfrac{1}{1.25}+\dfrac{1}{5}}}}=79682.9(\text{W})$$

$\Phi_{1,3}$ 也即表面 1 或表面 3 的净辐射传热量,且 $\Phi_1=-\Phi_3=79682.9\text{W}$。

根据

$$\Phi_1=\frac{E_{b1}-J_1}{\dfrac{1-\varepsilon_1}{\varepsilon_1 A_1}}\text{ 有 }J_1=E_{b1}-\Phi_1\frac{1-\varepsilon_1}{\varepsilon_1 A_1}=11.76\times 10^4-79682.9\times\frac{3}{7}=83450.2(\text{W/m}^2)$$

由节点 $J_2(E_{b2})$ 的方程

$$\frac{J_1-E_{b2}}{\dfrac{1}{A_1X_{1,2}}}+\frac{E_{b3}-E_{b2}}{\dfrac{1}{A_2X_{2,3}}}=0$$

得

$$E_{b2}=\frac{1.25J_1+5E_{b3}}{1.25+5}=\frac{1.25\times83450.2+5\times447.1}{1.25+5}=17047.7(\text{W/m}^2)$$

又由

$$E_{b2}=\sigma T_2^4$$

可求得

$$T_2=\left(\frac{E_{b2}}{\sigma}\right)^{\frac{1}{4}}=\left(\frac{17047.7}{5.67\times10^{-8}}\right)^{\frac{1}{4}}=740.5(\text{K})$$

综上所述,归纳出应用网络法求解多表面系统辐射传热问题的步骤如下:

(1) 分析多表面系统是否封闭,如不封闭,则用假想面使之封闭。

(2) 画出等效的网络图。画图时应注意:①每一个参与传热的表面(净辐射传热量不为零的表面)均应有一段相应的电路,它包括源电势、与表面热阻相应的电阻及节点电势。②各表面之间的连接,由节点电势出发通过空间热阻进行,每一个节点电势都应与其他节点电势连接起来。

(3) 由基尔霍夫定律列出节点 $J_1,J_2,J_3,\cdots$ 的电流方程。

(4) 求解上述由节点电流方程组成的方程组得出节点电势(表面有效辐射)$J_1,J_2,J_3,\cdots$。

(5) 按公式 $\Phi_i=\dfrac{E_{bi}-J_i}{\dfrac{1-\varepsilon_i}{\varepsilon_iA_i}}$ 确定每个表面的净辐射传热量。

进一步需要说明的两个问题:

(1) 更多表面有效辐射的计算式。上述由网络图列出节点方程组的方法,当组成系统的表面为数不多时,分析计算是十分方便的,但当系统内参与辐射传热的表面较多时,画网络图就显得麻烦。为此,可从分析各表面的有效辐射入手,推导出有效辐射通用表达式以建立节点方程组。

设有 n 个灰体表面组成的系统,以其中的 j 表面为对象,它与周围各表面进行辐射传热时,其接受周围各表面的投入辐射 $G_j=\sum\limits_{i=1}^{n}J_iX_{i,j}A_i$,其中求和符号中的项表示 i 表面投射到 j 表面的辐射能。又因 $\alpha_j=\varepsilon_j$,可得 j 表面的有效辐射能量为:

$$J_jA_j=\varepsilon_jE_{bj}A_j+(1-\varepsilon_j)\sum_{i=1}^{n}J_iX_{i,j}A_i \tag{7-89}$$

由角系数的相对性

$$\sum_{i=1}^{n}J_iX_{i,j}A_i = A_j\sum_{i=1}^{n}J_iX_{j,i}$$

代入式(7-89),两侧消去 A_j,故可得 j 表面有效辐射为

$$J_j = \varepsilon_j E_{bj} + (1-\varepsilon_j)\sum_{i=1}^{n}J_iX_{j,i} \qquad (7\text{-}90)$$

由此可见, j 表面有效辐射不仅取决于表面本身的情况,还和周围诸表面的有效辐射有关。

式(7-90)可改写成

$$\sum_{i=1}^{n}J_iX_{j,i} - \frac{J_j}{1-\varepsilon_j} = \left(\frac{\varepsilon_j}{\varepsilon_j-1}\right)\sigma T_j^4 \qquad (7\text{-}91)$$

对于 $j=1,2,3,\cdots,n$ 表面组成的系统,可以得到 n 个方程,即

$$J_1\left(X_{1,1}-\frac{1}{1-\varepsilon_1}\right)+J_2X_{1,2}+J_3X_{1,3}+\cdots+J_nX_{1,n}=\left(\frac{\varepsilon_1}{\varepsilon_1-1}\right)\sigma T_1^4$$

$$J_1X_{2,1}+J_2\left(X_{2,2}-\frac{1}{1-\varepsilon_2}\right)+J_3X_{2,3}+\cdots+J_nX_{2,n}=\left(\frac{\varepsilon_2}{\varepsilon_2-1}\right)\sigma T_2^4$$

$$\vdots \qquad\qquad \vdots$$

$$J_1X_{n,1}+J_2X_{n,2}+J_3X_{n,3}+\cdots+J_n\left(X_{n,n}-\frac{1}{1-\varepsilon_n}\right)=\left(\frac{\varepsilon_n}{\varepsilon_n-1}\right)\sigma T_n^4 \qquad (7\text{-}92)$$

上述线性方程组可用迭代法进行数值求解,从而得到各表面的有效辐射 J_1, $J_2,\cdots,J_n$,进而求出各个表面的净辐射传热量。

(2)计算表面的划分以热边界条件为依据。例如,对于一个六面体,如果给定了顶面与底面的温度,而 4 个侧面绝热,则 4 个侧面即可作为一个表面处理,从而使该问题成为一个三表面的封闭系统。同样,如果顶面的温度不是均匀分布的,则可根据需要将它分为几个子区域,在每个子区域中认为温度均匀,子区域的数目就是顶面新的计算表面数。

7.5.4　辐射传热的控制

传热的控制(强化与削弱)是传热学研究的重要课题。辐射传热和导热、对流传热的物理机制不同,因而其控制方法也不同。

1. 辐射传热的强化

在一定的冷、热表面温度下增强表面间辐射传热的方法,可以从辐射传热计算的网络法得到启示,即减小表面热阻以及空间热阻。

1)减小表面热阻

根据表面热阻的定义 $(1-\varepsilon)/(\varepsilon A)$,改变表面热阻可以通过改变表面积 A 或

表面发射率来实现,其中控制表面发射率则是一个有效的方法。值得指出,在采用改变表面发射率的方法来控制辐射传热时,应当首先改变对辐射传热影响最大的那个表面的发射率。其具体方法有:

(1) 表面粗糙化。其实质是在表面上形成缝隙、凹坑等,增强对热辐射的吸收能力,这是提高表面发射率的有效方法。

(2) 表面氧化。金属材料表面的氧化膜对发射率的影响很大,特别是当氧化膜的厚度超过 $0.2\mu m$ 后,发射率增加很快。

(3) 表面涂料。研究表明,在物体表面上覆盖一层涂料,如碳化硅系列涂料、三氧化二铁系列涂料、稀土系列涂料等能有效提高表面发射率。

2) 减小空间热阻

根据空间热阻的定义 $1/(A_i X_{i,j})$,其中面积 A_i 一般取决于工艺条件,所以改变空间热阻需要调整物体的辐射角系数。如要增加一个发热表面的辐射散热量,则应增加该表面与温度较低的表面间的辐射角系数。

3) 其他方法

(1) 添加固体颗粒。在气流中适量添加悬浮在气体中的微小固体颗粒,一方面使气流扰动增强,强化气体与固体表面的对流传热;另一方面固体颗粒较强的辐射能力又增强了气体和固体表面的辐射传热。其强化气体辐射传热的效果主要取决于固体颗粒在气体中的含量、颗粒尺寸及其表面辐射特征、气体流态和流道的形状等。

(2) 使用光谱选择性涂料。光谱选择性涂料对短波具有强烈的吸收性能而对长波只具有微弱的发射性能。将这种涂料涂在太阳能利用设备(如太阳能热水器的真空管)的表面,可以使设备表面尽可能多地吸收太阳能,而本身发射出去的辐射能又较少,从而大大提高了太阳能利用率。

2. 辐射传热的削弱

削弱物体表面间的辐射传热除了可以采用和强化辐射传热相反的措施外,在工程应用中一种最有效的削弱辐射传热措施就是采用辐射屏蔽技术,即遮热板(罩)。

1) 遮热板(罩)的原理

当两个物体进行辐射传热时,如在它们之间插入一块金属薄板(罩)(本身导热热阻可忽略不计,但此时被隔开的两物体相互看不见),则可使这两个物体间的辐射传热量减少,这类薄板称为遮热板(罩)。未加遮热板(罩)时,两个物体间的辐射热阻为两个表面热阻和一个空间热阻。加了遮热板(罩)后,将增加两个表面热阻和一个空间热阻。因此总的辐射传热热阻增加,物体间的辐射传热量减少,这就是遮热板(罩)的工作原理。现以在两个平行大平壁之间插入遮热板为例,来说明遮

热板对辐射传热的影响。平行大平壁间插入遮热板前后的辐射网络图如图 7-41
所示。

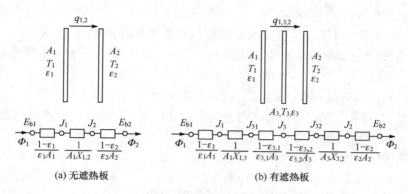

图 7-41 　两块大平壁间有无遮热板时的辐射传热

由于平壁无限大,角系数

$$X_{1,3}=X_{3,1}=X_{1,2}=1$$

又

$$A_1=A_2=A_3=A$$

则插入遮热板前、后辐射传热量的变化如下:

无遮热板时

$$\Phi_{1,2}=\frac{\sigma(T_1^4-T_2^4)}{\dfrac{1-\varepsilon_1}{\varepsilon_1 A_1}+\dfrac{1}{A_1 X_{1,2}}+\dfrac{1-\varepsilon_2}{\varepsilon_2 A_2}}=\frac{\sigma(T_1^4-T_2^4)}{\dfrac{1}{\varepsilon_1}+\dfrac{1}{\varepsilon_2}-1}$$

加一块遮热板时

$$\Phi_{1,3,2}=\Phi_{1,3}=\Phi_{3,2}$$

$$=\frac{E_{b1}-E_{b2}}{\dfrac{1-\varepsilon_1}{\varepsilon_1 A_1}+\dfrac{1}{A_1 X_{1,3}}+\dfrac{1-\varepsilon_{3,1}}{\varepsilon_{3,1} A_3}+\dfrac{1-\varepsilon_{3,2}}{\varepsilon_{3,2} A_3}+\dfrac{1}{A_3 X_{3,2}}+\dfrac{1-\varepsilon_2}{\varepsilon_2 A_2}} \tag{7-93}$$

$$=\frac{\sigma(T_1^4-T_2^4)A}{\dfrac{1}{\varepsilon_1}+\dfrac{1}{\varepsilon_{3,1}}-1+\dfrac{1}{\varepsilon_{3,2}}+\dfrac{1}{\varepsilon_2}-1}$$

显然,$\Phi_{1,3,2}<\Phi_{1,2}$,如 $\varepsilon_1=\varepsilon_2=\varepsilon_{3,1}=\varepsilon_{3,2}=\varepsilon$,则 $\Phi_{1,3,2}=\Phi_{1,2}/2$。可以证明,在两
块平行大平壁间插入 n 块表面发射率相同的遮热板(薄金属板)时的辐射传热量,
为无遮热板时辐射传热量的 $1/(n+1)$。

这表明遮热板数目越多,遮热效果越好。以上是在表面发射率均相同时所得
到的结论。实际上由于选用反射率较高的材料(如铝箔)作遮热板,ε_3 要远小于 ε_1
和 ε_2,此时的遮热效果要显著得多。

另外,根据上述分析,如果遮热板和平壁表面发射率相同时,采用一块遮热板,辐射传热量减少为原来的 1/2,即所减少的辐射传热量为原来的 1/2。采用两块遮热板,辐射传热量减少为原来的 1/3,即第二块所减少的辐射传热量为原来的 1/2−1/3=1/6。而第三块所减少的辐射传热量将仅为原来的 1/3−1/4=1/12。因此,当遮热板较多时,再增加遮热板数目,辐射传热的减弱效果也就不那么明显了。

最后需指出的是,用网络法来分析遮热板的遮热效果是非常方便的。当各表面的发射率不同时,用网络法可以方便地算出辐射传热量的变化和遮热板温度。

2) 遮热板(罩)的应用

遮热板(罩)在工程上应用广泛,以下用实例说明。

(1) 减少汽轮机内、外套管间辐射传热。如图 7-42 为大型汽轮机汽缸进汽连接管,内套管和高温蒸汽接触,采用遮热罩后,可以大大减少向外套管的传热量。另外,在大型汽轮机的高压主汽门、中压联合门的阀杆上部以及燃气轮机进气部分装有遮热罩或衬套以减少辐射散热量。

(2) 用于储存低温液体的超级绝热容器。如图 7-43 为储存液态氧、氮、氢、氦等低温、超低温液体的超级绝热容器的结构示意图。为了提高绝热效果,减少低温液体的沸腾蒸发量,用镀金属的薄膜(如镀铝涤纶薄膜)制成多层遮热罩,且各层遮热罩之间以热导率很小的材料作为分隔层,并抽去其中的空气。

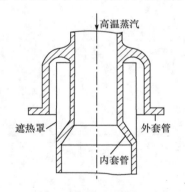

图 7-42　汽轮机进汽连接管处的遮热罩

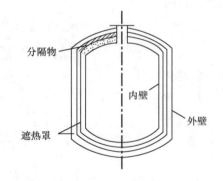

图7-43　多层遮热罩绝热容器示意图

(3) 用于超级绝热管道。石油埋藏于地下数千米深处,其黏度很大,不易从油井流出。这时可采用向油层注射高温高压水蒸气的方法,一方面使油层温度升高,黏度下降,容易流动,另一方面可利用水蒸气的压力使石油喷出。为解决向石油注射水蒸气的管道不能采用常规的绝热措施,而且常规绝热材料的绝热性能远不能满足其特殊要求等问题,可设计出如图 7-44 所示的超级绝热管道结构。

(4) 用于提高热电偶测温的精度。如图 7-45 所示,如果用裸露的热电偶直接测量炉膛中高温烟气的温度,当热电偶读数稳定,达到热平衡状态时,烟气传给热电偶的热量等于热电偶对水冷壁的辐射传热量。因此,水冷壁温度 t_w 越低,热电偶对水冷壁的辐射传热量越大,热电偶读数和烟气实际温度的差就越大。

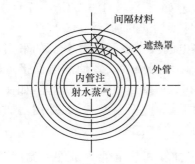
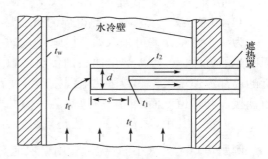

图 7-44　超级绝热管道横剖面示意图　　图 7-45　带抽气的遮热罩热电偶测温示意图

　　为了提高热电偶的指示温度,可将热电偶置于遮热罩中,如图 7-45 所示。这时遮热罩的温度必高于水冷壁温度,热电偶向遮热罩辐射传热。当热电偶读数稳定,达到热平衡状态时,必有烟气传给热电偶的热量等于热电偶对遮热罩的辐射传热量。则此时热电偶的读数提高,其测得的温度更接近烟气实际温度。如果采用多层遮热罩,其效果将更明显。同时还可采用抽气提高热电偶表面传热系数,进一步提高遮热罩和热电偶的温度。另外,为了使遮热罩起到有效的辐射屏蔽作用,热电偶离遮热罩端口的距离 s 应大于 $(2\sim2.2)d$。

　　例题 7-10　用裸露的热电偶测定烟道中的烟气温度,热电偶的指示值为 $t_1=170℃$,已知烟道壁面温度 $t_w=95℃$,烟气流过热电偶时的表面传热系数 $h=45W/(m^2 \cdot K)$,热电偶接点表面发射率 $\varepsilon_1=0.65$,试确定烟气的真实温度和测量误差,并分析减小测量误差的措施。

　　解　由于热电偶温度比周围烟道壁面温度高,热电偶必然向烟道壁面进行辐射传热,因热电偶外表面积远小于烟道面积,则热电偶与烟道壁面间的辐射传热量 Φ_r 为

$$\Phi_r=\varepsilon_1 A_1(E_{b1}-E_{bw})$$

而高温烟气以对流的方式把热量传给热电偶,当烟气真实温度为 t_f 时,则

$$\Phi_c=hA_1(t_f-t_1)$$

　　当达到热平衡时

$$\varepsilon_1 A_1(E_{b1}-E_{bw})=hA_1(t_f-t_1)$$

于是

$$t_f=t_1+\frac{\varepsilon_1}{h}\sigma(T_1^4-T_w^4)$$

代入数据计算得

$$t_f = 170 + \frac{0.65}{45} \times 5.67 \times \left[\left(\frac{443}{100} \right)^4 - \left(\frac{368}{100} \right)^4 \right] = 186.5(\text{℃})$$

因此,烟气真实温度为 186.5℃,其测量绝对误差为 186.5℃ − 170℃ = 16.5℃,相对误差为 8.8%。热电偶的指示温度低于烟气的真实温度。

为减小测量误差可采取如下措施:①减小热电偶接点表面发射率 ε,如采用表面磨光的方法。②增大热电偶表面传热系数 h,如采用抽气装置使热电偶接点附近的局部流速增大。③减小热电偶接点温度 t_1 和烟道壁面温度 t_w 的温差,如在热电偶接点和烟道壁面之间设置遮热罩。④提高烟道的壁面温度 t_w,如采用增加保温层的方法。其中,最有效的方法是采用遮热抽气式热电偶测温装置。

例题 7-11　为减小测温误差,用单层遮热罩抽气式热电偶测量烟气温度,如图 7-45 所示,已知烟道壁温 $t_w = 95$℃,由于抽气的原因,烟气流过热电偶的表面传热系数 $h = 75 \text{W}/(\text{m}^2 \cdot \text{K})$,热电偶接点和遮热罩表面发射率同为 0.65,试问当烟气真实温度为 195℃时,热电偶的指示温度为多少?

解　以 t_2 表示遮热罩温度,A_2 表示遮热罩侧表面积,则烟气以对流方式通过内外表面传给遮热罩热量

$$\Phi_3 = 2hA_2(t_f - t_2)$$

遮热罩对烟道壁面的辐射传热量为

$$\Phi_4 = \varepsilon A_2(E_{b2} - E_{bw})$$

考虑到热电偶接点表面积 A_1 远小于遮热罩表面积 A_2,与烟气传给遮热罩的热量相比,可忽略遮热罩从热电偶接点处获得的辐射传热量,于是在热平衡条件下,$\Phi_3 = \Phi_4$,即

$$2h(t_f - t_2) = \varepsilon(E_{b2} - E_{bw})$$

代入数据

$$2 \times 75 \times (195 - t_2) = 0.65 \times 5.67 \times \left[\left(\frac{T_2}{100} \right)^4 - \left(\frac{368}{100} \right)^4 \right]$$

计算得

$$t_2 = 188.4(\text{℃})$$

以 t_1 表示热电偶指示温度,则烟气以对流方式传给热电偶的热量为

$$\Phi_1 = hA_1(t_f - t_1)$$

热电偶对遮热罩的辐射传热量为

$$\Phi_2 = \varepsilon A_1(E_{b1} - E_{b2})$$

达到热平衡时有 $\Phi_1 = \Phi_2$,即

$$h(t_f - t_1) = \varepsilon(E_{b1} - E_{b2})$$

代入数据

$$75 \times (195 - t_1) = 0.65 \times 5.67 \times \left[\left(\frac{T_1}{100} \right)^4 - \left(\frac{273 + 188.4}{100} \right)^4 \right]$$

计算得

$$t_1 = 193.9 (\text{℃})$$

这时的测温绝对误差为 195℃－193.9℃＝1.1℃，相对误差为 0.56%。因此工程上采用遮热抽气式热电偶测温装置可以很大程度地降低测温误差。

7.6　本章小结

本章首先分析热辐射的本质和特点，结合表面的辐射性质引出热辐射的一系列术语和概念，然后提出热辐射的基本定律，分析固体、液体和气体的辐射和吸收特性；最后针对漫射灰体表面间的辐射传热计算和控制进行了讨论。通过本章的学习，主要掌握以下主要内容：

（1）热辐射的物理本质及其与导热和对流传热两种热量传递方式的差异。

（2）黑体、黑度、系统黑度、吸收比、立体角、辐射力、有效辐射和定向辐射强度等概念。

（3）热辐射的基本定律，重点是斯特藩-玻耳兹曼定律、基尔霍夫定律和兰贝特定律等。

（4）影响实际物体表面辐射特性的因素及将实际物体作为灰体处理的条件。

（5）灰体的概念、作用以及其辐射和吸收的特性。

（6）角系数的物理意义和特性，能用代数分析法计算角系数。

（7）表面辐射热阻和空间辐射热阻的概念。

（8）辐射传热计算的网络法以及节点方程的应用；由两个或三个灰体表面组成的系统各表面净辐射传热量的计算；具有重辐射面的辐射传热。

（9）有效辐射的概念及其与本身辐射、投入辐射和辐射传热量间的关系。

（10）增强或削弱辐射传热的基本途径；遮热板（罩）原理及其应用。

（11）气体辐射的特点及影响气体发射率和吸收比的因素。

思　考　题

7-1　试述热辐射的本质和特点。

7-2　何谓黑体、灰体和漫射体表面？在辐射传热中引入黑体和灰体概念有何意义？

7-3　黑体、灰体和实际物体发射辐射和吸收辐射的特性有何不同？为什么一般材料可近似看作是灰体？灰体的吸收比 α 等于发射率 ε，那么 $\alpha = \varepsilon$ 的物体是否就是灰体？将物体看作灰体是如何简化辐射传热计算的？

7-4 发射率 ε 是物体表面的物性参数，那么一般情况下吸收比 α 是否也是表面的物性参数？表面发射辐射的能力越大则其吸收辐射的能力也就越大，或者说善于发射的物体必善于吸收。这个结论是否无条件成立？

7-5 如图 7-46 所示为一半球形空腔，球心处为一高温微小黑体表面，A、B、C 三处为相同面积的微小表面，试比较 A，B，C 三处的定向辐射强度大小；黑体表面对哪个表面的投射辐射最强？

7-6 普通玻璃的光谱透射比 τ_λ 曲线如图 7-47 所示，解释用此种玻璃所建花房的温室效应。

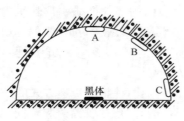

图 7-46　思考题 7-5 图

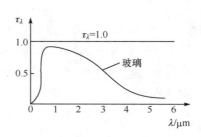

图 7-47　思考题 7-6 图

7-7 太阳能集热器管上的选择性涂层对太阳辐射的吸收能力很强（α≈1），发射辐射的能力又很弱，这与基尔霍夫定律相矛盾吗？这种涂层对太阳能利用效率和黑体相比谁会更高？

7-8 气体辐射有何特点？

7-9 试述角系数的定义。"角系数是一个纯几何因子"的结论是在什么前提下提出的？

7-10 表面 1、2 是一个大表面的两个部分，说明下列各式中哪些是正确的？
① $X_{1+2,3} = X_{1,3} + X_{2,3}$；② $X_{3,1+2} = X_{3,1} + X_{3,2}$；③ $A_{1+2} X_{3,1+2} = A_1 X_{3,1} + A_2 X_{3,2}$；④ $A_{1+2} X_{1+2,3} = A_1 X_{1,3} + A_2 X_{2,3}$；⑤ $A_3 X_{1+2,3} = A_1 X_{1,3} + A_2 X_{2,3}$

7-11 实际表面系统与黑体系统相比，辐射传热计算增加了哪些复杂性？

7-12 什么是一个表面的自身辐射、投入辐射及有效辐射？有效辐射的引入对于灰体表面系统辐射传热的计算有什么作用？

7-13 为什么计算一个表面与外界之间的净辐射传热量时要采用封闭腔的模型？

7-14 什么是表面辐射热阻？什么是空间辐射热阻？网络法的步骤有哪些？

7-15 何谓重辐射面？对重辐射面和黑体表面都有 $E_b = J$，两者有何不同？

7-16 保温瓶的夹层玻璃表面为什么要镀一层反射比很高的材料？

7-17 试用辐射传热的计算公式说明增强辐射传热应从哪些方面入手？

7-18 加遮热板为什么可以减少辐射传热？

7-19 两漫灰平行平板间存在着辐射传热，并保持表面温度 $T_1 > T_2$，表面发射率分别为 ε_1、ε_2，为减少两板间的辐射热流，用一个两侧面发射率不同的遮热板将两板隔开。试问：

（1）为使两板之间的辐射传热有最大的减少，遮热板应如何放置？即应将
　　该板发射率小的还是大的一侧朝向温度为 T_1 的平板？

（2）上述两种放置方法中哪一种使遮热板温度更高？

习　　题

7-1　一炉膛内火焰的平均温度为 1500K，炉墙上有一看火孔。试计算当看火孔打
　　开时从孔（单位面积）向外辐射的功率。该辐射能中波长为 $2\mu m$ 的光谱辐射
　　力是多少？哪一种波长下的辐射能最多？

7-2　一漫射表面在某一温度下的光谱辐射力与波长的关系可以近似用图 7-48 表
　　示，试：

（1）计算此时的辐射力。

（2）计算此时法线方向的定向辐射强度以及与法向成 60° 处的定向辐射
　　强度。

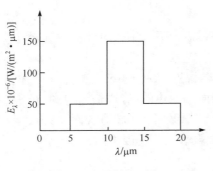

图 7-48　习题 7-2 图

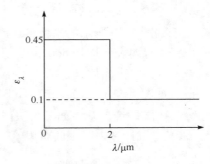

图 7-49　习题 7-6 图

7-3　有一块厚为 3mm 的玻璃，经测定，其对波长为 $0.3\sim2.5\mu m$ 的辐射能的透射
　　比为 0.9，而对其他波长的辐射能可以认为完全不透射。试据此计算温度为
　　5800K 的黑体辐射及温度为 300K 的黑体辐射投射到该玻璃上时各自的总
　　透射比。

7-4　面积为 $A_1=4\times10^{-4}\text{m}^2$，温度为 $T_1=1000\text{K}$ 的漫射表面向半球空间发出热
　　辐射，在与辐射表面法线成 45° 方向距离为 1m 处安置一直径为 20mm 的热
　　流计探头，测得该处的热流为 $1.2\times10^{-3}\text{W}$，探头表面的吸收比取为 1。试确
　　定辐射表面的发射率。

7-5　一表面的光谱反射比与波长之间的关系如下：对于波长小于 $4\mu m$ 的热辐射，
　　其反射比 $\rho_1=0.2$，对于波长大于 $4\mu m$ 的热辐射，其反射比 $\rho_2=0.8$。试确定

该表面对温度为 1000K 的黑体辐射的吸收比。

7-6 直径为 $d=0.8$mm，长度 $l=20$mm 的圆柱形钨丝，封闭在真空的灯泡内，并靠电流加热至稳定的温度 $T_i=2900$K。钨丝的半球光谱发射率 ε_λ 分布如图 7-49 所示。试确定：

(1) 当电流中断后，灯丝的起始冷却速率。

(2) 灯丝冷却至 1000K 所需要的时间。

假定在任何时刻灯丝温度都是均匀的，且在冷却过程中物性和发射率为常数，钨的物性：$\rho=19300$kg/m³，$c=185$J/(kg·K)。

7-7 两块平行放置灰体平板的表面发射率为 0.8，温度分别为 $t_1=527$℃ 及 $t_2=27$℃，板间距远小于板的宽度与高度。试计算：

(1) 板 1 的本身辐射。

(2) 对板 1 的投入辐射。

(3) 板 1 的反射辐射。

(4) 板 1 的有效辐射。

(5) 板 2 的有效辐射。

(6) 板 1、2 间的辐射传热量。

7-8 对于如图 7-50 所示的结构，试计算下列情形下从小孔向外辐射的能量：

(1) 所有内表面均是 500K 的黑体。

(2) 所有内表面均是 $\varepsilon=0.6$ 的漫射体，温度均为 500K。

7-9 设有如图 7-51 所示的几何体，半球表面是绝热的，底面被一直径（$D=0.2$m）分为 1、2 两部分。表面 1 为灰体，$T_1=550$K，$\varepsilon_1=0.35$；表面 2 为黑体，$T_2=330$K。试计算表面 1 的净辐射热损失及表面 3 的温度。

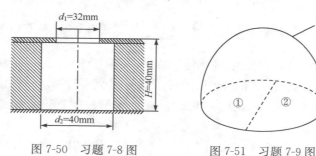

图 7-50 习题 7-8 图   图 7-51 习题 7-9 图

7-10 两个同心圆筒壁的温度分别为 -196℃ 及 30℃，直径分别为 100mm 及 150mm，表面发射率均为 0.8。试计算单位长度圆筒体上的辐射传热量。为减弱辐射传热，在其间同心地置入一遮热罩，直径为 125mm，两表面的发射率均为 0.05。试画出此时辐射传热的网络图，并计算套筒壁间的辐射传热量。

7-11　有一内腔为 $0.2m \times 0.2m \times 0.2m$ 的正方形炉子,被置于室温为 27℃的大房间中。炉底电加热,底面温度为 427℃,$\varepsilon_1 = 0.8$。炉子顶部开口,内腔四周及炉子底面以下均敷设绝热材料。试确定在不计对流传热的情况下,为保持炉子恒定的底面温度所需供给的电功率。

7-12　两个直径为 0.4m,相距 0.1m 的平行同轴圆盘,放在环境温度保持为 300K 的大房间内。两圆盘背面不参与换热,其中一个圆盘绝热,另一个保持均匀温度 500K,发射率为 0.6,且两圆盘均为漫射灰体。试确定绝热圆盘的表面温度及等温圆盘表面的辐射热流密度。

7-13　由温度为 $t_2 = 4$℃的冷藏箱中取出一面积为 $0.15m \times 0.3m$ 的大肉块,放在位于热煤层上方 0.15m 处的金属网上,金属网与煤层平行,热煤层的面积与肉块近似相同,且温度 $t_1 = 850$℃,假设肉块与煤层基本上是黑体,如图 7-52 所示,并不计对流效应。

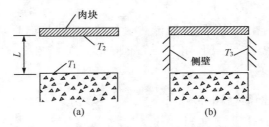

图 7-52　习题 7-13 图

(1) 试问煤层与肉块间的辐射传热量。

(2) 若在系统的四周放置绝热侧壁,则辐射传热量将增加多少?

(3) 若系统处于稳定状态,肉块和煤层温度分别为 4℃和 850℃,则绝热侧壁的平均温度是多少?

第 8 章 传热过程及换热器

8.1 传热过程及其控制

在工程中的大量传热问题,往往是由几种基本热量传递方式所构成的复杂传热问题。特别是由导热和对流组成的传热过程,工程上则更为常见。高温流体通过固壁把热量传给低温流体的过程称为传热过程,其传热方程式为

$$\varPhi = KA(t_{f1} - t_{f2}) = KA\Delta t \tag{8-1}$$

式中,t_{f1} 和 t_{f2} 分别为热流体和冷流体的温度($^{\circ}\!C$ 或 K);A 为参与传热的面积(m^2);K 为传热系数[$W/(m^2 \cdot K)$]。

从式(8-1)可看出,对传热过程传热量的确定,其关键是确定传热过程的传热系数 K 和传热温差 Δt。K 和 Δt 在不同形式的传热过程中具有不同的计算式。

8.1.1 通过管壁(圆筒壁)的传热

以如图 8-1 所示管壁为对象,其内、外半径分别为 r_1 和 r_2。热流体和冷流体的温度各为 t_{f1} 和 t_{f2},筒壁材料的热导率为 λ,筒壁两侧的表面传热系数为 h_1 和 h_2,内、外壁温度为 t_{w1} 和 t_{w2}(通常未知)。假定通过管壁的传热为一维稳态,即管壁两侧流体温度和壁内温度只沿径向变化。

对长为 l 的管壁,在稳态传热时,热流体传给内壁的热量、通过管壁的导热量和外壁传给冷流体的热量均相同,可分别表示为

$$\begin{cases} \varPhi = h_1 A_1 (t_{f1} - t_{w1}) \\ \varPhi = \dfrac{t_{w1} - t_{w2}}{\dfrac{1}{2\pi\lambda l} \ln \dfrac{r_2}{r_1}} \\ \varPhi = h_2 A_2 (t_{w2} - t_{f2}) \end{cases} \tag{a}$$

式中,$A_1 = 2\pi r_1 l$,$A_2 = 2\pi r_2 l$ 分别为管壁的内、外壁面积。式(a)可进一步化为

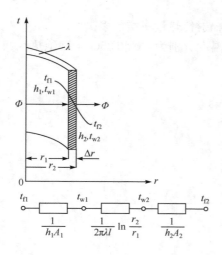

图 8-1 通过圆筒壁的传热

$$
\begin{cases}
\dfrac{1}{h_1 A_1} = \dfrac{t_{f1} - t_{w1}}{\varPhi} \\[2mm]
\dfrac{1}{2\pi\lambda l}\ln\dfrac{r_2}{r_1} = \dfrac{t_{w1} - t_{w2}}{\varPhi} \\[2mm]
\dfrac{1}{h_2 A_2} = \dfrac{t_{w2} - t_{f2}}{\varPhi}
\end{cases}
\qquad (b)
$$

把式(b)中的各项相加即得长度为 l 的管壁的传热方程式为

$$
\varPhi = \frac{t_{f1} - t_{f2}}{\dfrac{1}{h_1 A_1} + \dfrac{1}{2\pi\lambda l}\ln\dfrac{r_2}{r_1} + \dfrac{1}{h_2 A_2}} \qquad (8\text{-}2)
$$

式(8-2)仍可以式(8-1)的形式表示。考虑到管壁的内、外壁面积 A_1 和 A_2 不等,工程上通常取外壁面积 A_2 为基准来计算传热系数 K,于是传热方程式可写为

$$
\varPhi = K_2 A_2 (t_{f1} - t_{f2}) \qquad (8\text{-}3)
$$

由式(8-2)和式(8-3)可得以外壁面积 A_2 为基准的传热系数为

$$
K_2 = \frac{1}{\dfrac{1}{h_1}\dfrac{A_2}{A_1} + \dfrac{A_2}{2\pi\lambda l}\ln\dfrac{r_2}{r_1} + \dfrac{1}{h_2}} = \frac{1}{\dfrac{1}{h_1}\dfrac{r_2}{r_1} + \dfrac{r_2}{\lambda}\ln\dfrac{r_2}{r_1} + \dfrac{1}{h_2}} \qquad (8\text{-}4)
$$

对式(8-2)分母中的第二项 $\ln(r_2/r_1)/(2\pi\lambda l)$ 的分子分母同时乘上 $(r_2 - r_1)$,并令,$\Delta r = r_2 - r_1$;$A_{1m} = (A_2 - A_1)/\ln(A_2/A_1)$,$A_{1m}$ 称为对数平均面积,式(8-4)可写成

$$
K_2 = \frac{1}{\dfrac{1}{h_1}\dfrac{A_2}{A_1} + \dfrac{\Delta r A_2}{\lambda A_{1m}} + \dfrac{1}{h_2}} \qquad (8\text{-}5)
$$

显然,对两侧壁面积完全相等的平壁,式(8-5)中的 $A_1 = A_2 = A_{1m} = A$。

而对于一般的薄壁圆筒,有 $r_2/r_1 = A_2/A_1 \approx 1$,此时可用算术平均面积 $(A_1 + A_2)/2$ 近似代替对数平均面积 A_{1m}。计算表明,当 $r_2/r_1 \leqslant 2$ 时,计算误差小于 4%。

同理可以得到基于管壁内壁面 A_1 的传热系数表达式,即

$$
K_1 = \frac{1}{\dfrac{1}{h_1} + \dfrac{r_1}{\lambda}\ln\dfrac{r_2}{r_1} + \dfrac{1}{h_2}\dfrac{r_1}{r_2}} = \frac{1}{\dfrac{1}{h_1} + \dfrac{\Delta r A_1}{\lambda A_{1m}} + \dfrac{1}{h_2}\dfrac{A_1}{A_2}} \qquad (8\text{-}6)
$$

在工程上,为了减少管道输送介质时的散热损失,通常在管道外面加一层或多层保温层。如图 8-2 所示,对于管壁外加设了一层保温层的二层圆筒壁的稳态传热过程,假设壁面的导热系数为 λ_1,保温层的导热系数为 λ_s。对通过圆筒壁的传热过程分析可知,二层圆筒壁的传热热阻计算式为

$$
R = R_1 + R_{\lambda 1} + R_{\lambda s} + R_2 = \frac{1}{\pi d_1 l h_1} + \frac{1}{2\pi\lambda_1 l}\ln\frac{d_2}{d_1} + \frac{1}{2\pi\lambda_s l}\ln\frac{d_s}{d_2} + \frac{1}{\pi d_s l h_2} \qquad (8\text{-}7)
$$

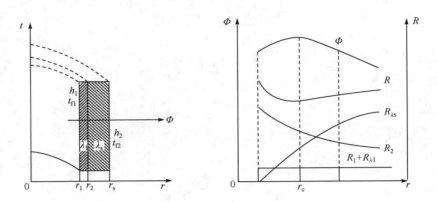

图 8-2　临界热绝缘直径示意图

　　从式(8-7)可以看出,随着保温层直径 d_s 增加,内壁的对流传热热阻 R_1 与圆筒壁的导热热阻 $R_{\lambda 1}$ 之和为常数,保温层的导热热阻逐步增大,而外壁的对流传热热阻 R_2 却随 d_s 增加逐步减小。所以,总热阻 R 先随着 d_s 的增加而减小,然后随着 d_s 的增加而增大,即传热过程的总热阻会存在一个极小值,此时对应着传热量的最大值,把对应总热阻最小值的外直径 d_c 称为临界热绝缘直径。只要使 R 对 d_s 的一阶导数等于零就可以求出临界热绝缘直径 d_c。

$$\frac{\mathrm{d}R}{\mathrm{d}d_s}=\frac{1}{2\pi\lambda_s d_s}-\frac{1}{\pi d_s^2 h_2}=0$$

得到

$$d_s=\frac{2\lambda_s}{h_2}=d_c \tag{8-8}$$

　　从式(8-8)可以看出,临界热绝缘直径只与保温材料的导热系数以及周围介质的表面传热系数有关。在工程上,绝大多数需要保温的管道外径都大于临界热绝缘直径,所以一般情况下敷设保温材料都能达到绝热的目的。只有当管径很小,保温材料的热导率又较大时,才会考虑临界热绝缘直径的问题。例如电缆线,在其外包上一层绝缘层后,不仅能起电绝缘的作用,还可以增加散热。

8.1.2　通过肋壁的传热

　　在工程上常遇到两侧表面传热系数相差较大的传热过程,此时在表面传热系数较小的一侧壁面上加装金属肋片可以强化传热。在第 2 章已经分析了每一个肋片的传热原理以及肋片效率和肋化面效率的计算方法,现在以装有肋片的平壁的传热过程为例进行传热计算。

　　如图 8-3 所示为一厚度和热导率分别为 δ 和 λ 的大平壁右侧加装了肋片,平壁左侧的参数为:热流体温度 t_{f1}、表面传热系数 h_1、壁温 t_{w1} 和壁面面积 A_1;平壁右侧的参数:冷流体温度 t_{f2}、表面传热系数 h_2、肋基温度 t_{w2} 和总面积 A_2。其中 A_2 为肋片之间的基部面积 A_0 和肋片面积 A_f 之和,即 $A_2=A_0+A_f$。

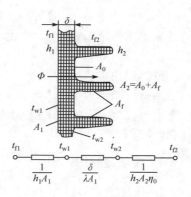

分析通过肋壁的稳态传热过程,右侧肋面和流体之间的传热量由两部分构成,即肋基面积 A_0 的传热量 Φ' 和肋片面积 A_f 的传热量 Φ''。显然 $\Phi'=h_2A_0(t_{w2}-t_{f2})$,而 Φ'' 的计算则可根据第 2 章肋片效率的定义给出,即 $\Phi''=h_2A_f\eta_f(t_{w2}-t_{f2})$。

图 8-3　通过肋壁的传热

于是肋壁两侧流体之间的传热量 Φ 可表示为

$$\Phi=h_1A_1(t_{f1}-t_{w1}) \tag{a}$$

$$\Phi=\frac{\lambda}{\delta}A_1(t_{w1}-t_{w2}) \tag{b}$$

$$\Phi=\Phi'+\Phi''=h_2A_0(t_{w2}-t_{f2})+h_2A_f\eta_f(t_{w2}-t_{f2})=h_2A_2\eta_o(t_{w2}-t_{f2}) \tag{c}$$

式(c)中的 $\eta_o=(A_0+\eta_fA_f)/A_2$,称为肋化面效率。对于高肋,因为 $A_0\ll A_f$,故可近似取 $A_2\approx A_f$,此时肋化面效率可由肋片效率代替,即 $\eta_o\approx\eta_f$。

同样利用前述的分析通过管壁传热过程时所用的消去未知壁温 t_{w1} 和 t_{w2} 的方法,由式(a)～式(c)得

$$\Phi=\frac{t_{f1}-t_{f2}}{\dfrac{1}{h_1A_1}+\dfrac{\delta}{\lambda A_1}+\dfrac{1}{h_2A_2\eta_o}} \tag{8-9}$$

以传热方程式的形式,式(8-9)也可表示为

$$\Phi=K_1A_1(t_{f1}-t_{f2})=K_2A_2(t_{f1}-t_{f2}) \tag{8-10}$$

由此我们可以分别得到以左侧壁面积 A_1 和以右侧总面积 A_2 为基准的肋壁传热系数为

$$K_1=\frac{1}{\dfrac{1}{h_1}+\dfrac{\delta}{\lambda}+\dfrac{1}{h_2\beta\eta_o}} \tag{8-11a}$$

$$K_2=\frac{1}{\dfrac{1}{h_1}\beta+\dfrac{\delta}{\lambda}\beta+\dfrac{1}{h_2\eta_o}} \tag{8-11b}$$

工程上,在计算肋壁传热系数时通常以肋面面积 A_2 为基准。在式(8-11a)和式(8-11b)中,$\beta=A_2/A_1$,称为肋化系数,即为壁面肋化后的面积(也就是右侧总面积)A_2 与肋化前的原有面积 A_1 的比值。

一般情况下,肋化系数 $\beta=A_2/A_1\gg1$,虽然肋化面效率 $\eta_o<1$,而且 β 增大时 η_o

会减小,β 减小时 $\eta_\circ$ 会增加,但两者的乘积 $\beta\eta_\circ$ 仍然会比 1 大得多。因此,有肋时的对流传热热阻 $1/(h_2\beta\eta_\circ)$ 要比无肋时的 $1/h_2$ 要小,从而使得传热系数和传热量提高。

值得指出的是,$\eta_\circ\beta$ 的大小取决于肋高与肋间距。增加肋高可以加大 β,但增加肋高会使肋片效率 η_f 降低,从而使肋面总效率 $\eta_\circ$ 降低。减小肋间距,即使肋片加密也可以加大 β,但肋间距过小会增大流体的流动阻力,所以应该合理地选择肋高和肋间距。

8.1.3　传热过程的控制

1. 传热过程的强化

所谓强化传热,就是通过对传热过程的分析,指出影响传热过程的主要因素,进而采取措施使热力设备的热流量增加。在工程中经常遇到需要对传热过程进行强化的场合。对由导热和对流组成的传热过程,由传热方程式 $\Phi=KA\Delta t$ 可以看出强化传热的基本途径为:增加传热面积 A、增大传热温差 Δt 和提高传热系数 K 都可以使传热量增加。

1) 增加传热面积 A

增加传热面积 A 虽然可以增加传热量,但它是以不改变传热系数为前提的,如工程上通过增加换热器管数来增加传热面积时,要注意不能使管内和管外的表面传热系数减小或减小不多。另外,增加传热面积 A 会使设备的投资增大,因此需要合理地提高设备单位体积的传热面大小,不能仅仅通过增大设备体积或增加设备台数来实现,如采用肋片管、波纹管等,从而使换热设备紧凑。

2) 增大传热温差 Δt

增大传热温差 Δt 一方面可以通过改变冷热流体的温度来实现,如提高热流体的温度、降低冷流体的温度等,但该途径会受到工艺要求或设备条件的限制,并不是经常可以做到的,因为冷热流体的进、出口温度通常不能任意改变。另一方面考虑到换热器中冷热流体的平均温差还与流体的流动型式有关(后面将予以阐述),增大传热温差 Δt 还可以通过改变冷热流体的流动型式来实现,如把顺流型式改为逆流型式等。但值得注意的是,由热力学知识,增大传热温差 Δt 会使传热过程的不可逆性增加,设备的可用能损失增大。因此在采用这种途径强化传热时,还应考虑到设备热力学性能的改变。

3) 提高传热系数 K

这是强化传热的一个重要途径,也是最有效的。它主要是通过减小传热过程的热阻来实现,但由于传热过程的总热阻是由每个环节的局部热阻叠加而成,因此要改变传热系数就必须要分析传热过程的哪一个环节的局部热阻对整个传热过程的影响最大。下面以平壁为例予以讨论。对一个壁厚 δ 较小而热导率 λ 较大的金

属平壁,在忽略平壁导热热阻的条件下,其传热系数可写成

$$K=\frac{1}{\frac{1}{h_1}+\frac{\delta}{\lambda}+\frac{1}{h_2}}\approx\frac{1}{\frac{1}{h_1}+\frac{1}{h_2}}=\frac{h_1h_2}{h_1+h_2}=\frac{h_1}{h_1+h_2}h_2=\frac{h_2}{h_1+h_2}h_1 \qquad (8\text{-}12)$$

由式(8-12)可知,为提高 K 值,必须要增大 h_1 和 h_2。这就产生了增大哪一侧的 h 值对整个传热过程的热阻影响最大的问题,也就是强化传热过程的有效性问题。假定通过金属平壁的传热过程为左侧的热水(强迫对流方式)把热量传递给平壁右侧的空气(自然对流方式),并已知热水与平壁的表面传热系数 $h_1=$ 1200W/(m²·K),空气与平壁的表面传热系数 $h_2=12$W/(m²·K),显然两侧的表面传热系数相差较大。由式(8-12)计算可得

$$K=\frac{h_1h_2}{h_1+h_2}=\frac{1200\times12}{1200+12}=11.88[\text{W/(m}^2\cdot\text{K)}]$$

如把热水侧的 h_1 由 1200W/(m²·K)增大一倍为 2400W/(m²·K),则传热系数变为

$$K'=\frac{h_1'h_2}{h_1'+h_2}=\frac{2400\times12}{2400+12}=11.94[\text{W/(m}^2\cdot\text{K)}]$$

即 K' 值仅为 K 值的 1.005 倍,几乎不变。如把空气侧 h_2 由 12W/(m²·K)增大一倍为 24W/(m²·K),则传热系数变为

$$K''=\frac{h_1h_2'}{h_1+h_2'}=\frac{1200\times24}{1200+24}=23.53[\text{W/(m}^2\cdot\text{K)}]$$

显然,K'' 值为原来 K 值的 1.98 倍。上述计算表明,增大传热过程中较小的 h 值才能最有效地提高 K 值,减小传热环节中较大的局部热阻才能明显减小整个传热过程的总热阻。于是,在工程上如采用壁面肋化的方法来增强传热,一般将肋片加在 h 值较小的一侧也就不难理解了。

值得指出的是,由于导热、对流和热辐射等基本热量传递方式的机理和规律不同,其强化传热的原则和技术也存在差异,根据前面几章所学的传热学知识,可以作以下简单的归纳总结:对导热过程常采用降低接触热阻的方法,如在接触表面添加涂层或垫片;对单相对流传热过程,则需减薄或破坏边界层,促使流体中的各部分混合,如采用扭带、螺旋管等;对相变对流传热过程中的膜状凝结,则需尽量减薄传热表面上的液膜厚度,如采用低肋管、设置排液圈等;对核态沸腾,则需增加加热面上的汽化核心,如采用由烧结、机械加工方式得到的处理表面等;对辐射传热,则需减小表面热阻和空间热阻,如采用表面粗糙化和表面氧化的方式增大表面发射率等。

2. 传热过程的削弱

与传热过程的强化相反,削弱传热过程的基本途径为减小传热面积、减小传热

温差和降低传热系数。工程上广泛使用的一种削弱传热的方法是在管道和设备上覆盖保温隔热材料。由第 2 章的分析可知,保温隔热材料的热导率都很小[通常都在 0.12W/(m·K)以下],其导热热阻明显增大,进而使传热过程的总热阻大大增加。如对蒸汽管道包覆诸如石棉和矿渣棉等绝热材料就是为了达到增加蒸汽管道散热过程的热阻,减小散热量的目的。对辐射传热过程的削弱,可采用第 7 章所提出的一些措施,如降低表面发射率、加装遮热板(罩)等。

　　另外,传热面在运行一段时间后,传热面上常会积起水垢、污垢、油污、烟灰之类的覆盖物垢层,有时还由于传热面与液体的相互作用发生腐蚀而引起覆盖物垢层。所有这些覆盖物垢层都表现为附加的热阻,使传热系数减少,传热性能下降,这种热阻称为污垢热阻。由于污垢的厚度和热导率难以测定,所以污垢热阻很难用计算的方法确定,一般用实验方法求得。单位面积的污垢热阻称为面污垢热阻,又称污垢系数,定义为

$$R_f = \frac{1}{K_f} - \frac{1}{K_o} \tag{8-13}$$

式中,K_o 为传热面干净无垢时的传热系数[W/(m²·K)];K_f 为传热面结垢后的传热系数[W/(m²·K)]。这样,测得传热系数 K_o 和 K_f 后就能得到污垢系数 R_f。表 8-1、表 8-2 给出了一些情况下的单侧污垢热阻(系数)R_f 的参考值。污垢热阻不仅与流体的种类、温度、流速和清洁程度有关,还与传热面的材料、光滑程度、清洗方法及清洗周期等有关。

表 8-1　水的污垢热阻(单位:10⁻⁴ m²·K/W)

加热介质的温度	<115℃		115~205℃	
水的温度	52℃或<52℃		>52℃	
水的类型	水流速/(m/s)		水流速/(m/s)	
	≤1	>1	≤1	>1
海水	0.88	0.88	1.76	1.76
含盐水	3.52	1.76	5.28	3.52
冷却塔和人造喷水池				
净化水	1.76	1.76	3.52	3.52
未净化水	5.28	5.28	8.8	7.04
自来水或井水	1.76	1.76	3.52	3.52
河水				
最小值	3.52	1.76	5.28	3.52
平均值	5.28	3.52	7.04	5.28
混浊或带有泥质的水	5.28	3.52	7.04	5.28

续表

加热介质的温度	<115℃		115~205℃	
水的温度	52℃或<52℃		>52℃	
水的类型	水流速/(m/s)		水流速/(m/s)	
	≤1	>1	≤1	>1
硬水(>256.8mg/L)	5.28	5.28	8.8	8.8
发动机水套水	1.76	1.76	1.76	1.76
蒸馏水或封闭循环	0.88	0.88	0.88	0.88
冷凝液	1.76	0.88	1.76	1.76
净化的锅炉给水	1.76	0.88	1.76	1.76
锅炉排水	3.52	3.52	3.52	3.52

表 8-2　工业流体的污垢热阻(单位:$m^2 \cdot K/W$)

流　体　种　类	污　垢　热　阻
油类	
2 号燃料油	0.00035
6 号燃料油	0.00088
变压器油	0.000176
机械润滑油	0.000176
气体和蒸汽	
水蒸气(无油)	0.000088
排放水蒸气(含油)	0.00026~0.00035
制冷剂蒸气(含油)	0.00035
压缩空气	0.000176
氨气	0.000176
二氧化碳	0.00035
燃烧烟气	0.00176
天然气烟气	0.00088
液体	
制冷液	0.000176
液压流体	0.000176
工业有机载热体	0.000176~0.00035
氨	0.000176
氨(含油)	0.00053
乙醇溶液	0.00035
乙二醇溶液	0.00035

　　传热面有污垢时,传热计算式中必须要考虑污垢热阻的影响,此时在平壁、管壁和肋壁的传热计算中,要注意因考虑污垢热阻影响而引起的所需传热面积的变化。下面分别给出通过不同壁面传热过程在考虑污垢热阻时的传热系数表达式。对平壁,考虑污垢热阻时的传热系数可写为

$$K = \cfrac{1}{\cfrac{1}{h_1} + R_{f1} + \cfrac{\delta}{\lambda} + \cfrac{1}{h_2} + R_{f2}} \qquad (8\text{-}14)$$

对管壁,考虑污垢热阻时基于管外表面积 A_2 的传热系数为

$$K_2 = \cfrac{1}{\cfrac{1}{h_1}\cfrac{r_2}{r_1} + R_{f1}\cfrac{r_2}{r_1} + \cfrac{r_2}{\lambda}\ln\cfrac{r_2}{r_1} + \cfrac{1}{h_2} + R_{f2}} \qquad (8\text{-}15)$$

同理,考虑污垢热阻时基于管内表面积 A_1 的传热系数为

$$K_1 = \cfrac{1}{\cfrac{1}{h_1} + R_{f1} + \cfrac{r_1}{\lambda}\ln\cfrac{r_2}{r_1} + \cfrac{1}{h_2}\cfrac{r_1}{r_2} + R_{f2}\cfrac{r_1}{r_2}} \qquad (8\text{-}16)$$

对肋壁,考虑污垢热阻时基于无肋侧面积 A_1 的传热系数为

$$K_1 = \cfrac{1}{\cfrac{1}{h_1} + R_{f1} + \cfrac{\delta}{\lambda} + \cfrac{1}{h_2\beta\eta_o} + R_{f2}\cfrac{A_1}{A_2}} \qquad (8\text{-}17)$$

同理,考虑污垢热阻时基于加肋侧面积 A_2 的传热系数为

$$K_2 = \cfrac{1}{\cfrac{1}{h_1}\beta + R_{f1}\cfrac{A_2}{A_1} + \cfrac{\delta}{\lambda}\beta + \cfrac{1}{h_2\eta_o} + R_{f2}} \qquad (8\text{-}18)$$

8.2　换热器中的传热过程

8.2.1　换热器的分类

1. 按工作原理分类

热量从高温流体传递给低温流体,以满足规定的热工艺要求的设备称为换热器,又称热交换器。由于应用场合、工艺要求和设计方案的不同,出现了多种型式的换热器。对于这些实际应用中类型众多的换热器,按照工作原理分类,换热器可以分为回热式、混合式和间壁式三大类。

1) 回热式换热器

回热式换热器的工作原理是热流体和冷流体分别交替地流过同一个流道,在热流体流过流道时,流道中的蓄热体吸收并积蓄来自热流体的热量,而当冷流体接着流过流道时,蓄热体向冷流体释放出热量,即这种换热器中的蓄热体经历的是一个周期性的吸热和放热过程,因此该换热器中的传热过程是非稳态的。由于这种换热器需要蓄热体,这种换热器又称为蓄热式或再生式换热器,通常用于气体介质的场合,如锅炉、高炉、玻璃室炉中的空气预热器等。

2）混合式换热器

混合式换热器的工程原理是冷热两种流体通过直接接触彼此混合来进行传热的。由于冷热两种流体直接混合，因此其传热效率高，但因两种流体需混合，不易分开，故在工程应用上受到一定限制。工业上用的冷却塔和洗涤塔等均是此类换热器。

3）间壁式换热器

间壁式换热器的工作原理是冷热流体被一固体的间壁隔开，其热量传递过程通过热流体与壁面间的对流传热(有时还考虑辐射传热)、固壁中的导热和冷流体与壁面间的对流传热(有时还考虑辐射传热)来实现。在这种换热器中由于两种流体不混合，所以在工程中得到最广泛的应用，如燃油加热器、空气冷却器和润滑油冷却器等。本章只介绍间壁式换热器的类型和热计算问题。

2. 间壁式换热器的分类

1）按结构分

根据间壁式换热器的结构，间壁式换热器可以分为以下几种。

（1）套管式换热器。

套管式换热器由两根同心圆管组成，其中一种流体在内管中流动，一种流体在内外管间环形通道中流动，如图 8-4 是一种最简单的套管式换热器。套管式换热器一般用于传热量不大或流体流量不大的场合。

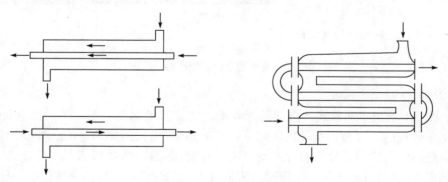

图 8-4　套管式换热器示意图

（2）壳管式换热器。

壳管式换热器是间壁式换热器的一种主要型式，图 8-5 给出了一种最简单的壳管式换热器的示意图。其传热面由管束构成，管子的两端固定在管板上，管束与管板再封装在外壳内，外壳两端有封头。一种流体，如图中的冷流体，从封头进口流进管子，再经封头流出，把流体在管内的流动路程称为管程。另一种流体，如图中的热流体,从外壳上的连接管进入换热器,在壳体与管子之间流动,把流体在壳内的流动路程称为壳程。根据结构不同,壳管式换热器可以有多壳程和多管程的型式。在图 8-5 中,壳程流体从右流到左,称为 1 壳程(通常壳程数与外壳数相同),而管程流体先自左向右,经封头转向后再由右至左,称为 2 管程。因此该换热器称为 1-2 型壳管式换热器。考虑到流体横向掠过管子的传热效果要比顺着管子纵向流过时为好,因此外壳内一般装有折流挡板,一方面可以改善壳程的传热,另一方面还兼有支承管束的作用。

　　壳管式换热器中冷热流体的布置应根据一定的原则和具体情况而定。如考虑到管子内壁比管子外壁和壳体内壁容易清洗,应将容易沾污壁面的流体布置在管内;为节约投资,避免换热器的壳体使用价格昂贵的耐腐蚀金属,一般把容易腐蚀金属壁面的流体布置在管内;为减小换热器的热损失,把温度低的流体布置在管外;为提高承压能力,把高压流体布置在管内;为减少流体的流动阻力和防止管子堵塞,把黏性大的流体布置在管外等。

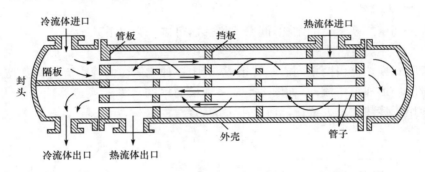

图 8-5　简单的壳管式换热器示意图

　　(3) 肋管式换热器。

　　图 8-6 给出了肋管式换热器的示意图。肋管式换热器一般在管外加装肋片,肋化系数可达 25 左右,从而达到减小管外的热阻,增强传热的目的。如柴油机增压器后的中间冷却器就为肋管式换热器。目前,各类换热器都朝着既保证必需的传热面积,又具有最小体积的紧凑式方向发展。肋管式换热器就是其中的一种,它适用于两侧流体表面传热系数相差较大的场合。

　　(4) 板式换热器。

　　如图 8-7 所示,板式换热器由一组几何形状相同的平行薄平板叠加而成,平板角上开有流体通道孔,相邻平板之间用密封垫片隔开而形成冷热流体间隔流动的通道。为强化传热并增加板片的刚度,常在平板上压制出各种波纹,如水-水型板式换热器的传热系数可达 7000W/(m² · K),紧凑度(每立方米体积的传热面积)可达 250~1000m²/m³,且拆装、清洗方便,故适用于含有污垢物的流体的

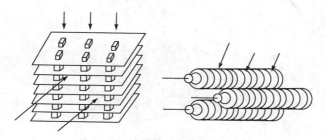

图 8-6　肋管式换热器结构示意图

传热。其缺点是密封垫片损坏时容易泄漏，流道狭窄，不适合大流量传热，不耐高温。

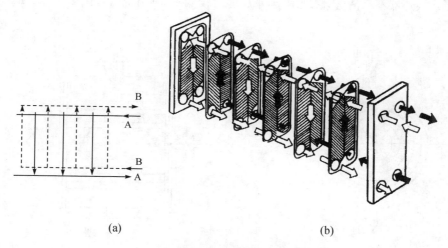

(a)　　　　　　(b)

图 8-7　平行板式换热器结构示意图

（5）板翅式换热器。

板翅式换热器由隔板、翅片和封条等组成的多层基本换热单元叠加而成，如图 8-8 所示。其中翅片在根据不同的要求下可以采用不同的型式。板翅式换热器的特点是高效紧凑，轻巧牢固，如对于气-气型板翅式换热器，其传热系数可达 $350W/(m^2 \cdot K)$，每立方米体积的传热面积可达 $4300m^2$，承压能力可达 $100 \times 10^5 Pa$。其缺点是容易堵塞、清洗困难、不易检修，故常用于清洁、无腐蚀或腐蚀性低的气-气型换热的场合。

（6）螺旋板式换热器。

螺旋板式换热器由两张平行的金属薄板卷制而成，冷、热两种流体分别在两个螺旋通道中流动，如图 8-9 所示。螺旋流道对提高传热系数有利，如水-水型螺旋板式换热器，其 K 值可达 $2200W/(m^2 \cdot K)$；同时螺旋流道对污垢的冲刷效果好，

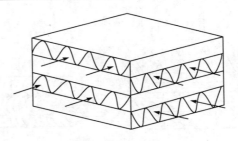

图 8-8　板翅式换热器结构示意图

污垢形成速度低,仅是壳管式的 1/10。此外,螺旋板式换热器结构较紧凑,紧凑度可达 $100\text{m}^2/\text{m}^3$,流动阻力较小;制造工艺简单,加工时使用比管材价廉的板材制造。但螺旋板式换热器不易清洗,修理困难,承压能力较低,一般用于压力在 $1.0\times10^6\text{Pa}$ 以下的场合。

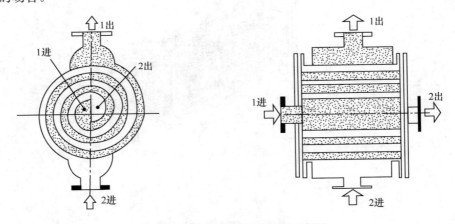

图 8-9　螺旋板式换热器结构示意图

2) 按流动型式分

根据流体流动型式(冷热流体流动的相互方向),间壁式换热器可以分为顺流换热器、逆流换热器和复杂流换热器等三种。两种流体平行流动且方向相同时称为顺流[图 8-10(a)];两种流体平行流动但方向相反时称为逆流[图 8-10(b)];其他流动方式统称为复杂流[图 8-10(c)~图 8-10(g)]。其中复杂流又可分为平行混合流[图 8-10(c)]、一次交叉流[图 8-10(d)]、顺流式交叉流[图 8-10(e)]、逆流式交叉流[图 8-10(f)]和混合式交叉流[图 8-10(g)]。

需要指出的是,对于交叉流式换热器,根据流体在垂直于流体流动方向上有无流道限制而决定每一种流体的本身是否混合。如为混合,则流体在垂直于流动的方向上温度均匀,而仅在流动的方向上存在温度变化;如为不混合,则流体在垂直和平行于流动的两个方向上都具有温度变化。因此,流体混合或不混合,会影响平均温差的数值。如肋管式热水-空气加热器,热水在管内流动(为 1 管程),为本身不混合流动,空气在管外肋片间流动,也可认为是被肋片隔开的不混合流动,这种一次交叉流为两种流体均不混合的情况。若加热器为光管式,则管外空气的流动变为混合流动,此时的一次交叉流就变成了一种流体混合和另一种流体不混合的情况。

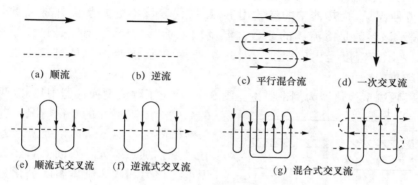

(a) 顺流　　　(b) 逆流　　　(c) 平行混合流　　(d) 一次交叉流

(e) 顺流式交叉流　(f) 逆流式交叉流　　　(g) 混合式交叉流

图 8-10　流体在换热器中的流动型式

8.2.2　换热器的热计算

1. 基本方程式

换热器的热计算,归结起来,就是联立求解热平衡方程式和传热方程式。

热平衡方程式

$$m_1 c_{p1}(t_1' - t_1'') = m_2 c_{p2}(t_2'' - t_2') \qquad (8\text{-}19)$$

式中,$m_1 c_{p1}$ 为热流体的热容量(W/K);$m_2 c_{p2}$ 为冷流体的热容量(W/K);t_1'、t_1'' 分别为热流体的进、出口温度(K 或 ℃);t_2'、t_2'' 分别为冷流体的进、出口温度(K 或 ℃)。

另一方面,对任何流动型式的换热器,热流体在换热器内沿程放出热量而温度不断下降,冷流体在换热器内沿程吸热而温度不断上升,并且冷热流体间的温差沿程是不断变化的。因此,当利用传热方程式(8-1)来计算整个传热面上的传热量时,必须采用整个传热面上的平均温差 Δt_m。于是,换热器的传热方程式为

$$\Phi = KA\Delta t_m \qquad (8\text{-}20)$$

式(8-19)和式(8-20)称为换热器热计算的基本方程式。

2. 平均温差 Δt_m

1) 顺流和逆流时的平均温差

下面以顺流和逆流为例推导平均温差的计算式,推导时作如下假定:

(1) 换热器传热过程处于稳态,无散热损失。

(2) 热、冷流体质量流量 m_1、m_2;物性参数和传热系数沿整个传热面保持不变。

(3) 传热面上沿流体流动方向的导热忽略不计。

(4) 任一种流体不能既有相变传热又有单相传热。

为方便起见,换热器中的参数用下标"1"代表该参数是热流体的参数,用下标"2"表示该参数是冷流体的参数。温度用上标"'"表示该温度是进口温度,用上标"''"表示该温度是出口温度。因此,t'_2 表示的温度是冷流体进口温度,其余参数可类推。

现以顺流型换热器为例来讨论。图 8-11 示出了顺流型换热器中热、冷两流体

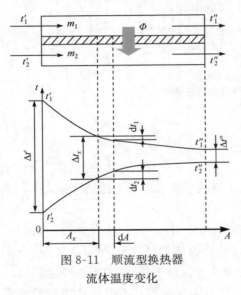

图 8-11　顺流型换热器
流体温度变化

的温度沿传热面 A 的变化情况。进口处两流体的温差为 $\Delta t'$,出口处温差为 $\Delta t''$。在 A_x 处,通过微元传热面 $\mathrm{d}A$,热流体的温度变化为 $\mathrm{d}t_1$,冷流体温度变化为 $\mathrm{d}t_2$,则对于微元传热面 $\mathrm{d}A$ 的传热方程为

$$\mathrm{d}\varPhi = K(t_1 - t_2)_x \mathrm{d}A \qquad (8\text{-}21)$$

式中,传热量 $\mathrm{d}\varPhi$ 应等于在微元面 $\mathrm{d}A$ 上热流体放出的热量和冷流体吸收的热量,即

$$\mathrm{d}\varPhi = -m_1 c_{p1}\mathrm{d}t_1 = m_2 c_{p2}\mathrm{d}t_2$$

因此

$$\mathrm{d}t_1 = -\mathrm{d}\varPhi/m_1 c_{p1}, \quad \mathrm{d}t_2 = \mathrm{d}\varPhi/m_2 c_{p2}$$

上两式相减得

$$\mathrm{d}t_1 - \mathrm{d}t_2 = \mathrm{d}(t_1 - t_2)_x = -\mathrm{d}\varPhi\left(\frac{1}{m_1 c_{p1}} + \frac{1}{m_2 c_{p2}}\right)$$

将式(8-21)代入上式,得

$$\frac{\mathrm{d}(t_1 - t_2)_x}{(t_1 - t_2)_x} = \frac{\mathrm{d}(\Delta t_x)}{\Delta t_x} = -K\left(\frac{1}{m_1 c_{p1}} + \frac{1}{m_2 c_{p2}}\right)\mathrm{d}A$$

令 $\mu = \dfrac{1}{m_1 c_{p1}} + \dfrac{1}{m_2 c_{p2}}$,则上式改写为

$$\frac{\mathrm{d}(t_1 - t_2)_x}{(t_1 - t_2)_x} = \frac{\mathrm{d}(\Delta t_x)}{\Delta t_x} = -K\mu\mathrm{d}A \qquad (8\text{-}22)$$

将式(8-22)从 0 至 A_x 积分

$$\int_{\Delta t'}^{\Delta t_x} \frac{\mathrm{d}(\Delta t_x)}{\Delta t_x} = -K\mu\int_0^{A_x} \mathrm{d}A$$

得

$$\ln \frac{\Delta t_x}{\Delta t'} = -K\mu A_x \quad 或 \quad \Delta t_x = \Delta t' e^{-K\mu A_x} \tag{8-23}$$

由式(8-23)可见,在顺流型换热器中,热、冷两流体间的温差沿传热面按指数函数关系不断减小。

平均温差 Δt_m 为

$$\Delta t_m = \frac{1}{A} \int_A \Delta t_x \mathrm{d}A = \frac{\Delta t'}{-K\mu A} (e^{-K\mu A} - 1) \tag{8-24}$$

再对式(8-22)从 0 至 A 积分

$$\int_{\Delta t'}^{\Delta t''} \frac{\mathrm{d}(\Delta t_x)}{\Delta t_x} = -K\mu \int_0^A \mathrm{d}A$$

得到

$$\ln \frac{\Delta t''}{\Delta t'} = -K\mu A \tag{8-25}$$

或

$$\frac{\Delta t''}{\Delta t'} = e^{-K\mu A} \tag{8-26}$$

将式(8-25)和式(8-26)一并代入式(8-24),整理后得

$$\Delta t_m = \frac{\Delta t' - \Delta t''}{\ln \dfrac{\Delta t'}{\Delta t''}} \tag{8-27}$$

在式(8-27)中因出现了对数,故常称 Δt_m 为对数平均温差。这里,$\Delta t' = t_1' - t_2'$,$\Delta t'' = t_1'' - t_2''$。

对于逆流型换热器,采用与上述相同的推导方法,可得到与式(8-27)形式相同的对数平均温差计算式,但式中 $\Delta t' = t_1' - t_2''$,$\Delta t'' = t_1'' - t_2'$。如果用 Δt_{max} 表示 $\Delta t'$ 和 $\Delta t''$ 中的大者,用 Δt_{min} 表示 $\Delta t'$ 和 $\Delta t''$ 中的小者,则对顺、逆流平均温差,可以统一写成

$$\Delta t_m = \frac{\Delta t_{max} - \Delta t_{min}}{\ln \dfrac{\Delta t_{max}}{\Delta t_{min}}} \tag{8-28}$$

显然,对数平均温差总是比算术平均温差小一些。但在工程上,有时为了简便,在误差允许的范围内,常采用算术平均温差来进行传热计算。如现行锅炉热力计算规定:$\Delta t_{max} / \Delta t_{min} \leqslant 1.7$ 时,采用算术平均温差。实际上,当 $\Delta t_{max} / \Delta t_{min} \leqslant 2$ 时,算术平均温差与对数平均温差相差不到 4%,这在工程上是允许的。算术平均温差为

$$\Delta t_{\mathrm{m}}=\frac{1}{2}(\Delta t'+\Delta t'') \tag{8-29}$$

注意,当逆流式换热器中两种流体的 $m_1 c_{\mathrm{p1}}=m_2 c_{\mathrm{p2}}$ 时,由式(8-19)有

$$t_1'-t_1''=t_2''-t_2' \quad 或 \quad t_1'-t_2''=t_1''-t_2'$$

即对逆流型换热器

$$\Delta t'=\Delta t''=\Delta t_{\max}=\Delta t_{\min}$$

将这一结果代入式(8-28)不能直接得到 Δt_{m} 的值。事实上,由于此时 $m_1 c_{\mathrm{p1}}=m_2 c_{\mathrm{p2}}$,两种流体的温度呈线性的上升和下降,在换热器的任意位置传热温差都不变,且都等于 $\Delta t'$ 或 $\Delta t''$。因此,可取

$$\Delta t_{\mathrm{m}}=\Delta t'=\Delta t''$$

这种情况在顺流型换热器中是不存在的。

另外,当换热器为蒸发器或凝汽器时,发生相变的流体在整个传热面上温度始终为饱和温度,表现为一条水平线,而另一种流体这时或被加热,或被冷却,此时无所谓逆流或顺流。理论分析表明,这时的平均温差仍可用式(8-28)计算。若某种流体在换热器中同时具有单相和相变传热时,则传热温差要分段计算,如图 8-12 所示。

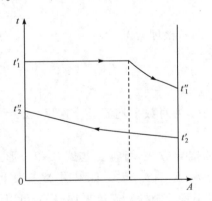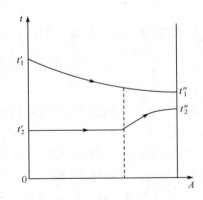

图 8-12　同时存在相变及单相传热时的流体温度变化

2)复杂流型时的平均温差 Δt_{m} 的计算

工程上见到的大多数换热器并非纯顺流或纯逆流式,而是不同壳程和管程的叉流及混合流等复杂流型。复杂流型换热器的平均温差推导很复杂,这里不作介绍,若有必要读者可查阅相关文献。为了工程计算方便,已将复杂流型的平均温差推导结果,整理成为对于逆流型平均温差的修正系数线图,参见图 8-13~图 8-16。图中 Ψ 为温差修正系数。计算时,先按逆流型算出对数平均温差 $\Delta t_{\mathrm{m,逆}}$,再乘以温差修正系数 Ψ,即得复杂流型换热器的平均温差为

$$\Delta t_{\mathrm{m}}=\Psi \Delta t_{\mathrm{m,逆}} \tag{8-30}$$

式中,温差修正系数 Ψ 是辅助量 P 和 R 的函数,$\Psi = f(R,P)$,P 和 R 的定义分别为

$$P = \frac{t_2'' - t_2'}{t_1' - t_2'}, \quad R = \frac{t_1' - t_1''}{t_2'' - t_2'}$$

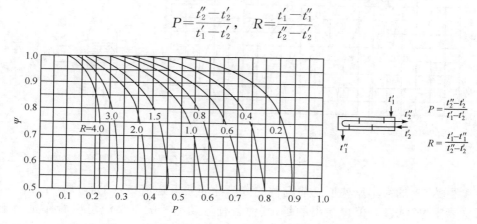

图 8-13　壳侧 1 程,管侧 2,4,6,…程时的温差修正系数

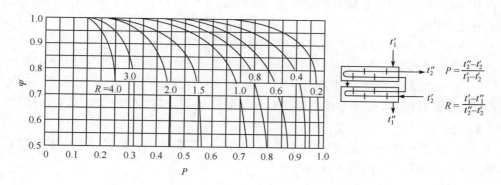

图 8-14　壳侧 2 程,管侧 4,8,12,…程时的温差修正系数

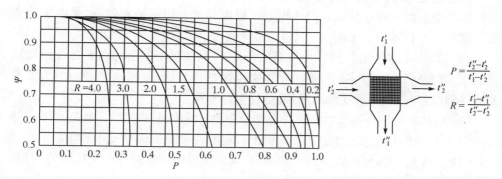

图 8-15　一次交叉流,两种流体都不混合时的温差修正系数

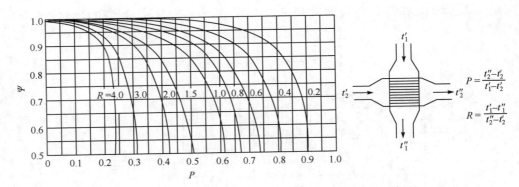

图 8-16　一次交叉流，一种流体混合、另一种流体不混合时的温差修正系数

显然，Ψ 的大小反映了复杂流型的传热性能接近逆流传热的程度，$0<\Psi<1$，通常要求 $\Psi>0.9$。值得指出的是，其他各种流动型式的复杂流可以看作是介于顺流和逆流之间的情况，其温差修正系数 Ψ 值总是小于 1。对工程上常见的蛇形管束[图 8-10(e)、(f)]，只要管束的曲折次数超过 4 次，经验表明，可以作为纯顺流或逆流来处理。

使用图 8-13～图 8-16 查取 Ψ 时，应注意以下问题：

（1）对于多流程的壳管式换热器（图 8-13 和图 8-14），各程的传热面积应该相等。

（2）在图的下半部，尤其是当 R 参数比较大时，曲线几乎呈垂直状态，给 Ψ 的准确查取造成困难，这时可利用换热器的互易性规则，即用 PR 代替 P，$1/R$ 代替 R 来查图。

（3）当有一侧流体发生相变时，由 P、R 的定义可知其中必有一个为零，再根据图 8-13～图 8-16 的特点，此时 $\Psi=1$。

3）小结

由上述分析可知，在换热器的各种流动型式中，顺流和逆流可以看作是所有流型换热器中的两种极端情况。但工程上一般应尽量利用逆流布置，这是由于顺流和逆流的以下特点所决定的。

（1）在相同的冷热流体进、出口温度条件下，逆流的对数平均温差 Δt_m 比顺流时的大，即在同样的传热量下，逆流布置可以减少传热面积，使换热器的结构更为紧凑，但同时传热的不可逆性增加，需进行综合考虑。

（2）顺流时冷流体的出口温度 t_2'' 总是小于热流体的出口温度 t_1''，但逆流时 t_2'' 却可能大于 t_1''，从而可以获得更高的冷流体出口温度 t_2'' 或更低的热流体出口温度 t_1''。

（3）逆流时传热面两边的温差较均匀，也就使得传热面的热负荷较均匀，但顺流时则相反。

（4）逆流的热流体和冷流体的最高温度 t_1' 和 t_2'' 以及最低温度 t_1'' 和 t_2' 都集中

在换热器的同一端,使传热面上的温差大,产生的壁面热应力大,对换热器的安全运行带来影响。对于高温换热器来说,这是应该特别注意的。工程上可采用将换热器进行分段,实现逆流和顺流的混合布置来避免。

3. 换热器的热计算

根据目的不同,换热器的热计算分为两种类型:设计计算与校核计算。所谓设计计算就是根据生产任务给定的传热条件和要求,设计一台新的换热器,为此需要确定换热器的型式、结构及传热面积。而校核计算是对已有的换热器进行核算,看其能否满足一定的传热要求,一般需要计算流体的出口温度、传热量以及流动阻力等。

由换热器热计算的基本方程式(8-19)和式(8-20)可知,该方程中共有 8 个独立变量,它们是 KA、$m_1 c_{p1}$、$m_2 c_{p2}$、t_1'、t_1''、t_2'、t_2'' 和 Φ。因此,换热器的热计算应该是给出其中的五个变量来求得其余三个变量的计算过程。新换热器设计计算的目的是在选定换热器型式后,给定流体的热容量 $m_1 c_{p1}$、$m_2 c_{p2}$ 和 4 个进、出口温度中的 3个,计算另一个温度、传热量 Φ 以及传热性能量 KA。

利用对数平均温差法进行设计计算的步骤如下:

(1) 根据已知的三个温度,利用换热器热平衡方程式计算出另一个待定温度,并计算出传热量 Φ。

(2) 初步选定换热器的流动型式,由冷热流体的 4 个进、出口温度及流动型式确定 Δt_m。

(3) 由经验估计传热系数 K,并由传热方程式估算传热面积 A。

(4) 根据估算出的传热面积 A,初选换热器型号及确定换热器的主要结构参数如管径、长度及排列等。

(5) 计算管程压降与传热系数,要求管程压降在允许范围之内,否则重新设计或选取换热器结构。

(6) 计算壳程压降与传热系数,要求壳程压降在允许范围之内,否则重新设计或选取换热器结构。

(7) 计算总传热系数 K,与前述估计的传热系数 K 进行比较,要求在允许范围之内;或由计算出的总传热系数 K 与传热量 Φ 计算出传热面积 A,并与前述估算的传热面积 A 进行比较,要求在允许范围之内,否则根据本次的计算结果,重新估计传热系数 K,重复以上过程进行计算,最终达到设计要求。

对已有的换热器进行校核计算时,典型的情况是已知换热器的热容量 $m_1 c_{p1}$、$m_2 c_{p2}$,传热性能量 KA 以及冷热流体的进口温度 t_1'、t_2' 等 5 个参数,核算换热器传热量 Φ 和冷热流体的出口温度 t_1''、t_2''。由于冷热流体的出口温度未知,此时无法直接计算传热平均温差。在这种情况下,通常采用试算法。

利用对数平均温差法进行校核计算的步骤如下:

（1）首先假定一个流体的出口温度,按热平衡方程式求出另一个出口温度。

（2）由冷热流体的四个进、出口温度及流动型式确定 Δt_{m}。

（3）根据换热器的结构计算出传热系数 K。

（4）由传热方程式求出传热量 Φ(假设出口温度下的计算值)。

（5）再由换热器热平衡方程计算出冷热流体的出口温度值。

（6）以新计算出的出口温度作为假设温度值,重复以上步骤(2)～(5),直至前后两次计算值的误差小于给定数值为止,一般相对误差应控制在 1% 以下。

实际试算过程通常采用迭代法,可以利用计算机进行运算。显然,利用对数平均温差法进行校核计算不太简便。因此,有必要采用新的方法如效能-传热单元数法来进行换热器的热计算,关于这种方法的原理和计算在以后的学习中将会讨论。

例题 8-1　用初温为 $40℃$,流量为 $1.9\mathrm{kg/s}$ 的冷却水来冷却初温为 $150℃$ 的热油,要求将油冷至 $85℃$,而冷却水则加热到 $80℃$。有人提出如图 8-17 所示的两个方案。这两种方案均采用逆流式套管换热器,图 8-17(b)所示方案中是采用两台大小相等的较小换热器来代替图 8-17(a)中的一台大的换热器,水侧为串联,油侧为并联,油量均分。设油的比热容 $c_{\mathrm{p}}=2.1\mathrm{kJ/(kg \cdot K)}$,水的比热容 $c_{\mathrm{p}}=4.2\mathrm{kJ/(kg \cdot K)}$,大小换热器的传热系数均为 $850\mathrm{W/(m^2 \cdot K)}$,试确定哪一种方案所需的传热面积较小。

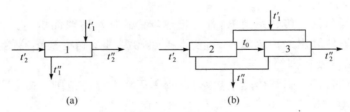

(a)　　　　　　　　　　　　(b)

图 8-17　例题 8-1 图

解　(1)单个换热器:由热平衡求油的流量:
$$m_1 \times 2100 \times (150-85) = 1.9 \times 4200 \times (80-40)$$
$$m_1 = 2.34(\mathrm{kg/s})$$

换热器 1 的对数平均温差:
$$\Delta t_{\mathrm{m1}} = \frac{(150-80)-(85-40)}{\ln\left(\dfrac{150-80}{85-40}\right)} = 56.6(℃)$$

换热器 1 的传热量:
$$\Phi_1 = m_2 c_{\mathrm{p2}} (t_2'' - t_2') = 1.9 \times 4200 \times (85-40) = 359100(\mathrm{W})$$

换热器 1 的传热面积:

$$A_1 = \frac{\Phi_1}{K\Delta t_{m1}} = \frac{359100}{850 \times 56.6} = 7.46(m^2)$$

（2）两个小换热器：先确定第一个换热器的出口水温 t_0，由于油量均分，故每个换热器的传热量为

$$\Phi_2 = 359100/2 = 179550(W)$$

由水侧热平衡

$$t_0 - t_2' = \frac{\Phi_2}{m_2 c_{p2}} = \frac{179550}{1.9 \times 4200} = 22.5(℃)$$

得

$$t_0 = 40 + 22.5 = 62.5(℃)$$

换热器 2 的对数平均温差：

$$\Delta t_{m2} = \frac{(150-62.5)-(85-40)}{\ln\left(\dfrac{150-62.5}{85-40}\right)} = 63.9(℃)$$

换热器 2 的传热面积：

$$A_2 = \frac{179550}{850 \times 63.9} = 3.31(m^2)$$

换热器 3 的对数平均温差：

$$\Delta t_{m3} = \frac{(150-80)-(85-62.5)}{\ln\left(\dfrac{150-80}{85-62.5}\right)} = 41.9(℃)$$

换热器 3 的传热面积：

$$A_3 = \frac{179550}{850 \times 41.9} = 5.04(m^2)$$

所以

$$A_2 + A_3 = 3.31 + 5.04 = 8.35(m^2)$$

由此可见，采用单个换热器所需的传热面积较小。

8.3　本 章 小 结

本章主要讨论了通过管壁（圆筒壁）和肋壁的传热过程以及传热过程的强化和削弱，并对换热器中的传热过程进行了分析。通过本章的学习主要掌握以下内容：

（1）传热过程和传热系数的概念。

（2）典型壁（管壁、肋壁）的传热计算方法。

（3）工程上强化和削弱传热的一般原理与途径，并能综合应用所学知识分析解决一般性强化与削弱传热的问题。

(4) 污垢热阻的概念及其应用。

(5) 临界热绝缘直径的概念及其应用。

(6) 常见换热器的类型、特点及工作原理。

(7) 对数平均温差的概念和计算。

(8) 换热器的设计计算和校核计算的步骤和区别。

思 考 题

8-1 传热系数与哪些因素有关？管壁与肋壁的传热系数和平壁的传热系数有何区别？

8-2 对数平均温差 Δt_m 与哪些因素有关？对于不同型式的间壁式换热器如何计算 Δt_m？

8-3 为了提高传热系数 K，主要考虑什么问题？

8-4 污垢热阻对传热过程的性能有何影响？它与哪些因素有关？

8-5 圆筒壁包上保温材料，有时反而使热流量增加，平壁外包保温材料会有这种现象吗？为什么？

8-6 换热器按工作原理分为几类？各有什么特点？

8-7 试述顺流和逆流换热器的特点。

8-8 进行换热器的热计算时所依据的基本方程有哪些？

8-9 什么是换热器的设计计算和校核计算？这两种计算的步骤各自有哪些？

习 题

8-1 一卧式冷凝器采用外径为 25mm、壁厚为 1.5mm 的黄铜管换热表面。已知管外冷凝侧平均表面传热系数 h_o＝5700W/(m²·K)，管内水侧平均表面传热系数 h_i＝4300W/(m²·K)。试计算下列两种情况下冷凝器按管子外表面积计算的总传热系数：

(1)管子内外表面均是洁净的[已知黄铜的导热系数 λ＝109W/(m·K)]。

(2)管内为海水，流速大于 1m/s，结水垢，平均温度小于 50℃，蒸汽侧有油(已知海水污垢系数 $R_{f,i}$＝0.0001m²·K/W；蒸汽含油污垢系数 $R_{f,o}$＝0.0002m²·K/W)。

8-2 一个壳侧为一程的壳管式换热器用来冷凝 7335Pa 的饱和水蒸气，要求每小时内凝结 18kg 蒸汽。进入换热器的冷却水的温度为 25℃，离开时为 35℃。设传热系数 K＝1800W/(m²·K)，所需的传热面积是多少？

8-3 一种工业流体在顺流换热器中被油从 300℃冷却到 140℃，而此时油的进、出口温度分别为 44℃和 124℃。试确定：

(1)在传热面积足够大的情况下,该流体在顺流换热器中所能冷却到的最低温度。

(2)传热面积足够大时,该流体在逆流换热器中所能冷却到的最低温度。

(3)在相同的进、出口温度下顺流和逆流换热器传热面积之比。假定两种情形的传热系数和传热量均相同。

8-4　用进口温度为 12℃、质量流量为 $18×10^3$ kg/h 的水冷却从分馏器中得到的 80℃ 的饱和苯蒸气,使用顺流换热器,冷凝段和过冷段的传热系数均为 980W/(m^2·K)。已知苯的汽化潜热为 $395×10^3$ J/kg,比热容为 1758J/(kg·K)。试确定将质量流量为 3600kg/h 的苯蒸气凝结并过冷到 40℃ 所需的传热面积[取水的定压比热容为 4183J/(kg·K)]。

8-5　欲用初温为 175℃ 的油[c_p = 2100J/(kg·K)]将流量为 230kg/h 的水[c_p = 4175J/(kg·K)]从 35℃ 加热至 93℃。油的流量亦为 230kg/h,现有两个换热器:换热器 1 的 K_1 = 570W/(m^2·K),A_1 = 0.47m^2;换热器 2 的 K_2 = 370W/(m^2·K),A_2 = 0.94m^2。试问应当选用哪个换热器?

8-6　现有一台套管式换热器,内管中是初温为 110℃ 的油,流量为 50kg/h,外管中是初温为 20℃ 的水,已知水侧的表面传热系数为 5000W/(m^2·K);油测的表面传热系数为 150W/(m^2·K);管壁为导热系数较大的金属,且管壁很薄,管壁热阻可忽略不计。现要求换热器出口油温为 70℃、出口水温为 60℃,水的比热容取 4174J/(kg·K),试问:

(1)该换热器的传热量为多少?

(2)冷却水流量需要多大?

(3)顺、逆流布置时分别需要多大的传热面积?

参 考 文 献

安娜-玛丽娅·比安什,伊夫·福泰勒,雅克琳娜·埃黛.2008. 传热学. 王晓东,译. 大连:大连理工大学出版社.

曹红奋,梅国梁. 2004. 传热学理论基础及工程应用. 北京:人民交通出版社.

曹玉璋. 2001. 传热学. 北京:北京航空航天大学出版社.

曹玉璋,邱绪光. 1998. 实验传热学. 北京:国防工业出版社.

戴锅生. 1999. 传热学(第二版). 北京:高等教育出版社.

胡小平,任海峰. 2007. 传热学考试要点与真题精解. 长沙:国防科技大学出版社.

刘鉴民. 2006. 传热传质原理及其在电力科技中的应用分析. 北京:中国电力出版社.

罗森诺 W M. 1992. 传热学基础手册. 齐欣译. 北京:科学出版社.

皮茨 D,西索姆 L. 2002. 传热学(原第二版). 葛新石译. 北京:科学出版社.

钱滨江,伍贻文,常家芳,等. 1983. 简明传热手册. 北京:高等教育出版社.

任世铮. 2007. 传热学. 北京:冶金工业出版社.

苏亚欣. 2009. 传热学. 武汉:华中科技大学出版社.

陶文铨. 2006. 传热学. 西安:西北工业大学出版社.

屠传经,沈珞婵,胡亚才. 1997. 高温传热学. 杭州:浙江大学出版社.

王保国,刘淑艳,王新泉,等. 2009. 传热学. 北京:机械工业出版社.

王补宣. 1998. 工程传热传质学(上册). 北京:科学出版社.

王补宣. 2002. 工程传热传质学(下册). 北京:科学出版社.

王厚华,周根明,李新禹. 2006. 传热学. 重庆:重庆大学出版社.

王秋旺,曾敏. 2006. 传热学要点与解题. 西安:西安交通大学出版社.

夏雅君. 1999. 传热学. 北京:中国电力出版社.

许国良,王晓墨,邬田华,等. 2005. 工程传热学. 北京:中国电力出版社.

杨世铭. 2003. 传热学基础(第二版). 北京:高等教育出版社.

杨世铭,陶文铨. 2006. 传热学(第四版). 北京:高等教育出版社.

姚仲鹏,王瑞君. 2003. 传热学. 北京:北京理工大学出版社.

张靖周,常海萍. 2009. 传热学. 北京:科学出版社.

张天孙. 1998. 传热学. 北京:中国电力出版社.

张天孙,卢改林,郝丽芬. 2006. 传热学(第二版). 北京:中国电力出版社.

张奕,郭恩霞. 2004. 传热学. 南京:东南大学出版社.

章熙民,任泽霈,梅飞鸣. 2007. 传热学(第五版). 北京:高等教育出版社.

赵镇南. 2002. 传热学. 北京:高等教育出版社.

周根明. 2004. 传热学学习指导与典型习题分析. 北京:中国电力出版社.

朱华. 2001. 传热学自学辅导. 杭州:浙江大学出版社.

朱惠人. 2002. 传热学典型题解析及自测试题. 西安:西北工业大学出版社.

Cengel Y A. 2007. 传热学(第二版). 冯妍卉,贾力,张欣欣,等改编. 北京:高等教育出版社.

Holman J P. 2002. Heat Transfer. 9th ed. New York:McGraw-Hill.

Incropera F P,de Witt D P,Bergman T L,et al. 2007. 传热和传质基本原理. 葛新石,叶宏,译. 北京:化学工业出版社.

Incropera F P,de Witt D P,Bergman T L,et al. 2007. Introduction to Heat Transfer. New Jersey:John Wiley & Sons,Inc.

附　录

附录 1　常用单位换算关系

物理量名称	符号	换算系数		
		法定计量单位	工程单位	
压力	p	Pa	atm	
		1	9.86923×10^{-6}	
		1.01325×10^{5}	1	
动力黏度	η	kg/(m·s)	kgf·s/m²	
		1	0.101972	
		9.80665	1	
比热容	c	kJ/(kg·K)	kcal/(kgf·℃)	
		1	0.238846	
		4.1868	1	
热流密度	q	W/m²	kcal/(kgf·℃)	
		1	0.859845	
		1.163	1	
导热系数	λ	W/(m·K)	kcal/(m·h·℃)	
		1	0.859845	
		1.163	1	
表面传热系数 传热系数	h K	W/(m²·K)	kcal/(m²·h·℃)	
		1	0.859845	
		1.163	1	
功率 热流量	P Φ	W	kcal/h	kgf·m/s
		1	0.859845	0.101972
		1.163	1	0.118583
		9.80665	8.433719	1

附录 2　金属材料的密度、比热容和导热系数

材料名称	20℃ 密度 ρ/(kg/m³)	20℃ 比热容 c_p/[J/(kg·K)]	20℃ 导热系数 λ/[W/(m·K)]	导热系数 λ/[W/(m·K)]　温度/℃ −100	0	100	200	300	400	600	800	1000	1200
纯铝	2710	902	236	243	236	240	238	234	228	215			
杜拉铝(96Al~4Cu,微量 Mg)	2790	881	169	124	160	188	188	193					
铝合金(92Al~8Mg)	2610	904	107	86	102	123	148						
铝合金(87Al~13Si)	2660	871	162	139	158	173	176	180					
铍	1850	1758	219	382	218	170	145	129	118				
纯铜	8930	386	398	421	401	393	389	384	379	366	352		
铝青铜(90Cu~10Al)	8360	420	56		49	57	66						
青铜(89Cu~11Sn)	8800	343	24.8		24	28.4	33.2						
黄铜(70Cu~30Zn)	8440	377	109	90	106	131	143	145	148				
铜合金(60Cu~40Ni)	8920	410	22.2	19	22.2	23.4							
黄金	19300	127	315	331	318	313	310	305	300	287			
纯铁	7870	455	81.1	96.7	83.5	72.1	63.5	56.5	50.3	39.4	29.6	29.4	31.6
阿姆口铁	7860	455	73.2	82.9	74.7	67.5	61.0	54.8	49.9	38.6	29.3	29.3	31.1

续表

材料名称	20℃ 密度 ρ/(kg/m³)	比热容 c_p/[J/(kg·K)]	导热系数 λ/[W/(m·K)]	导热系数 λ/[W/(m·K)] 温度/℃ −100	0	100	200	300	400	600	800	1000	1200
灰铸铁(w_c≈3%)	7570	470	39.2		28.5	32.4	35.8	37.2	36.6	20.8	19.2		
碳钢(w_c≈0.5%)	7840	465	49.8		50.5	47.5	44.8	42.0	39.4	34.0	29.0		
碳钢(w_c≈1.0%)	7790	470	43.2		43.0	42.8	42.2	41.5	40.6	36.7	32.2		
碳钢(w_c≈1.5%)	7750	470	36.7		36.8	36.6	36.2	35.7	34.7	31.7	27.8		
铬钢(w_{Cr}≈5%)	7830	460	36.1		36.3	35.2	34.7	33.5	31.4	28.0	27.2	27.2	27.2
铬钢(w_{Cr}≈13%)	7740	460	26.8		26.5	27.0	27.0	27.0	27.6	28.4	29.0	29.0	
铬钢(w_{Cr}≈17%)	7710	460	22		22.0	22.2	22.6	22.6	23.3	24.0	24.8	25.5	
铬钢(w_{Cr}≈26%)	7650	460	22.6		22.6	23.8	25.5	27.2	28.5	31.8	35.0	38	
铬镍钢(18~20Cr/8~12Ni)	7820	460	15.2	12.2	14.7	16.6	18.0	19.4	20.8	23.5	26.3		
铬镍钢(17~19Cr/9~13Ni)	7830	460	14.7	11.8	14.3	16.1	17.5	18.8	20.2	22.8	25.5	28.2	30.9
镍钢(w_{Ni}≈1.0%)	7900	460	45.5	40.8	45.2	46.8	46.1	44.1	41.2	35.7			
镍钢(w_{Ni}≈3.5%)	7910	460	36.5	30.7	36.0	38.8	39.7	39.2	37.8				
镍钢(w_{Ni}≈25%)	8030	460	13.0	10.9	13.4	15.4	17.1	18.6	20.1	23.1			
镍钢(w_{Ni}≈35%)	8110	460	13.8										
镍钢(w_{Ni}≈44%)	8190	460	15.8		15.7	16.1	16.5	16.9	17.1	17.8	18.4		

续表

材料名称	20℃ 密度 ρ/(kg/m³)	20℃ 比热容 c_p/[J/(kg·K)]	20℃ 导热系数 λ/[W/(m·K)]	导热系数 λ/[W/(m·K)] 温度/℃ −100	0	100	200	300	400	600	800	1000	1200
镍钢($w_{\text{Ni}}\approx50\%$)	8260	460	19.6	17.3	19.4	20.5	21.0	21.1	21.3	22.5			
锰钢($w_{\text{Mn}}\approx12\%\sim13\%$,$w_{\text{Ni}}\approx3\%$)	7800	487	13.6			14.8	16.0	17.1	18.3				
锰钢($w_{\text{Mn}}\approx0.4$)	7860	440	51.2			51.0	50.0	47.0	43.5	35.5	27.0		
钨钢($w_{\text{w}}\approx5\%\sim6\%$)	8070	436	18.7		18.4	19.7	21.0	22.3	23.6	24.9	26.3		
铅	11340	128	35.3	37.2	35.5	34.3	32.8	31.5					
镁	1730	1020	156	160	157	154	152	150					
钼	9590	255	138	146	139	135	131	127	123	116	109	103	93.7
镍	8900	444	91.4	144	94	82.8	74.2	67.3	64.6	69.0	73.3	77.6	81.9
铂	21450	133	71.4	73.3	71.5	71.6	72.0	72.8	73.6	76.6	80.0	84.2	88.9
银	10500	234	427	431	428	422	415	407	399	384			
锡	7310	228	67	75	68.2	63.2	60.9						
钛	4500	520	22	23.3	22.4	20.7	19.9	19.5	19.4	19.9			
铀	19070	116	27.4	24.3	27.0	29.1	31.1	33.4	35.7	40.6	45.6		
锌	7140	388	121	123	122	117	112						
锆	6570	276	22.9	26.5	23.2	21.8	21.2	20.9	21.4	22.3	24.5	26.4	28.0
钨	19350	134	179	204	182	166	153	142	134	125	119	114	110

附录 3　常用非金属材料的密度和导热系数

材料名称	温度 $t/℃$	密度 $\rho/(kg/m^3)$	导热系数 $\lambda/[W/(m \cdot K)]$
膨胀珍珠岩散料	25	60～300	0.021～0.062
沥青膨胀珍珠岩	31	233～282	0.069～0.076
磷酸盐膨胀珍珠岩制品	20	200～250	0.044～0.052
水玻璃膨胀珍珠岩制品	20	200～300	0.056～0.065
岩棉制品	20	80～150	0.035～0.038
膨胀蛭石	20	100～130	0.051～0.07
沥青蛭石板管	20	350～400	0.081～0.10
石棉粉	22	744～1400	0.099～0.19
石棉砖	21	384	0.099
石棉绳		590～730	0.10～0.21
石棉绒		35～230	0.055～0.077
石棉板	30	770～1045	0.10～0.14
碳酸镁石棉灰		240～490	0.077～0.086
硅藻土石棉灰		280～380	0.085～0.11
粉煤灰砖	27	458～589	0.12～0.22
矿渣棉	30	207	0.058
玻璃丝	35	120～492	0.058～0.07
玻璃棉毡	28	18.2～38.3	0.043
软木板	20	105～437	0.044～0.079
木丝纤维板	25	245	0.048
稻草浆板	20	325～365	0.068～0.084
麻秆板	25	108～147	0.056～0.11
甘蔗板	20	282	0.067～0.072
葵芯板	20	95.5	0.05
玉米梗板	22	25.2	0.065

材料名称	温度 $t/℃$	密度 $\rho/(kg/m^3)$	导热系数 $\lambda/[W/(m \cdot K)]$
棉花	20	117	0.049
丝	20	57.7	0.036
锯木屑	20	179	0.083
硬泡沫塑料	30	29.5～56.3	0.041～0.048
软泡沫塑料	30	41～162	0.043～0.056
铝箔间隔层(5层)	21		0.042
红砖(营造状态)	25	1860	0.87
红砖	35	1560	0.49
松木(垂直木纹)	15	496	0.15
松木(平行木纹)	21	527	0.35
水泥	30	1900	0.30
混凝土板	35	1930	0.79
耐酸混凝土板	30	2250	1.5～1.6
黄沙	30	1580～1700	0.28～0.34
泥土	20		0.83
瓷砖	37	2090	1.1
玻璃	45	2500	0.65～0.71
聚苯乙烯	30	24.7～37.8	0.04～0.043
花岗石		2643	1.73～3.98
大理石		2499～2707	2.70
云母		290	0.58
水垢	65		1.31～3.14
冰	2	913	2.22
黏土	27	1460	1.3

附录 4　常用保温及耐火材料的最高允许温度及其导热系数与温度的关系

材料名称	最高允许温度 $t_{max}/℃$	密度 $\rho/(kg/m^3)$	导热系数 $\lambda/[W/(m \cdot K)]$
超细玻璃棉毡、管	400	18～20	$0.033+0.00023t$ *
矿渣棉	550～600	350	$0.0674+0.000215t$
水泥蛭石制品	800	400～450	$0.103+0.000198t$
水泥珍珠岩制品	600	300～400	$0.0651+0.000105t$
粉煤灰泡沫砖	300	500	$0.099+0.0002t$
岩棉玻璃布缝板	600	100	$0.0314+0.000198t$
A 级硅藻土制品	900	500	$0.0395+0.00019t$
B 级硅藻土制品	900	550	$0.0477+0.0002t$
膨胀珍珠岩	1000	55	$0.0424+0.000137t$
微孔硅酸钙制品	650	≤250	$0.041+0.0002t$
耐火黏土砖	1350～1450	1800～2040	$(0.7-0.84)+0.00058t$
轻质耐火黏土砖	1250～1300	800～1300	$(0.29-0.41)+0.00026t$
超轻质耐火黏土砖	1150～1300	540～610	$0.093+0.00016t$
超轻质耐火黏土砖	1100	270～330	$0.058+0.00017t$
硅砖	1700	1900～1950	$0.93+0.0007t$
镁砖	1600～1700	2300～2600	$2.1+0.00019t$
铬砖	1600～1700	2600～2800	$4.7+0.00017t$

* 式中温度单位为℃。

附录5　标准大气压下干空气的热物理性质

t /℃	ρ /(kg/m³)	c_p /[kJ/(kg·K)]	$\lambda \times 10^2$ /[W/(m·K)]	$a \times 10^6$ /(m²/s)	$\eta \times 10^6$ /[kg/(m·s)]	$\nu \times 10^6$ /(m²/s)	Pr
−50	1.584	1.013	2.04	12.7	14.6	9.23	0.728
−40	1.515	1.013	2.12	13.8	15.2	10.04	0.728
−30	1.453	1.013	2.20	14.9	15.7	10.80	0.723
−20	1.395	1.009	2.28	16.2	16.2	11.61	0.716
−10	1.342	1.009	2.36	17.4	16.7	12.43	0.712
0	1.293	1.005	2.44	18.8	17.2	13.28	0.707
10	1.247	1.005	2.51	20.0	17.6	14.16	0.705
20	1.205	1.005	2.59	21.4	18.1	15.06	0.703
30	1.165	1.005	2.67	22.9	18.6	16.00	0.701
40	1.128	1.005	2.76	24.3	19.1	16.96	0.699
50	1.093	1.005	2.83	25.7	19.6	17.95	0.698
60	1.060	1.005	2.90	27.2	20.1	18.97	0.696
70	1.029	1.009	2.96	28.6	20.6	20.02	0.694
80	1.000	1.009	3.05	30.2	21.1	21.09	0.692
90	0.972	1.009	3.13	31.9	21.5	22.10	0.690
100	0.946	1.009	3.21	33.6	21.9	23.13	0.688
120	0.898	1.009	3.34	36.8	22.8	25.45	0.686
140	0.854	1.013	3.49	40.3	23.7	27.80	0.684
160	0.815	1.017	3.64	43.9	24.5	30.09	0.682
180	0.779	1.022	3.78	47.5	25.3	32.49	0.681
200	0.746	1.026	3.93	51.4	26.0	34.85	0.680
250	0.674	1.038	4.27	61.0	27.4	40.61	0.677
300	0.615	1.047	4.60	71.6	29.7	48.33	0.674
350	0.566	1.059	4.91	81.9	31.4	55.46	0.676
400	0.524	1.068	5.21	93.1	33.0	63.09	0.678
500	0.456	1.093	5.74	115.3	36.2	79.38	0.687
600	0.404	1.114	6.22	138.3	39.1	96.89	0.699
700	0.362	1.135	6.71	163.4	41.8	115.4	0.706
800	0.329	1.156	7.18	188.8	44.3	134.8	0.713
900	0.301	1.172	7.63	216.2	46.7	155.1	0.717
1000	0.277	1.185	8.07	245.9	49.0	177.1	0.719
1100	0.257	1.197	8.50	276.2	51.2	199.3	0.722
1200	0.239	1.210	9.15	316.5	53.5	233.7	0.724

附录 6　标准大气压下烟气的热物理性质

（烟气中组成成分的质量分数：$w_{CO_2}=0.13$；$w_{H_2O}=0.11$；$w_{N_2}=0.76$）

t /℃	ρ /(kg/m³)	c_p /[kJ/(kg·K)]	$\lambda\times10^2$ /[W/(m·K)]	$a\times10^6$ /(m²/s)	$\eta\times10^6$ /[kg/(m·s)]	$\nu\times10^6$ /(m²/s)	Pr
0	1.295	1.042	2.28	16.9	15.8	12.20	0.72
100	0.950	1.068	3.13	30.8	20.4	21.54	0.69
200	0.748	1.097	4.01	48.9	24.5	32.80	0.67
300	0.617	1.122	4.84	69.9	28.2	45.81	0.65
400	0.525	1.151	5.70	94.3	31.7	60.38	0.64
500	0.457	1.185	6.56	121.1	34.8	76.30	0.63
600	0.405	1.214	7.42	150.9	37.9	93.61	0.62
700	0.363	1.239	8.27	183.8	40.7	112.1	0.61
800	0.330	1.264	9.15	219.7	43.4	131.8	0.60
900	0.301	1.290	10.00	258.0	45.9	152.5	0.59
1000	0.275	1.306	10.90	303.4	48.4	174.3	0.58
1100	0.257	1.323	11.75	345.5	50.7	197.1	0.57
1200	0.240	1.340	12.62	392.4	53.0	221.0	0.56

附录 7　标准大气压下过热水蒸气的热物理性质

T /K	ρ /(kg/m³)	c_p /[kJ/(kg·K)]	$\lambda\times10^2$ /[W/(m·K)]	$a\times10^5$ /(m²/s)	$\eta\times10^5$ /[kg/(m·s)]	$\nu\times10^5$ /(m²/s)	Pr
380	0.5863	2.060	2.46	2.036	1.271	2.16	1.060
400	0.5542	2.014	2.61	2.338	1.344	2.42	1.040
450	0.4902	1.980	2.99	3.07	1.525	3.11	1.010
500	0.4405	1.985	3.39	3.87	1.704	3.86	0.996
550	0.4005	1.997	3.79	4.75	1.884	4.70	0.991
600	0.3852	2.026	4.22	5.73	2.067	5.66	0.986
650	0.3380	2.056	4.64	6.66	2.247	6.64	0.995
700	0.3140	2.085	5.05	7.72	2.426	7.72	1.000
750	0.2931	2.119	5.49	8.33	2.604	8.88	1.005
800	0.2730	2.152	5.92	10.01	2.786	10.20	1.010
850	0.2579	2.186	6.37	11.30	2.969	11.52	1.019

附录 8　饱和水的热物理性质

t /℃	$p\times10^{-5}$ /Pa	ρ /(kg/m³)	h' /(kJ/kg)	c_p /[kJ/(kg·K)]	$\lambda\times10^2$ /[W/(m·K)]	$a\times10^8$ /(m²/s)	$\eta\times10^6$ /[kg/(m·s)]	$\nu\times10^6$ /(m²/s)	$a_V\times10^4$ /(1/K)	$\gamma\times10^4$ /(N/m)	Pr
0	0.00611	999.9	0	4.212	55.1	13.1	1788	1.789	-0.81	756.4	13.67
10	0.01227	999.7	42.04	4.191	57.4	13.7	1306	1.306	0.87	741.6	9.52
20	0.02338	998.2	83.91	4.183	59.9	14.3	1004	1.006	2.09	726.9	7.02
30	0.04241	995.7	125.7	4.174	61.8	14.9	801.5	0.805	3.05	712.2	5.42
40	0.07375	992.2	167.5	4.174	63.5	15.3	653.3	0.659	3.86	696.5	4.31
50	0.12335	988.1	209.3	4.174	64.8	15.7	549.4	0.556	4.57	676.9	3.54
60	0.19920	983.1	251.1	4.179	65.9	16.0	469.9	0.478	5.22	662.2	2.99
70	0.3116	977.8	293.0	4.187	66.8	16.3	406.1	0.415	5.83	643.5	2.55
80	0.4736	971.8	355.0	4.195	67.4	16.6	355.1	0.365	6.40	625.9	2.21
90	0.7011	965.3	377.0	4.208	68.0	16.8	314.9	0.326	6.96	607.2	1.95
100	1.013	958.4	419.1	4.220	68.3	16.9	282.5	0.295	7.50	588.6	1.75
110	1.43	951.0	461.4	4.233	68.5	17.0	259.0	0.272	8.04	569.0	1.60
120	1.98	943.1	503.7	4.250	68.6	17.1	237.4	0.252	8.58	548.4	1.47
130	2.70	934.8	546.4	4.266	68.6	17.2	217.8	0.233	9.12	528.8	1.36
140	3.61	926.1	589.1	4.287	68.5	17.2	201.1	0.217	9.68	507.2	1.26
150	4.76	917.0	632.2	4.313	68.4	17.3	186.4	0.203	10.26	486.6	1.17
160	6.18	907.0	675.4	4.346	68.3	17.3	173.6	0.191	10.87	466.0	1.10
170	7.92	897.3	719.3	4.380	67.9	17.3	162.8	0.181	11.52	443.4	1.05

续表

t /℃	$p \times 10^{-5}$ /Pa	ρ /(kg/m³)	h' /(kJ/kg)	c_p /[kJ/(kg·K)]	$\lambda \times 10^2$ /[W/(m·K)]	$a \times 10^8$ /(m²/s)	$\eta \times 10^6$ /[kg/(m·s)]	$\nu \times 10^6$ /(m²/s)	$\alpha_V \times 10^4$ /(1/K)	$\gamma \times 10^4$ /(N/m)	Pr
180	10.03	886.9	763.3	4.417	67.4	17.2	153.0	0.173	12.21	422.8	1.00
190	12.55	876.0	807.8	4.459	67.0	17.1	144.2	0.165	12.96	400.2	0.96
200	15.55	863.0	852.8	4.505	66.3	17.0	136.4	0.158	13.77	376.7	0.93
210	19.08	852.3	897.7	4.555	66.5	16.9	130.5	0.153	14.67	354.1	0.91
220	23.20	840.3	943.7	4.614	64.5	16.6	124.6	0.148	15.67	331.6	0.89
230	27.98	827.3	990.2	4.681	63.7	16.4	119.7	0.145	16.80	310.0	0.88
240	33.48	813.6	1037.5	4.756	62.8	16.2	114.8	0.141	18.08	285.5	0.87
250	39.78	799.0	1085.7	4.844	61.8	15.9	109.9	0.137	19.55	261.9	0.86
260	46.94	784.0	1135.7	4.949	60.5	15.6	105.9	0.135	21.27	237.4	0.87
270	55.05	767.9	1185.7	5.070	59.0	15.1	102.0	0.133	23.31	214.8	0.88
280	64.19	750.7	1236.8	5.230	57.4	14.6	98.1	0.131	25.79	191.3	0.90
290	74.45	732.3	1290.0	5.485	55.8	13.9	94.2	0.129	28.84	168.7	0.93
300	85.92	712.5	1344.9	5.736	54.0	13.2	91.2	0.128	32.73	144.2	0.97
310	98.70	691.1	1402.2	6.071	52.3	12.5	88.3	0.128	37.85	120.7	1.03
320	112.90	667.1	1462.1	6.574	50.6	11.5	85.3	0.128	44.91	98.10	1.11
330	128.65	640.2	1526.2	7.244	48.4	10.4	81.4	0.127	55.31	76.71	1.22
340	146.08	610.1	1594.8	8.165	45.7	9.17	77.5	0.127	72.10	56.70	1.39
350	165.37	574.4	1671.4	9.504	43.0	7.88	72.6	0.126	103.7	38.16	1.60
360	186.74	528.0	1761.5	13.984	39.5	5.36	66.7	0.126	182.9	20.21	2.35
370	210.53	450.5	1892.5	10.321	33.7	1.86	56.9	0.126	676.7	4.709	6.79

附录 9　干饱和水蒸气的热物理性质

t /℃	$p \times 10^{-5}$ /Pa	ρ'' /(kg/m³)	h'' /(kJ/kg)	r /(kJ/kg)	c_p /[kJ/(kg·K)]	$\lambda \times 10^2$ /[W/(m·K)]	$a \times 10^3$ /(m²/h)	$\eta \times 10^6$ /[kg/(m·s)]	$\nu \times 10^6$ /(m²/s)	Pr
0	0.00611	0.004847	2501.6	2501.6	1.8543	1.83	7313.0	8.022	1655.01	0.815
10	0.01227	0.009396	2520.0	2477.7	1.8594	1.88	3881.3	8.424	896.54	0.831
20	0.02338	0.01729	2538.0	2454.3	1.8661	1.94	2167.2	8.84	509.90	0.847
30	0.04241	0.03037	2556.5	2430.9	1.8744	2.00	1265.1	9.218	303.53	0.863
40	0.07375	0.05116	2574.5	2407.0	1.8853	2.06	768.45	9.620	188.04	0.883
50	0.12335	0.08302	2592.0	2382.7	1.8987	2.12	483.59	10.022	120.72	0.896
60	0.19920	0.1302	2609.6	2358.4	1.9155	2.19	315.55	10.424	80.07	0.913
70	0.3116	0.1982	2626.8	2334.1	1.9364	2.25	210.57	10.817	54.57	0.930
80	0.4736	0.2933	2643.5	2309.0	1.9615	2.33	145.53	11.219	38.25	0.947
90	0.7011	0.4235	2660.3	2283.1	1.9921	2.40	102.22	11.621	27.44	0.966
100	1.0130	0.5977	2676.2	2257.1	2.0281	2.48	73.57	12.023	20.12	0.984
110	1.4327	0.8265	2691.3	2229.9	2.0704	2.56	53.83	12.425	15.03	1.00
120	1.9854	1.122	2705.9	2202.3	2.1198	2.65	40.15	12.798	11.41	1.02
130	2.7013	1.497	2719.7	2173.8	2.1763	2.76	30.46	13.170	8.80	1.04
140	3.614	1.967	2733.1	2144.1	2.2408	2.85	23.28	13.543	6.89	1.06
150	4.760	2.548	2745.3	2113.1	2.3145	2.97	18.10	13.896	5.45	1.08
160	6.181	3.260	2756.6	2081.3	2.3974	3.08	14.20	14.249	4.37	1.11
170	7.920	4.123	2767.1	2047.8	2.4911	3.21	11.25	14.612	3.54	1.13
180	10.027	5.160	2776.3	2013.0	2.5958	3.36	9.03	14.965	2.90	1.15

续表

t /℃	$p\times10^{-5}$ /Pa	ρ'' /(kg/m³)	h'' /(kJ/kg)	r /(kJ/kg)	c_p /[kJ/(kg·K)]	$\lambda\times10^2$ /[W/(m·K)]	$a\times10^3$ /(m²/h)	$\eta\times10^6$ /[kg/(m·s)]	$\nu\times10^6$ /(m²/s)	Pr
190	12.551	6.397	2784.2	1976.6	2.7126	3.51	7.29	15.298	2.39	1.18
200	15.549	7.864	2790.9	1938.5	2.8428	3.68	5.92	15.651	1.99	1.21
210	19.077	9.593	2796.4	1898.3	2.9877	3.87	4.86	15.995	1.67	1.24
220	23.198	11.62	2799.7	1856.4	3.1497	4.07	4.00	16.338	1.41	1.26
230	27.976	14.00	2801.8	1811.6	3.3310	4.30	3.32	16.701	1.19	1.29
240	33.478	16.76	2802.2	1764.7	3.5366	4.54	2.76	17.073	1.02	1.33
250	39.776	19.99	2800.6	1714.4	3.7723	4.84	2.31	17.446	0.873	1.36
260	46.943	23.73	2796.4	1661.3	4.0470	5.18	1.94	17.848	0.752	1.40
270	55.058	28.10	2789.7	1604.8	4.3735	5.55	1.63	18.280	0.651	1.44
280	64.202	33.19	2780.5	1543.7	4.7675	6.00	1.37	18.750	0.565	1.49
290	74.461	39.16	2767.5	1477.5	5.2528	6.55	1.15	19.270	0.492	1.54
300	85.927	46.19	2751.1	1405.9	5.8632	7.22	0.96	19.839	0.430	1.61
310	98.700	54.54	2730.2	1327.6	6.6503	8.06	0.80	20.691	0.380	1.71
320	112.89	64.60	2703.8	1241.0	7.7217	8.65	0.62	21.691	0.336	1.94
330	128.63	76.99	2670.3	1143.8	9.3613	9.61	0.48	23.093	0.300	2.24
340	146.05	92.76	2626.0	1030.8	12.2108	10.70	0.34	24.692	0.266	2.82
350	165.35	113.6	2567.8	895.6	17.1504	11.90	0.22	26.594	0.234	3.83
360	186.75	144.1	2485.3	721.4	25.1162	13.70	0.14	29.193	0.203	5.34
370	210.54	201.1	2342.9	452.0	76.9157	16.60	0.04	33.989	0.169	15.7
374.15	221.20	315.5	2107.2	0.0	∞	23.79	0.0	44.992	0.143	∞

附录 10　几种饱和液体的热物理性质

液体	t /℃	ρ /(kg/m³)	c_p /[kJ/(kg·K)]	λ /[W/(m·K)]	$a \times 10^8$ /(m²/s)	$\nu \times 10^6$ /(m²/s)	$\alpha_V \times 10^3$ /(1/K)	r /(kJ/kg)	Pr
NH₃	−50	702.0	4.354	0.6207	20.31	0.4745	1.69	1416.34	2.337
	−40	689.9	4.396	0.6014	19.83	0.4160	1.78	1388.81	2.098
	−30	677.5	4.448	0.5810	19.28	0.3700	1.88	1359.74	1.919
	−20	664.9	4.501	0.5607	18.74	0.3328	1.96	1328.97	1.776
	−10	652.0	4.556	0.5405	18.20	0.3018	2.04	1296.39	1.659
	0	638.6	4.617	0.5202	17.64	0.2753	2.16	1261.81	1.560
	10	624.8	4.683	0.4998	17.08	0.2522	2.28	1225.04	1.477
	20	610.4	4.758	0.4792	16.50	0.2320	2.42	1185.82	1.406
	30	595.4	4.843	0.4583	15.89	0.2143	2.57	1143.85	1.348
	40	579.5	4.943	0.4371	15.26	0.1988	2.76	1098.71	1.303
	50	562.9	5.066	0.4156	14.57	0.1853	3.07	1049.91	1.271
R12	−50	1544.3	0.863	0.0959	7.20	0.2939	1.732	173.91	4.083
	−40	1516.1	0.873	0.0921	6.96	0.2666	1.815	170.02	3.831
	−30	1487.2	0.884	0.0883	6.72	0.2422	1.915	166.00	3.606
	−20	1457.6	0.896	0.0845	6.47	0.2206	2.039	161.81	3.409
	−10	1427.1	0.911	0.0808	6.21	0.2015	2.189	157.39	3.241
	0	1395.6	0.928	0.0771	5.95	0.1847	2.374	152.38	3.103
	10	1362.8	0.948	0.0735	5.69	0.1701	2.602	147.64	2.990
	20	1328.6	0.971	0.0698	5.41	0.1573	2.887	142.20	2.907
	30	1292.5	0.998	0.0663	5.14	0.1463	3.248	136.27	2.846
	40	1254.2	1.030	0.0627	4.85	0.1368	3.712	129.78	2.819
	50	1213.0	1.071	0.0592	4.56	0.1289	4.327	122.56	2.828
R22	−50	1435.5	1.083	0.1184	4.62		1.942	239.48	
	−40	1406.8	1.093	0.1138	7.40		2.043	233.29	
	−30	1377.3	1.107	0.1092	7.16		2.167	226.81	
	−20	1346.8	1.125	0.1048	6.92	0.193	2.322	219.97	2.792
	−10	1315.0	1.146	0.1004	6.66	0.178	2.515	212.69	2.672
	0	1281.8	1.171	0.0962	6.41	0.164	2.754	204.87	2.557
	10	1246.9	1.202	0.0920	6.14	0.151	3.057	196.44	2.463
	20	1210.0	1.238	0.0878	5.86	0.140	3.447	187.28	2.384
	30	1170.7	1.282	0.0838	5.58	0.130	3.956	177.24	2.321
	40	1128.4	1.338	0.0798	5.29	0.121	4.644	166.16	2.285
	50	1082.1	1.414				5.610	153.76	

液体	t /℃	ρ /(kg/m³)	c_p /[kJ/(kg·K)]	λ /[W/(m·K)]	$a \times 10^8$ /(m²/s)	$\nu \times 10^6$ /(m²/s)	$\alpha_V \times 10^3$ /(1/K)	r /(kJ/kg)	Pr
R152a	−50	1063.3	1.560			0.3822	1.625	351.69	
	−40	1043.5	1.590			0.3374	1.718	343.54	
	−30	1023.3	1.617			0.3007	1.830	335.01	
	−20	1002.5	1.645	0.1272	7.71	0.2703	1.964	326.06	3.505
	−10	981.1	1.674	0.1213	7.39	0.2449	2.123	316.63	3.316
	0	958.9	1.707	0.1155	7.06	0.2235	2.317	306.66	3.167
	10	935.9	1.743	0.1097	6.73	0.2052	2.550	296.04	3.051
	20	911.7	1.785	0.1039	6.38	0.1893	2.838	284.67	2.965
	30	886.3	1.834	0.0982	6.04	0.1756	3.194	272.77	2.906
	40	859.4	1.891	0.0926	5.70	0.1635	3.641	259.15	2.869
	50	830.6	1.963	0.0872	5.35	0.1528	4.221	244.58	2.857
R134a	−50	1443.1	1.229	0.1165	6.57	0.4118	1.881	231.62	6.269
	−40	1414.8	1.243	0.1119	6.36	0.3550	1.977	225.59	5.579
	−30	1385.9	1.260	0.1073	6.14	0.3106	2.094	219.35	5.054
	−20	1356.2	1.282	0.1026	5.90	0.2751	2.237	212.84	4.662
	−10	1325.6	1.306	0.0980	5.66	0.2462	2.414	205.97	4.348
	0	1293.7	1.335	0.0934	5.41	0.2222	2.633	198.68	4.108
	10	1260.2	1.367	0.0888	5.15	0.2018	2.905	190.87	3.915
	20	1224.9	1.404	0.0842	4.90	0.1843	3.252	182.44	3.765
	30	1187.2	1.447	0.0796	4.63	0.1691	3.698	173.29	3.648
	40	1146.2	1.500	0.0750	4.36	0.1554	4.286	163.23	3.564
	50	1102.0	1.569	0.0704	4.07	0.1431	5.093	152.04	3.515
11号润滑油	0	905.0	1.834	0.1449	8.73	1336			15310
	10	898.8	1.872	0.1441	8.56	564.2			6591
	20	892.7	1.909	0.1432	8.40	280.2	0.69		3335
	30	886.6	1.947	0.1423	8.24	153.2			1859
	40	880.6	1.985	0.1414	8.09	90.7			1121
	50	874.6	2.022	0.1405	7.94	57.4			723
	60	868.8	2.064	0.1396	7.78	38.4			493
	70	863.1	2.106	0.1387	7.63	27.0			354
	80	857.4	2.148	0.1379	7.49	19.7			263
	90	851.8	2.190	0.1370	7.34	14.9			203
	100	846.2	2.236	0.1361	7.19	11.5			160

液体	t /℃	ρ /(kg/m³)	c_p /[kJ/(kg·K)]	λ /[W/(m·K)]	$a\times10^8$ /(m²/s)	$\nu\times10^6$ /(m²/s)	$\alpha_V\times10^3$ /(1/K)	r /(kJ/kg)	Pr
11号润滑油	0	905.2	1.866	0.1493	8.84	2237			25310
	10	899.0	1.909	0.1485	8.65	863.2			9979
	20	892.8	1.915	0.1477	8.48	410.9	0.69		4846
	30	886.7	1.993	0.1470	8.32	216.5			2603
	40	880.7	2.035	0.1462	8.16	124.2			1522
	50	874.8	2.077	0.1454	8.00	76.5			956
	60	869.0	2.114	0.1446	7.87	50.5			462
	70	863.2	2.156	0.1439	7.73	34.3			444
	80	857.5	2.194	0.1431	7.61	24.6			323
	90	851.9	2.227	0.1424	7.51	18.3			244
	100	846.4	2.265	0.1416	7.39	14.0			190
	T /K								
二氧化碳液体 沸点: 195K; 潜热: 570kJ/kg	220	1170	1.85	0.080	3.696	0.119			3.22
	230	1130	1.90	0.096	4.471	0.118			2.64
	240	1090	1.95	0.1095	5.152	0.117			2.27
	250	1045	2.0	0.1145	5.478	0.1155			2.11
	260	1000	2.1	0.1130	5.381	0.1135			2.11
	270	945	2.4	0.1045	4.608	0.1105			2.33
	280	885	2.85	0.1000	3.965	0.1045			2.64
	290	805	4.5	0.090	2.484	0.094			3.78
	300	670	11.0	0.076	1.031	0.082			7.95
液氧 沸点: 90K; 潜热: 213kJ/kg	60	1280	1.66	0.19	8.942	0.46			5.1
	70	1220	1.666	0.17	8.364	0.31			3.7
	80	1190	1.679	0.16	8.008	0.21			2.6
	90	1140	1.694	0.15	7.767	0.14			1.8
	100	1110	1.717	0.14	7.346	0.11			1.5